从“忠实”到“悦目”

数字摄影影像质量控制解析

From "Faith" to "Beauty"

Quality Control of Digital Photography

张宁　毕根辉 / 著

中国传媒大学青年学者文丛

第二辑

中国传媒大学出版社

· 北京 ·

本书相关彩图资料请扫描左侧二维码下载
提取密码:4g5j

总 序

时值中国传媒大学成立60周年之际，中国传媒大学人文社会科学青年学者资助项目正式选定了十部支持专著，这是我校在人文社科研究方面所取得的又一成绩。

这套丛书的出版不仅是为了落实学校科研支持政策，更是为了响应国家的号召。2014年，李克强总理与历年国家杰出青年科研基金获得者代表座谈交流时曾提到，人才特别是优秀青年人才是国家科技实力、创新能力和竞争力的重要体现，代表着国家创新的未来。做好这方面的工作，对加快转变发展方式、实施创新驱动战略具有重大意义。作为教育部直属的国家"211工程"重点建设大学和国家985"优势学科创新平台"项目重点建设高校，中国传媒大学在信息传播领域的学术发展也是我国高校人文社科研究发展的一个重要组成部分。

建校60年来，我校在科学研究方面产出了大量的优秀成果。特别是在信息传播领域，我校广大教师正确面对我国信息传播事业飞速发展过程中机遇和挑战并存的复杂形势，迎难而上、克难攻坚，始终保持着饱满的科研热情，坚守着学校的殷切期望，及时、准确地把握国家提供的战略契机，以充分的准备和足够的信心面对挑战、迎接挑战，积极开展多领域、内容丰富的科研工作，收获了累累硕果。在2012年教育部组织的全国学科评估中，我校新闻传播学、戏剧影视学两个学科均排名第一。

目前我校的3个学部（新闻传播学部、艺术学部、文法学部）、1个中心（协同创新中心）和5个直属学院（播音主持艺术学院、广告学院、经济与管理学院、外国语学院、MBA学院）是文科科研和艺术创作的主要力量源泉。同时，学校文科方面还拥有新闻学、广播电视艺术学2个国家重点学科，传播学1个国家重点培育学科，新闻传播学、艺术学理论、戏剧与影视学3个一级学科北京市重点学科，语言学及应用语言学、动画学2个二级学科北京市重点学科；拥有教育部人文社会科学重点研究基地广播电视研究中心等部级研究机构13个和校级科研机构40个，在我国人文社科领域具有相当重要的地位和影响力。

近年来，我校在人文社科领域先后有2人入选“长江学者”特聘教授、2人入选“长江学者”讲座教授、3人入选“新世纪百千万人才工程”国家级人选、25人入选教育部“新(跨)世纪优秀人才支持计划”、2人次荣获国家级教学名师奖、2人次荣获全国优秀教师荣誉称号。更有越来越多的青年教师荣获教育部科学研究优秀成果奖、北京市哲学社会科学优秀成果奖等含金量较高的奖项。众多奖项和数字的背后，凝聚的正是全校思想活跃、朝气十足的广大青年教师夜以继日、笔耕不辍的成果，他们是真正帮助我校文科科研日益发展壮大的薪火相传的主力军。这支主力军的成长得益于两个方面：

一方面，我校立足长远，着力于对广大青年教师进行有计划、有目标的专业培训，加大对青年教师科研项目的经费投入，鼓励青年教师进行交叉学科项目的科学研究。中国传媒大学科研培育项目的设立，有效调动了青年教师的科研积极性，整体提升了我校人文社科的科研氛围与科研能力；邀请国内外专家学者来校开展社会科学研究系列讲座，积极拓展广大师生的学术视野；研究《艺术创作与获奖评价体系》，将科研与艺术创作有效结合，激发广大教师艺术创作的热情；研究《重点学科指标评测体系》，将我校的优质学科与国内外顶尖高校的相应学科进行深层对比，巩固我校两个优势学科在全国的领先地位；打造《中国传媒大学文科科研手册》，方便教师全面了解科研工作情况；建设完成文科科研成果库(一期工程)，共收集信息传播领域论文15 500余篇、著作3258册、研究报告730余篇，形成了我校自建校以来最为完整的科研成果文献体系；本着“高标准、精投入”的原则，集中一批优秀科研人才，引导广大教师特别是青年教师围绕全媒体、大数据等热点领域积极开展科研工作，营造了一个砥砺切磋的良好学术环境，促成了更多高水平科研成果的产生。

另一方面，我校广大青年教师努力开拓创新，将现代理论有机融合于具体实践之中，在变化中求发展，在发展中谋变化，不断寻找立意新颖的科研课题，以蓬勃向上和不断进取的青春锐气、以孜孜不倦和奋力前行的勇气，扎根于文科科研工作，并不断茁壮成长。青年教师在学校“钻研、精研、深研”的方针指导下，凭借着旺盛的科研热情，在一系列科研、教学比赛和国际学术拓展中取得了令人瞩目的成绩。

此次青年学者出版资助项目就是这些科研成果中的一部分。也正是在优渥的科研鼓励政策的鼎力支撑下，才有了一批30～45岁的优秀青年学者倾心无忧，精心钻研，用心谋划，专心致学，大胆施展才华，安心科研工作，最终促成了“中国传媒大学青年学者文丛”的顺利面世。

学校文科科研的发展离不开青年教师的成长，学校管理机制的完善助力于青年教师的进步。希望我校广大青年教师在科学研究的道路上不畏艰险、勇于创新，不断探索前行！

是为序。

中国传媒大学副校长、教授

廖祥忠

2015 年 12 月 8 日

目录 CONTENTS

前言：从“忠实”到“悦目”的自我超越
——数字影像中的科学与艺术

“忠实”还是“悦目”？

大多数数字成像应用的中心问题是捕获一个原始场景，然后影像经过编码成为数据，而这些数据随后能经过解码将场景忠实地还原显示出来，就像观众直接看到这个场景一样。接近人眼16.7挡宽容度的HDR、用激光作为三基色的Rec.2100逼真色域都暴露了数字技术接近造物主的野心。此为“忠实”。

原原本本的再现是一个最困难的问题，一旦这个问题解决了，为了满足艺术要求的表现就更容易处理了，如今包含海量数据的RAW借助DI工艺可以轻易地改变数字影像的面貌。此为“悦目”。

为了这两个目标，胶片集天时和模拟材料的天然优势，在这条路上探索了一百多年，成绩斐然。数字技术虽然起步较晚，但是借助自身非常易于改变的特点，它已经成为影像帝国的霸主。创作者们正在努力挖掘其中的艺术潜质，朝着全面超越历史的方向迈进。数字影像几乎全部都是“人造”产品，这使得其中的科学与艺术的纠缠交织尤其值得玩味，梳理数字影像的大事件会让这一点非常清晰。

第一个把数字和影像联系起来的人是史蒂文·塞尚（Steven Sasson），他24岁时以工程师的身份来到柯达公司工作，1975年发明了数码摄影技术，并制造了第一台数码相机（见图0-1）。

图0-1　全世界第一台数码相机

就工程样机而论，这台机器的长相既小巧又漂亮。镜头是从超8摄影机上拆下来的，便携式数字记录仪使用的是当时流行的卡带，由16块镍镉电池供电，模数转换器用到了几十个电路板。随后，赛尚又发明了可以读取磁带上数字图像信息的播放系统，并用电视机显示。自此形成了一套完整的数字摄影系统，从采集到显示和胶片无关，全过程都不需要任何耗材。

这套系统标志着数字摄影时代的开端。

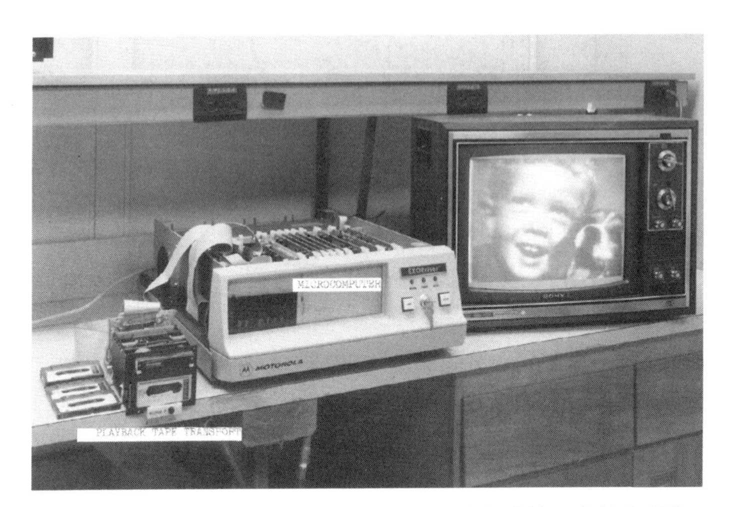

图 0-2 柯达样机的播放系统与它所拍摄的全球第一张数字照片

赛尚向柯达的管理层展示了他的发明，“我用了50毫秒捕捉图像，但花了23秒将它记录到磁带上。然后我将盒式磁带弹出，交给我的助手。他将磁带放入播放机中，约30秒后，电视上出现了100×100像素的黑白图像”。虽然画质很差，但赛尚告诉老板们，画质将随着技术进步迅速提高。在未来，它会在消费市场上与110胶片和135胶片一决高下。当被要求与市场上现有的消费电子产品进行类比时，赛尚描述说“它就像在惠普计算机上加上一个镜头”。

“计算机加上一个镜头”！精准的比喻！AJA CIon发布时，许多人都调侃，如果这款摄影机开机时再配上操作系统启动时的音乐，那就是一台实实在在的计算机了。但是，每一个摄影师和工程师都清楚，所有的数字摄影机包括数码照相机，本质上就是成像系统和数字电路系统的组合，即“镜头＋传感器＋计算机”组合。

如果说“没人想在电视上看照片”的想法是千里之堤上的蚁穴，冲垮了柯达的图片摄影胶片帝国，那么Cineon规范则彻底革了柯达的命。最初的传感器CCD和后来性价比更优异的CMOS，都和胶片的特性存在本质差异。在对光线的反应方面，一个是线性的，一个却是对数性的。在还原自然

图 0-3 AJA CIon 4K 数字摄影机

现实的道路上，电视摄像机拍出的影像和胶片摄影机拍出的影像总是有那么大的差距。出于特效合成的需要，柯达公司研发了模数转换系统 Cineon，数以百计的工程师和摄影师花费了十余年时间，用汗牛充栋的论著论证了人眼、胶片和数字这三者之间的关系，找到了影像按比例传递的解决方案。

巨大的投入让 Cineon 系统价格不菲，当年的价格即超过了 200 万美金。1993 年迪士尼公司使用 Cineon 系统修复了动画片《白雪公主和七个小矮人》，并获得了意想不到巨额回报，向业界证实了 Cineon 系统的价值。好莱坞的老顽童乔治·卢卡斯也运用这种全新的数字影像技术对他 20 年前拍摄的《星球大战》进行修复加工。1998 年，再版后的《星球大战》上映后，一周内获得了 3600 万美元票房收入，几乎是改版费用的 2.5 倍。

Cineon 系统是一个突破性的基于计算机的数字电影系统，它由胶片扫描仪、胶片记录仪和工作站组成（硬件和软件），合称为“Cineon 数字电影工作站”，用于合成、特效、影像复原和色彩管理。Cineon 系统项目还负责设计数字电影的画面处理，即著名的 Cineon10，它是一个 10 比特对数格式，一经推出就统治了电影视效领域十余年，并成为 SMPTE 数字图像交换格式 DPX① 的基础框架。

作为 4K 的端到端、10 比特的数字电影制作解决方案，该系统超越了它的时代。该系统的三大组成部分（扫描仪、工作站软件和记录仪）都获得了单独的美国电影艺术与科学学院的科学技术奖。虽然柯达早在 1998 年就宣布停产和停止提供技术支持，但这套系统仍沿用到了 21 世纪的第一个十年。

---

① DPX(Digital Picture Exchange)是一种主要用于电影制作的格式，将胶片扫描成数字位图的时候，设备可以直接生成这种对数空间的位图格式，用于保留胶片较大的动态范围，加入 I/O 设备的属性使软件能够进行转换与处理。

Cineon10在现有显示放映技术的框架内，完美解决了影调按比例传递和色彩管理的难题。它的对数结构是数字电影摄影机的滥觞。2010年ARRI发布了具有划时代意义的ALEXA，Log C对数曲线终结了胶片帝国，两年后柯达宣布破产。

把胶片具有的和人眼近似的对数结构通过一种计算机算法克隆到数字影像上，这绝对是划时代的大事件。这离赛尚发明数字技术整整过去了35年，数字影像技术从此驶入了快车道。2015年，HDR技术以15挡以上的宽容度在数字摄影机上实现，从技术角度最大限度地“忠实”于物质现实，至此，一百多年来人类记录自然还原影像的技术终于可以媲美人类视觉。

图0-4 油画《绘图的年轻的女子》[①]

图0-5 用数字摄像机还原场景(模拟)

谈到HDR，不得不回到绘画方面，画笔颜料对光线的描绘着实令人感叹。图0-4是画家“眼”中的世界，如果交给数字摄像机就会变成图0-5的样貌。不单单是细节丰富度的问题，光影关系的改变也造成了色彩的变化，原画中的艺术氛围荡然无存。绘画艺术基于人类视觉又超越人类视觉，这也正是影视艺术孜孜以求HDR的全部动因。

HDR是High Dynamic Rang的缩写，即高动态范围，它不但规定了数

① 油画作者为玛丽-丹尼斯·维莱尔(Marie-Denise Villers)，油画名称为*Charlotte du Val d'Ognes*。

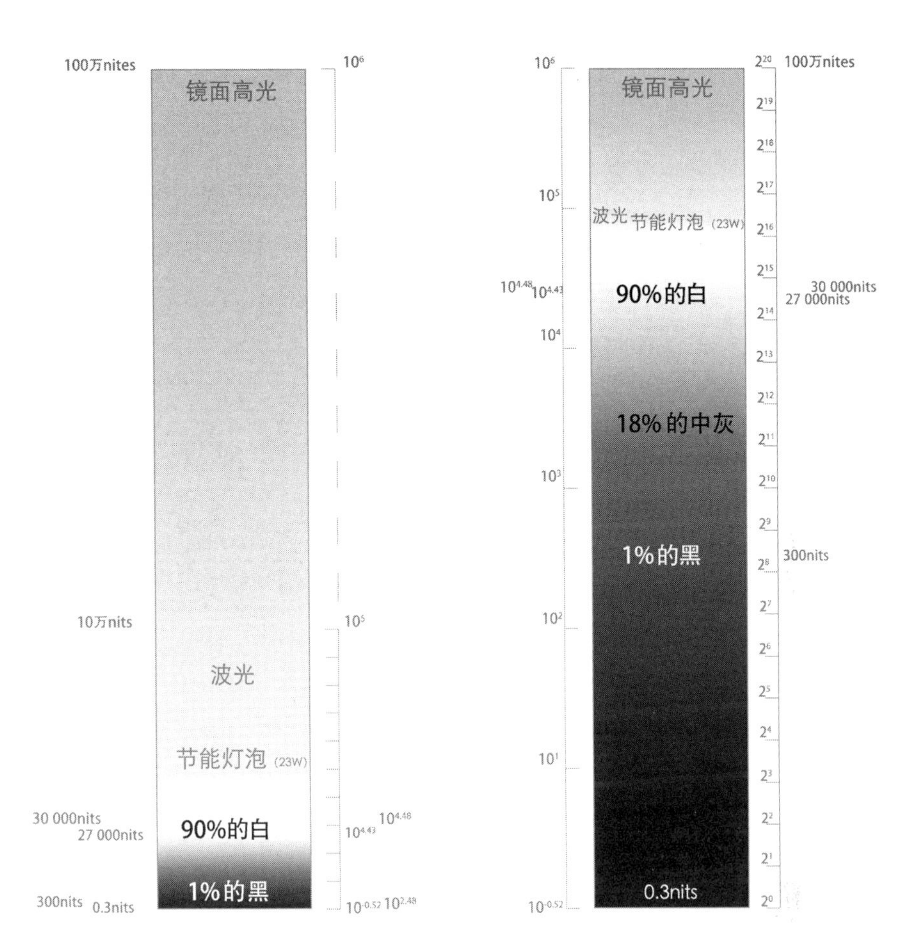

图 0-6 自然界亮度范围和人眼感知的视亮度关系比较

字摄影机应该容纳的明暗亮度比，还对这种比例关系进行了适应人眼观看规律的对数改造。数字时代的感光材料的传感器本身具有的是一种线性结构，而人眼和胶片则天然是对数结构（见图 0-6）。

摄影从诞生到现在，一直和绘画保持着时而断席割袍、时而遵奉膜拜的暧昧关系。文艺复兴以来绘画所达到的视觉艺术美学高度，影视至今无法企及。去除自身的工业产品的属性限定，许多文艺片的作者借助胶片的模拟材料的性能做了大量大胆的尝试，初步显露出去工业化后的艺术特质。影片《卡罗尔》即是数字时代摄影师对胶片美学的坚持（见图 0-7）。

在机械复制的美学框架下，胶片创作依然不能超越古典主义绘画所呈现出的和谐均匀的影调关系。借助大功率灯具和高感光度胶片，电影以极

图 0-7 影片《卡罗尔》

大的成本艰难地还原大自然极大的反差，逐渐积累了一套行之有效的照明和配光体系，出现了一批闪耀的佳作。正如有声电影之初的艺术倒退，以光电器件为核心的数字影像“革命”几乎中断了胶片一百多年来的艺术探索，距离艺术创作角度更加“悦目”反而倒退了一步。由于已经习惯了制造商“所见即所得”的慷慨馈赠，创作者很难静下心来像胶片时代一样重新研习感光度、宽容度结构、色彩传递等这些艰涩的，既是技术又关乎艺术的难题。他们要么继续走在对胶片时代的模仿之路上，鲜有超越；要么丢掉胶片的拐杖后还来不及深度挖掘数字影像自身的特质，反受数字技术的束缚和控制。“影像的探索和革命，不是已经无路可探，而是刚刚开始。”①

从技术上来说，数字技术虽然取得了巨大成就，但在关键环节上依然有待突破。技术上的关键环节包括两个方面：可选原生感光度，以及高分辨率和低帧率之间的矛盾。

一部电影的拍摄不止用到一种胶片，白天外景拍摄用日光型 50ASA，内

① 罗攀.数字影像突破传统意义的视觉美感[EB/OL].(2016-07-25)[2017-02-01].http://mp.weixin.qq.com/s?__biz=MjM5MjY3Nzc0MQ==&mid=2653317552&idx=1&sn=f2bd0971757bebdc7f22e62a856aad5b&mpshare=1&scene=1&srcid=0121id14vPMDCNFaF5dXsoRo#rd.

景拍摄用250ASA。棚拍用200ASA灯光型，夜景拍摄用500ASA。[①] 伴随着不同的颗粒感，不同场景有不同场景的味道。大部分的数字摄影机的原生感光度只有一种，在RAW格式下工作只能借助ND滤镜改变场景的照度，牺牲了动态范围、色彩还原和反差，可更换传感器式数字摄影机技术有待突破。松下VariCam 35的双原生感光度和BMD的可更换传感器设计可以算是相当有益的尝试。在松下数字摄影机内部，其实是有两路独立的模拟信号（Analog Circuit）处理系统，一路是标准的800 ISO，一路是5000 ISO。当机器识别到ISO为5000的时候，系统自动切换信号处理系统，通过电路处理的方式，使得画面噪点降低到和800基准感光度同样的噪点水平。但是这款摄影机依然缺少低感，目前厂商的注意力全部集中在高感上高信噪比的突破，低感在未来一段时间内难以改变被忽略的命运。BMD的可更换传感器是针对机器升级而设计的，并非针对不同的感光度。

本来为大家津津乐道的高分辨率也遇到了发展瓶颈，这突出表现在高分辨率和低帧率之间的矛盾。24格/48帧的拍摄放映帧率标准并不是完美的解决方案。早期的电影拍摄并没有一个统一的标准，爱迪生用40帧/秒拍摄，而卢米埃尔兄弟则是以16帧/秒拍摄。在有声电影时代，为了保证声音的清晰度，这才把拍摄帧率统一到了24帧/秒。考虑到24帧实际上并不能满足人眼的视觉暂留阈值，现在的电影放映通行的做法是每帧画面重复一次，最后观众看到的是48帧/秒。电视比较讨巧，PAL制电视沿用原来的50i，在单位时间里观众也能看到50个画面。长此以往，观众的电影感审美惯性定型，胶片的颗粒感、柔和度、光晕、巨大的反差、真实模糊的拖影这些“缺憾”都逐渐成为电影有别于生活之美的重要元素。

2016年4月，李安在NAB年会上发布了新片《比利·林恩的中场战事》11分钟的片段，之后所有的讨论都围绕这三个数字——3D、4K、120fps展开。业内对120fps很纠结，批评者认为画面太过清晰反而像游戏的质感，缺乏传统电影的模糊和频闪效果，也就失去了传统电影的美感。对于青年一代，游戏质感不是问题；而对于胶片时代成长起来的观众，的确还需要一段时间留给审美习惯的重建。

再从艺术上来考量，新时期的创作需要尊重数字技术的特性，革命性地改变照明系统的既定范式。正如同摄影师大费周章地用30张底片合成油画般的《人生的两条道路》跻身艺术的殿堂，电影也经常以绘画作品作为摄影参考。为了创造出一种18世纪古典油画的风格，库布里克的摄影师在全世

---

① FAUER J.Vittorio storaro：passage from film to digital[J].Film and digital times，2016(75).

界奔波了 3 个月，才选定美国太空署用来拍摄月球的 50 毫米的蔡司镜头，以 F0.7 的超大光圈捕捉《巴里·林登》中烛光摇曳的上流晚宴。这也是迄今为止胶片模拟真实夜景最成功的案例，在描绘微光的夜晚的能力上，胶片和绘画开始接近了。巴里·林登为儿子办生日聚会那场戏最初是在一个大厅内拍摄的，使用的蜡烛多达 2000 多支，但库布里克对拍摄出来的效果并不满意，最后又将场景换到了室外。[①]

数字产品凭借调节电路的功率和降噪在亮度控制上一直有比胶片有更大的优势，但是受分辨率的限制，直到《借刀杀人》，数字产品才成功地在大银幕上用数字方式呈现夜景场面。城市的夜晚再也不是漆黑一片，虽然当时的数字摄像机信噪比较差，但却第一次真切地捕捉到了夜景的真实气氛（见图 0-8）。

图 0-8 《借刀杀人》的故事大部分发生在城市的夜晚

影片《克伦威尔》（见图 0-9）出现时，数字技术所具备的技术条件已经不可同日而语，烛光夜景已经完全实现了库布里克的愿望。高感光度的使用使利用微光进行摄影的可能性变大，摄影师开始喜欢在微光中捕捉光线的细微变化，和古典好莱坞时期硬光制造的强烈的光影反差形成了鲜明对照。

---

① 大光.绝顶天才的混蛋——斯坦利·库布里克传[M].北京：中国广播电视出版社，2007：101.

图 0-9 《克伦威尔》中的烛光照明

终于，电影可以在高信噪比的条件下像绘画一样呈现微光下的场景。然而，被数字技术呈现出来的烛光照明的亮度结构，距离完美还有一步之遥，在暗部细节上仍有待加强。面对这一步之遥，不能一味地强调自然光效而忽略造型表现上的需要，不应只是在布光体系上分裂、分离，还要在造型上超越。

在色彩表现上，数字技术利用传感器滤光片阵还原色彩，这与胶片的多层滤光层、乳剂层有着结构上的本质区别。胶片在还原色彩时天然存在缺陷，即不能如实地表现所描绘的对象，大部分的拷贝比现实更加浓郁厚重。这些被胶片赋予的特征经过长时间的积累成就了现代胶片影像美学模式，而由于其对现实的疏远反而被摄影师所偏爱。数字影像的写实特质在目前的影像美学模式下并不讨人喜欢，过于真实的风格与生活太近，缺乏疏离感，不符合电影造梦的基本要求，所以在数字配光工艺中会进行风格干预，人为地制造“缺陷”(见图 0-10)。更有像《蝙蝠侠大战超人》等少数作品干脆重新回到胶片工艺，以更准确地获得延续了百年的胶片质感，唤醒观众曾经的美学记忆。数字影像对胶片的模仿本无可非议，但一味囿于胶片的美学天地故步自封，一定会让数字影像刚刚建立的那一点点美学自信溃败。真正应该做的可能是：研究数字影像的物理特性，改变美学思维，创造全新的审美方式，尽快确立数字影像独有的色彩风格。

当然，越来越多的数字影像开始成功挖掘数字的潜质。在电影《遗落战

图 0-10 《九层妖塔》用色彩映射制造魔幻效果(原生画面和最终效果对比)

境》中,摄影师克劳迪奥追求一种明亮的、干净的科幻,一种圣洁下的冷漠。明亮的阳光穿透空气,镜头如实地展现了皮肤、金属、玻璃。这是一种未来的质感,SONY F65 RAW 很好地实现了这种风格(见图 0-11)。

RAW 的特性在于它有高达 6 万多个冗余编码,就整个影调范围来说,它可以从根本上改变影像的结构;就影像的局部来讲,它可以通过白阶黑阶改变局部的反差。这些足以让质感本身成为一种美学载体,而不仅仅是一种技术手段。从这个角度讲,几乎所有人都误解数字影像的“所见即所得”。RAW 和 Log 根本就是不可能被即时呈现的结构,这种方式主要是为摄影师后期提供更多的可能性和更大的创作空间。与大多数人的理解正好相反,与其说这种方式解放了摄影师,不如说它可能让摄影师陷入了无所适从的境地。因为对一个还没有“想好”的摄影师来说,艺术的可能性太多了。

数字的规则其实就是没有规则,即多样性。它凭借“三高”(高分辨率、高帧率、高位深)开疆扩土,终于可以逼真地呈现以往只有人的视觉才可以

图 0-11 《遗落战境》通过 RAW 的控制传达出质感美学诉求(原生画面和最终效果对比)

捕获的质感。面对数字技术，我们既不能脱离胶片摄影和电视摄像积累沉淀下来的知识宝库，也不能一味地沿袭传统路径，一定是以数字摄影机、数字中间配光调光系统、宽色域显示设备为核心，在一百多年来人类记录自然、还原影像的基础上更进一步，从技术角度最大限度地“忠实”于物质现实，从艺术创作角度追求更加“悦目”，在 21 世纪的创作浪潮中实现影像质量的最优化，满足观众不断增长的观影期待。

数字思维属于科学，还是艺术？也许都是。它是严谨的智慧和创造力、想象力的接口，亦是真实与梦幻的完美结合。

第一章 感光度
——从胶片到数字

感光材料是电影摄影所使用的胶片、照相所使用的胶卷和相纸等材料的总称。只要在光线的作用下能发生光化学反应的材料都可以归为感光材料，这里的光线包括可见光和不可见光。

电视摄制领域一直沿用的是传感器的概念，影像的采集和获取利用的是光电转换。电视摄制的许多概念和电影摄影平行发展，互不干涉。但是，数字摄影机的出现需要延续胶片曝光的创作规范，传感器许多指标的标定和换算再次回到了胶片的路径，需要匹配感光材料的性能，于是，数字感光材料的称谓由此诞生。

同为感光材料，光化学和光电毕竟有本质的不同，在融合的过程中需要算法和数字电路巧妙设计配合，才能架起沟通线性空间与对数空间[①]的桥梁。

张会军在《电影摄影师应用手册》中指出，“胶片所建立起来的技术思维和技术观念以及技术方法，仍然适用于今天的数字技术”。“电影的最高技术是从胶片的技术程序中得到和传承的。现代数字技术完全继承了现代胶片技术的核心和根本，也发展和更新了电影胶片制造技术的优势。”“不是任何人都会利用现代数字技术创作出优秀的影像，也只有一些非常专业的人才最终会做到。差异就在于创作者是否系统地学习过电影摄影的感光技术、化学技术、光学技术、电学技术……电影胶片建立起的那种质感和氛围，是留在观众脑海里的永久记忆。”所以，我们在比较两种感光材料的差异的同时，也要进一步发掘数字的特质，这对摄影技术的提升和数字影像质量的控制非常必要。

张会军还特别强调，“胶片的性能中，最值得赞许的是其本身的感光度

---

① “空间”的概念请参考本书第六章“数字摄影机的工作空间”部分。

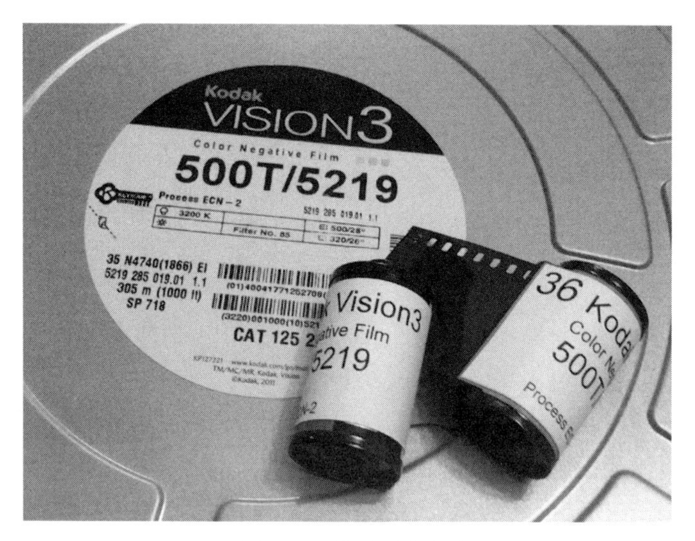

图 1-1　柯达的彩色负片

性能所决定和表现出来的影像效果”。这里说的关键因素即感光度引起的宽容度和影调结构的变化。所以，感光度是感光材料特性中的核心问题，它是影像的起点。在理论层面上，我们必须理解感光度标定的规范以及感光度与影调结构的关系，在实际拍摄中则要掌握实用感光度的测定和曝光指数的意义。

第一节　感光度的标定

感光度(sensitivity)是摄影中曝光控制的重要依据，我们无法想象在感光度不确定的条件下该如何进行创作。“湿版摄影”时期，受当时感光乳剂制备技术的限制，感光材料的感光度基本是一致的。从 19 世纪末开始，随着“干版法”的发展，感光材料的感光度大幅度提高，不同厂家的干版感光度的差异越来越大，摄影师迫切需要找到测量感光度的方法，以减少感光材料的浪费，避免错过转瞬即逝的拍摄机会。赫特(F.Hurter)和德律费尔德(V.C. Driffield)用了 10 年时间，发现了曝光密度曲线，沿着这条特性曲线，摄影技术平稳发展了一百多年。

历史总是惊人地相似，以传感器为核心的数字摄影技术发明后，感光度的测定再次让摄影师感到无所适从。感光度的应用已经从单纯的感光度标定，扩展到了通过感光特性曲线得到感光材料的各项性能指标，精确控制曝光并控制影像影调传递的范畴。目前,许多摄影师对感光度测定数字化后出现的新特性了解不够,直接影响了对数字影像质量控制的判断。

数字摄影机感光度的标定有许多方法,不同的数字摄影机在感光度的标定上并非同一标准,这还要从感光度测定的国际规范说起。

一、胶片速度的标定

胶片以聚酯和醋酸酯为基底,上面覆有数层感光乳剂层。不同的乳剂和工艺制造的胶片对光线的化学反应速度不同,这个速度(film speed)称之为感光度(sensitivity),用于在曝光控制中找到合适的曝光参数。

为了将胶片的感光度标准化、规格化,国际标准化组织规范了感光度的表示方法,规定以美国标准 ASA 单位及德国标准 Din 单位为主,简称“ISO : ASA / Din ”数值系统。比如 ASA 100/ Din 21°,ASA 使用算数制,Din 使用对数制,在实际使用中,为了方便,往往简化表示为“ISO 100”,虽不严谨,但也约定俗成。

标定感光度的意义在于,按照标称的 ISO,摄影师就能获得图像质量意义上的最佳结果,因为感光度数值是根据大量景物亮度的平均数进行感光测定后确定的。实际的计算方法虽有些复杂,但作为专业摄影师必须要深入了解。

(一)感光测定

测定感光材料对曝光和显影如何反应的过程称为感光测定,是影像技术控制的基础。

(二)特性曲线

通过感光测定,把感光材料对曝光和显影的反应转换成最直观的图表,可以获得某一种胶片的特性曲线。具体做法是将一段胶片在感光仪里透过光楔仔细地曝光,该光楔使胶片产生一系列不同级数的曝光,每一级与前一级都有一个恒定的倍数差别(2 或 2 的平方根)。曝光后的胶片试样是在非常仔细控制的条件下显影,以产生一条有一系列不同密度等级的测试用底片。

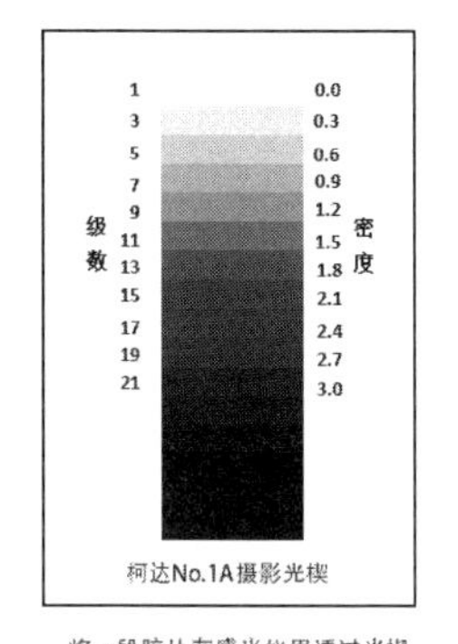

将一段胶片在感光仪里透过光楔（上图）仔细地曝光，产生一条特性曲线（右图）。光楔的密度是可以测量和标绘出来的。

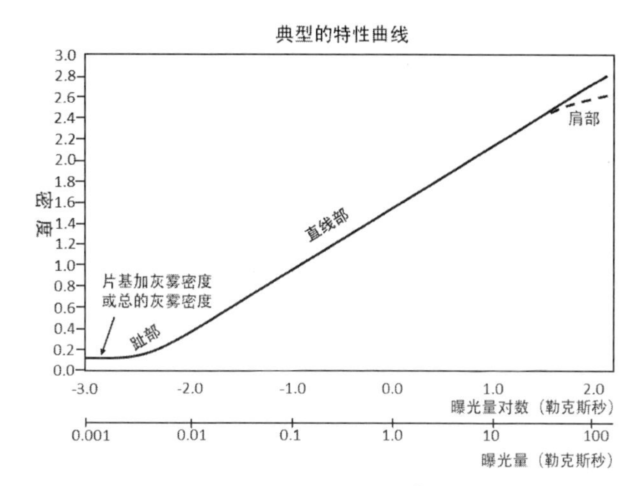

图 1-2 柯达 No.1A 摄影光楔和典型的特性曲线[①]

密度[②]是指影像中某一区域阻光特性的大小，它极大地取决于显影后的影像中金属银的量。在适当曝光的底片上，漫射高光区的密度将在 0.9—1.4 范围内。密度超过 2.5 连续影调的底片无意义。当胶片在上面的感光仪里曝光时，每一级的曝光量是根据光强乘以曝光时间确定的，曝光量的单位为勒克斯秒(lx·s)。在图 1-3 中，与曝光量对数相应的底片密度，形成了一条易于解释的曲线，象征了该胶片及其显影的综合性能。

(三)黑白负片的感光度

从特性曲线可以获得黑白负片的 ASA 感光度为：

$$S_{\mathrm{ASA}}=\frac{0.8\mathrm{lx}\cdot\mathrm{s}}{H_{\mathrm{m}}}$$

其中，H_{m} 是最低有效密度 $D_0+0.1$ 所对应的曝光量，D_0 为胶片的片基加灰雾密度[③]。0.1 的意义在于不大于片基加灰雾水平 0.1 的那些密度，常常被处理成没有细节的黑调子。

---

① 根据形状，特性曲线一般分成性质不同的五部分：片基加灰雾密度(the base + fog)、趾部(the toe)、直线部(the linear region)、肩部(the shoulder)和过曝区(the overexposed region)。

② 透射率是透射光与入射光的比值，它以小数来表示。当一半的入射光透过一张胶片时，这张胶片的透射率为 0.5。阻光度是透射率的倒数(1/0.5=2)。密度是阻光度的对数($\log_{10}2=0.301$)。一张密度为 0.3 的底片，它能透过 50%的入射光。

③ 片基加灰雾密度代表胶片对曝光没有反应的部分。底片没有曝光的边沿有这样的密度。

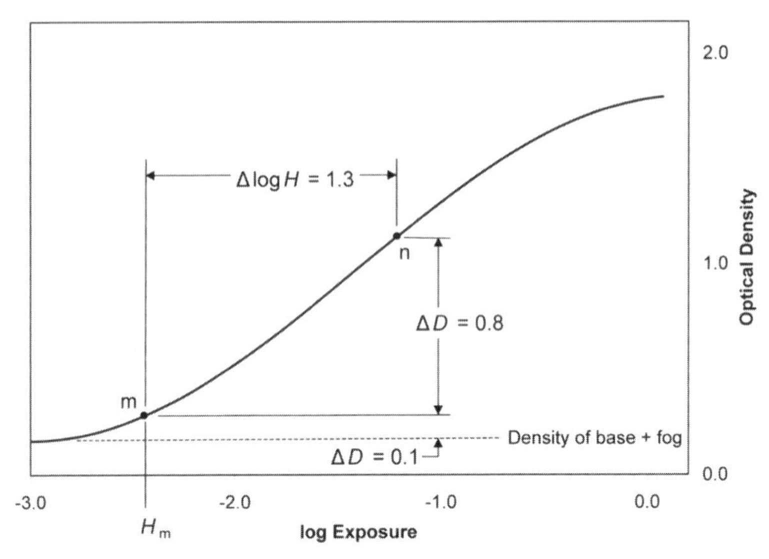

图 1-3 ISO 6：1993 黑白胶片速度的确定方法(说明 m 即 $D_0+0.1$)

(四)彩色负片的感光度

彩色负片的 ASA 感光度为：

$$S_{ASA}=\sqrt{2}/H_m$$

其中：

$$H_m=\sqrt{H_G\times H_{min}}$$

公式中 H_G 是感绿层的最低有效密度 $D_0+0.15$ 所对应的曝光量；H_{min} 为 H_R、H_G 和 H_B 中数值最小的一个。

(五)测定条件对反差的强调(影调结构的强调)

胶片的感光度测定有非常严格的限定条件，除了前面提到的，还有非常关键的一项：显影条件。

伽马和反差指数是控制显影的两个重要变量。在胶片的冲洗工艺中，伽马(γ)指的是特性曲线直线部的斜率，它表示光学影像和底片之间所产生的影调压缩程度。如果光学影像上两种影调的密度差是 1，而用来记录它们的胶片被显影到了 0.6 的伽马，在底片上这两种影调之间的密度差将是 0.6，影调压缩比为 6/10。伽马代表了影调的压缩程度。

反差指数(CI)是经过特性曲线的直线上的三点所延长的直线的斜率。第一个点在趾部上，象征着稀疏的、有细节的阴影。第二个点象征着片基加灰雾密度。第三个点通常落在肩部以下的直线部分，象征着漫射高光。

在图 1-3 中 m 点超过片基加灰雾密度 0.1 个单位，是胶片开始记录暗调细节的起点。按照规范需要显影时控制反差指数，当从 m 点继续向上曝光 1.3 个单位时，特性曲线上的 n 点跨越 0.8 个密度。

综上所述，感光度作为感光材料的一个重要技术指标，并不像许多摄影师所认为的只是用来表示感光材料对光的敏感程度（速度），而是涉及伽马和反差这些最终影响图像质量、确立创作风格的关键要素。

（六）阳光 16 法则（the sunny 16 rule）

在感光度的计算公式中，最让人迷惑的莫过于比例常数的确定，比如黑白负片中的 0.8 和彩色负片中的$\sqrt{2}$。

前面提到，感光度的算术表示法已成为 ISO 感光度标定中的默认表示法。算术表示法的优势在于在没有光度计量设备时，可以使用“阳光 16 法则”：即在晴天阳光均匀照明的条件下，当把摄影机的光圈设置为 f/16 时，快门速度取 ISO ASA 感光度的倒数，例如 ISO 100 的胶片，快门速度为 1/100（叶子板开角 90°），即能迅速大致确定曝光参数。从这个实用的角度讲，比例常数是为了方便实际操作而设定的。

二、数字感光度的标定

在早期的电视系统中，标清摄像机和高清摄像机并没有采用感光度这一概念，而是使用灵敏度来表示设备对光线的敏感程度。相应的规范是以 3200K 色温、2000LUX 照度的光线照在具有 89%－90%的反射系数的灰度卡上，用摄像机拍摄，图像电平达到规定值时，所需的光圈指数 F 值越大，灵敏度越高。

例如：DXC-537 的灵敏度为：2000LUX F8.0（3200K，89.5%）。

图 1-4　SONY DXC-537 标清摄像机

灵敏度越高,需要的最低照度越低,意味着摄像机的质量也越高。如果照度超过了摄像机允许的范围,不管是过低还是过高,摄像机拍摄出的图像都会变差。改变灵敏度实际上等同于改变感光度,用 dB 表示。0dB 代表没有增益,正值表示正增益,负值代表负增益,增益通常以 0.3 个单位递增或者递减,每 0.3 个单位相当于一挡光圈或一挡 ISO。为了表示的方便,我们在实际使用设置上去掉了小数点,直接用 - 3dB、3dB 来表示级差变化。

数字摄影机在部分保留 dB 表示法的同时沿用了胶片的感光度这一概念,由于其与胶片在材料性质上有根本的不同,某一类型的胶片感光度是固定的,而数字摄影机可以通过增益控制进行多个感光度设定,但难题是曝光量和传感器数值(CV)之间的关系并非恒定不变。如何标定才更科学,才能延续胶片曝光的控制技巧?国际标准组织在 1998 年制定了标准 ISO 12232:1998,并在 2006 年进行了重新修订,称为 ISO 12232:2006,生产厂商按照标准中提供的 7 种技术对数字设备在不同感光度下的曝光指数进行测定。标准指定测量的是整个数字成像系统而不只是传感器的感光度。

基于不同测定方法的感光度主要有三大类:基于饱和的感光度、基于噪声的感光度、标准输出感光度。

(一)基于饱和的感光度

基于饱和的 ISO 速度 S_{sat} 定义为:

$$S_{sat} = 78/H_{sat}$$

其中 H_{sat} 是数字成像系统的输出在被切割(clipped)或出现光晕(bloomed)前的最大可能曝光量。

通常情况下,饱和速度取决于传感器本身的特性,但是在传感器和模数转换之间的放大器增益会提高饱和速度。

考虑到实际拍摄环境中的镜面高光(specular reflections)比反光率 100%的白色漫反射表面更亮,所以,我们在传感器感光能力的顶部空间(headroom)预留半挡光圈的曝光量,以处理这部分光线。$100\% \times \sqrt{2} \approx 141\%$。注意,141%是理论意义上的反射物体,统计平均景物中理论上的 141%的反射物体,会产生 H_{sat} 的焦平面曝光量。

那么,18%的中灰板会产生 $128/1000H_{sat}$(18/141=0.128)的焦平面曝光量,141%的定向反射是它的 7.8(141/18)倍,7.8×10=78(10 源自于 EI=10/H)。比例常数 78 由此而来。

基于饱和的感光度充分考虑了与胶片感光度的"可互换性"(1.3lgH 的

位置相当于 18%的点),保持了胶片过渡到数字创作上的一贯性。

那么,有没有超过 100%的反射面,比如,经常提到的 140%是什么意思?

事实上,在自然界中没有超过 100%的漫反射表面,换个说法,为了构建整个曝光理论体系,柯达制定了游戏规则,规定漫反射表面的最大反射率为 100%。超过它的部分称为超白,现在的数字摄影机成像系统在设计时能够记录至少 1300%以上的定向反射(镜面高光),配套使用 HDR 显示设备可以获得高光部分非常生动的画面。

拍摄影视剧时,为了达到预先设计的造型效果,强调照明的可控性,一般在拍摄现场都会配备大功率的灯光设备。这种情况下,摄影师通常会选择能够提供最佳影像质量的曝光指数。此时,适用基于饱和的感光度值。这样的设定允许将数字摄影机的曝光量设置在使影像高光部分正好低于最大可能(饱和)的摄影机信号值。

(二)基于噪声的感光度[①]

这种感光度以单个像素上产生规定信噪比所需的曝光量来定义,使用两种信噪比比值 $S_{noise40}$ 和 $S_{noise10}$ 来表示,即 40:1,代表“极好的图像质量”;10:1,代表“可接受的图像质量”。

$$S_{noise40} = 10/H_{S/N40}$$

$$S_{noise10} = 10/H_{S/N10}$$

许多摄影应用中希望使用最高曝光指数(最低曝光量)来使景深最大、曝光时间最短,希望对影像高光部分的曝光提供最大的可接受的感光度宽容度,这样一个为典型的数字成像系统应用提供合适的低噪声影像的感光度被称为“基于噪声的感光度”。

SNR 是信噪比英文 Signal Noise Ratio 的缩写,信噪比公式为(P 代表功率):

$$SNR = \frac{P_{signal}}{P_{noise}}$$

如果在相同的阻抗下测量信号和噪声,则可以通过计算振幅比的平方来获得信噪比(A 代表振幅,$P=A^2$):

$$SNR = \frac{P_{signal}}{P_{noise}} = \left(\frac{A_{signal}}{A_{noise}}\right)^2$$

由于许多信号具有很宽的动态范围,信号通常用对数分贝标度表示。

---

① https://en.wikipedia.org/wiki/Signal-to-noise_ratio.

根据分贝的定义，信号和噪声可以用分贝(dB)表示：

$$SNR_{\mathrm{dB}}=10\log_{10}\left[\left(\frac{A_{\mathrm{signal}}}{A_{\mathrm{noise}}}\right)^{2}\right]=20\log_{10}\left(\frac{A_{\mathrm{signal}}}{A_{\mathrm{noise}}}\right)=(A_{\mathrm{signal,dB}}-A_{\mathrm{noise,dB}})$$

信噪比也可用绝对值表示，即用比值表示，μ 是信号的平均预期值，σ 是噪声的标准偏差：

$$SNR=\frac{\mu}{\sigma}$$

不同的信噪比代表信号与噪波的对比程度，信噪比越大，噪波相对于信号越小，画面看起来质量越高，反之越低；基于噪声的感光度主要由传感器的特性决定，电子增益和模数转换对其影响较小。

(三)标准输出感光度

标准 ISO 12232：2006 中还定义了标准输出感光度(SOS)。其被定义为：

$$S_{\mathrm{sos}}=10/H_{\mathrm{sos}}$$

输出图像的曝光量与数字像素值相关，其中 H_{sos} 产生规定的标准电平数字信号输出所要求的曝光量。用 MAX 表示数字系统的最大输出值，那么，规定的标准电平数字信号输出=(461/1000)×MAX。对于 8 比特位深的设备，H_{sos} 是产生 118 数值(CV)所对应的曝光量。256×(461/1000)≈118。

用相对饱和值的方法计算，工作空间为 sRGB 且 gamma = 2.2 时，这个数值恰好是饱和值的 18%。

标准 ISO 12232：2006 中指定了应该怎样报告数字成像设备的速度。如果基于噪声的速度(40：1)比基于饱和的速度高，应该将基于噪声的速度舍入降至标准值(例如，200、250、320 或 400)来报告。理由是基于饱和的速度对应的曝光量较低，将会导致图像欠曝。此外，可规定曝光宽容度，范围从基于饱和的速度到 10：1 基于噪声的速度，即 S_{sat} 到 S10：1 之间的范围。如果基于噪声的速度(40：1)比基于饱和的速度低或因为高噪声而不能定义，指定基于饱和的速度并舍入降至标准值，因为使用基于噪声的速度将导致图像过曝。

例如，某型号数字成像设备的传感器有下列特性：S40：1=107，S10：1=1688 并且 $S_{\mathrm{sat}}=49$。按照标准，此型号设备应该报告其感光度为：

ISO 100(日光)

ISO 速度　宽容度 50—1600

ISO 100(SOS，日光)

用户可以控制SOS速度。对某种有较高噪声的传感器，其特性或许是S40∶1=40，S10∶1=800，S_{sat}=200，在这种情况下，此数字成像设备应该报告为ISO 200（日光）。

尽管定义了标准的细节，一般的数字产品并没有清楚地指示用户ISO设置是基于噪声的速度、基于饱和的速度或是指定输出感光度，有些甚至为了市场目的虚标数值。

（四）感光度的虚标的历史根源——用同一感光度胶片实现不同的EI

对感光度的虚标有其历史根源。胶片时代，即使同一乳剂型号的胶片也可实现不同的"感光度"。实际上这并不是符合规范标定的感光度，而是通过追冲或者降感等手段改变了冲洗反差。

一些高速的黑白胶片，如依尔福Delta 3200和柯达T-MAX P3200，在销售时标称的速度超过了用ISO测定的真实感光度。例如，依尔福的产品实际感光度为ISO 1000，但厂家在包装上标定为3200，且不明确表示其是按照ISO测定法测定的。柯达和富士也销售专门为追冲工艺设计的带"P"字头的E6胶片，如彩色P800/1600和Fujichrome P1600，两者的基准感光度同为ISO 400。

此时的ISO ASA更准确的叫法是EI，这种做法为数字摄影机ISO的标定提供了另一种思路——曝光指数。

第二节　曝光指数

一、曝光指数的定义

按照ISO 12232:2006的规定，曝光指数（Exposure Index，简称EI）的标定取决于传感器的感光度、传感器噪声以及由此产生的图像。所以在数字摄影机中，感光度的设定有时又被称为曝光指数设定，理论上后者更为科学严谨。之前业内的许多人把EV（Exposure Value）翻译成曝光指数，导致了这一对基本概念表达的混乱。EV实际是指曝光的数量，系根据感光片固有感光度所确定的曝光量曝光，再按照标准显影程序冲洗，可以生成曝光正确的底片。EI值则根据感光片非固有的感光度所确定的曝光量曝光，必须有某种特殊显影加工才能获得曝光正确的底片。例如，ISO400作为EI800曝光,然后加强显影,可使底片效果与 ISO800 胶片相近。①

所以,对于数字摄影机来说,把调整 ISO 混同于调整 EI 是不正确的,容易误导摄影师,导致其在创作中对暗部细节或者亮部细节的错误强调。调整 EI,是数字摄影机对胶片降感和迫冲的数字化应用,它不但改变了感光单元的曝光量,更关键的是它改变了 18%的中灰在整个影调中的位置,进而微妙地影响到整个影调结构的构成。

从 2015 年开始,数字摄影机中也越来越多地采用 EI 的概念来处理电影级别的影像,如 SONY 的 EI 就很好地延续了胶片 EI 的真意。以 FS7 机型为例,在 SONY Cine 的设置中,EI 值从 500 到 8000 整挡位变化。调整 EI 并不会改变摄影机 ISO 的值,也就是说,不论何种 EI,摄影机一直在使用原生 ISO2000 来记录影像。随机的监视器的亮度也不会因为 EI 值的更改而改变,只有加载 MLUT(监视器 LUT)的 SDI 信号输出亮度会随 EI 而改变。以外接监视器为参考,EI 向下调整一挡会导致监视器观感上欠曝一挡,摄影师会提高现场照度或者开大光圈来补偿曝光,后期 DI 阶段再压缩一挡曝光以获得正常曝光的影像。这样做的目的是为了降低画面噪声,更为重要的是在总宽容度不变的情况下改变了影调构成,高光减少了一挡宽容度,但是暗部增加了一挡宽容度。

二、推荐曝光指数(Recommended Exposure Index,简称 REI)的意义

随着降噪能力的提升,一些摄影机传感器甚至可以采用双原生 ISO 设计,松下的 VariCam 35 的确在 ISO800 和 ISO5000 下都有非常不错的表现。双 ISO 的设计并没有从根本上改变传感器天然只具有一种原生感光度的特性,实际上松下只是应用了两套不同的处理电路,所以双原生的说法有待商榷。现在大多数厂商不再公布原生 ISO 指标,而是采用推荐 ISO 的说法,这就是推荐曝光指数 REI。

推荐曝光指数是由摄影机生产商推荐以供参考的一个数值,在这个数值下影调结构能够应对大多数的拍摄场景,比例结构中规中矩。

---

① 这是由照耀编,中国旅游出版社 1987 年出版的《简明摄影词典》中的解释,其中没有给出 EI 的中文名称,EI 应为曝光指数的一种变换值,笔者认为可以称之为相对感光度,但是考虑到现在约定俗成的叫法,本书中还是称之为曝光指数。

第三节 感光度对影调结构和 RAW 格式的作用

在胶片工艺中，运用不同的感光乳剂工艺才能真正改变感光度。通过EI也可以把同一标定的胶片按照不同的感光度使用，“副作用”是反差指数也会随之改变。这种“副作用”有时是不得已的办法，但更多情况下是特殊艺术效果的追求。

数字摄影机也具有相似的特性。对于同一块图像传感器来说，它的标定感光度（有的时候称之为基准、出厂、默认感光度等）只有一个，但可以通过放大电路而改变。改变的“副产品”有两个：一个是噪声，另一个是影调结构的变化。影调结构是由反差指数决定的。

既定感光度的胶片，如果通过追冲或降感改变其反差指数，会带来影调结构和宽容度的改变。大部分数字摄影机在改变感光度和影调结构的同时，通过算法避免了宽容度的改变，为创作提供了更大的弹性空间。

在 RAW 模式下工作，数字摄影机的曝光指数设置实质上并未对传感器数据产生影响。换句话说，在既定光线条件下，确定光孔和快门（叶子板开角）数值后，调整 EI 仅仅是在监视器上看到画面的曝光量发生变化，但真正记录下来的文件无任何变化。和胶片一样，一款传感器的感光特性也是固定的，它的感光能力是一个固定值，改变 EI 只是改变了增益。

但这并不代表在拍 RAW 格式时可以任意设置 EI，也不是把 EI 设定为出厂设置这么简单。RED 给出的建议是在光线昏暗的条件用低 ISO/EI（RED 的摄影中没有 EI 的叫法，所以在这里用 ISO/EI 来表示对 EI 的设置），光线充足时用高 ISO/EI。这和平常摄影师对 ISO/EI 的理解正好相反，光线充足时用高 ISO/EI 比较容易理解，因为在光线充足并且较高反差的场景中，重点考量的是高光的记录和再现（图 1-5B）。用较高 ISO/EI 设置，摄影师通过监视器判读曝光量，势必会收小光孔或提高 ND 滤镜指数，这样有利于保护高光层次。在拍摄较低反差场景时，摄影师通过监视器判读曝光量，较低的 ISO/EI 会迫使摄影师开大光孔或增加灯光功率来提高场景照度，以使传感器获得更多的光线，画面暗部密度扎实，整体影像质感强烈（图 1-5A）。

在更高的 ISO/EI 速度下曝光会提供更多高光保护。图 1-6 是在相同的光照条件，采用不同的 ISO/EI 拍摄的画面，曝光参考监视器的亮度评价。后期有意调暗用以比较高光处细节的变化，图 1-6A 在 ISO/EI 320 下曝光，监视

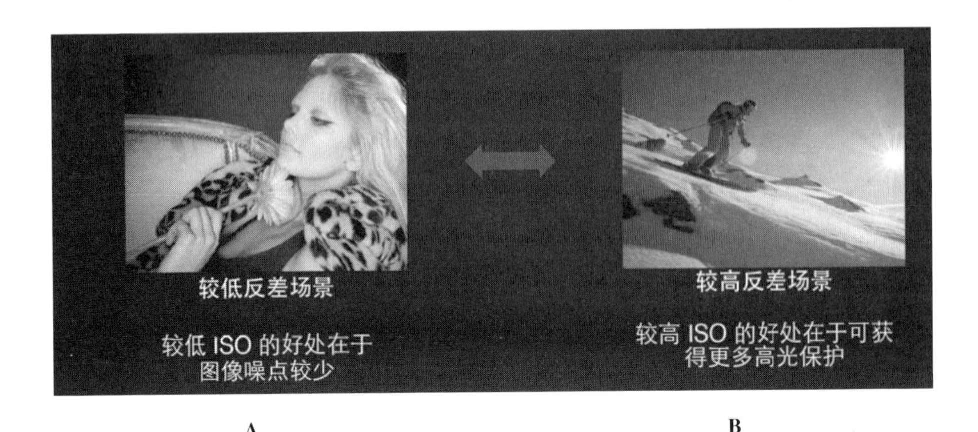

A　　B

图 1-5　ISO/EI 设置的根据是场景的照明特性

器监看提示开大光圈或者减小 ND 指数以获得更多的光线，结果是高光部分损失掉了部分层次。图 1-6B 在 ISO/EI 800 下曝光，监视器监看提示缩小一挡光圈或增加 ND 指数以保持亮度平衡，高光得到了很好的保护，细节丰富。

A　在 ISO/EI 320 下曝光(然后调暗)

B　在 ISO/EI 800 下曝光(然后调暗)

图 1-6　相同光照条件下用不同的 ISO/EI 拍摄的画面

对于 RED 的摄影机来说，ISO/EI 800 是一个非常不错的通用起点值，能够在高光保护和低噪点之间实现正确的平衡。

RED 给出的曝光策略是：第一，在光线充足的环境下进行录制，但不要让光线强到使高光部分失去细节的程度。第二，将摄像机 ISO/EI 设置在 800 左右，然后相应调整 T 值、ND 滤镜和光照条件。可以稍后调整 ISO/EI 以便在后期进行微调。

RED 还为摄影师提供了两种曝光工具：第一，首先使用 RAW 工具评估曝光情况。第二，为使屏幕预览或 HD-SDI 输出的显示效果出色，使用 IRE 工具。

关于这部分更详细的内容,参见第三章。

关于数字感光度标定的林林总总都说明,传感器从制造出来的那一刻起,代表其感光能力的感光度就已经是一个确定值,摄影机电路的调整只是进行"功率"放大或缩小。而 RAW 作为数字影像的原始数据,不受增益和反拜尔这些处理电路的影响,所以感光度在拍摄时的设定并不遵循常规的拍摄规则。

在非 RAW 模式下,如果的确受拍摄条件的限制不能自由地调整场景的照度,借助感光度调整还是很有必要的。因为在非 RAW 模式下,处理电路还是能发挥巨大作用的,尤其是降噪单元的处理能力远非一些后期的降噪软件所能比拟。

第四节 实用感光度测定

从严格意义上来说,感光度、ISO 速度、曝光指数是三个概念,内容虽紧密相关但内涵不同。感光度指感光元件的感光能力,传感器生产出来后感光能力是既定的,就像胶片生产出来后感光度即被确定一样。只不过数字产品的处理电路允许使用者进行感光能力的增益调整,所以感光度在实际应用中对应的是特定曝光指数时的感光能力。曝光指数是指具体 ISO 速度的值或设置,比如拍摄时把摄影机的 ISO 设置为 800,这时的曝光指数是 ISO 800。而 ISO 标定就是测定感光元件在不同感光度下所对应的曝光指数。在 ISO 标定后,曝光指数即可视为感光度。所以,一般也称数字摄影机的 ISO 速度为感光度。

但厂家标定 ISO 速度时一般是对应某一个具体的型号而不是对此型号的每台摄影机。因此,具体到每台摄影机时,其实际感光度与标定的曝光指数可能会有差距,摄影师在开拍前要自己校准曝光指数。

具体测定步骤为:

1.可以借助大宽容度灰阶一次测定感光度和特性曲线

加拿大 DSC 实验室从 20 世纪 60 年代就开始关注影视创作中的图像质量并研发测试产品。在过去的 10 年里,DSC 设计了一系列"不可能的测试图",已经成为好莱坞的制作"标准",并应用于数字影院、高清电视节目制作。DX1-102dB v2 OSG 测试卡提供 18 阶(Steps)17 挡(f.stops)灰阶,在宽容度上能够覆盖 2018 年前所有的数字摄影机产品(见图 1-7)。

由于 DX1 每两阶之间是整挡光圈的亮度变化,和胶片、人眼对光线的对

图 1-7 DSC 透射式 17 挡灰阶测试卡

数反应一致,用它来测定实用感光度,并根据各阶变化描绘特性曲线非常适合。这也是柯达用光楔测定底片 H/D 感光曲线的测定方法在数字产品中的沿革。为了观看方便,笔者对测试卡波形阶梯左高右低进行了反相。在 Rec.709模式下,SONY FS700 的反差较大,感光度和摄影机标定的一致,而在 S-Log2 模式下反差较小,为了保证 14 挡的大宽容度,感光度调至略低于摄影机标定的数值(见图 1-8 和 1-9)。

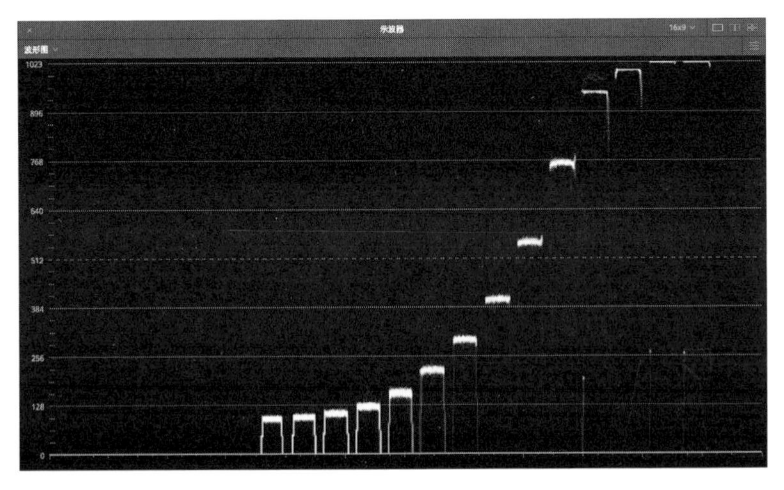

图 1-8 FS700 实用感光度和特性曲线(Rec.709)

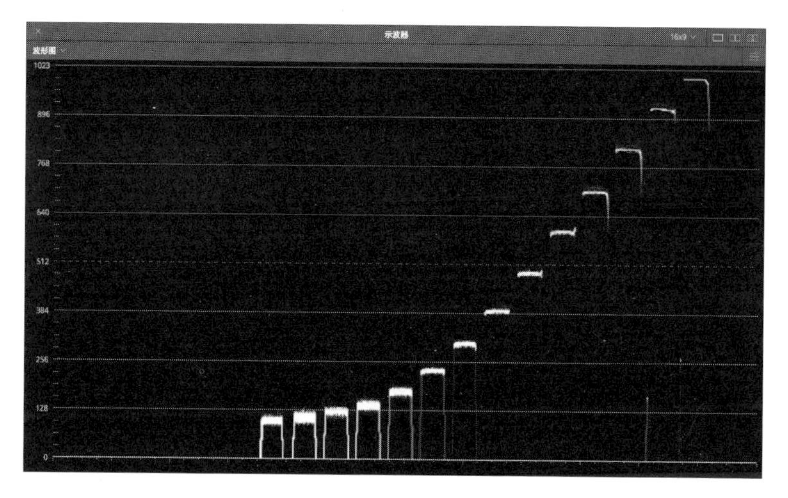

图 1-9　FS700 实用感光度和特性曲线(S-Log2)

2. 利用 18%的标准灰板测定感光度和特性曲线

(1)通过感光测定,得到所用数字摄影机的感光特性曲线。

(2)用数字摄影机进行实际拍摄时,可以在被摄景物中置入一些特定的景物,如反光率为 18%的灰板。用不同的曝光组合进行拍摄,可以得到拍摄曝光量和实际显示 CV 值的相对数据。

(3)在特性曲线上找到灰板的相应位置,确定所用曝光量在特性曲线上的位置。

图 1-10　柯达标准灰卡

借助感光测定方法检验数字摄影机的性能,用实际测定的数据和标称数据进行比较,可以使摄影师做到对使用的摄影机进行精确控制。更进一步来看,根据感光测定得到的感光特性在拍摄实践中为摄影师确定曝光量和布光的光比提供依据,并在整个工业流程中绘制影调传递曲线,能使摄影师在拍摄初即对将来的影像效果心中有数。

第二章 数字摄影机的特性
——兼论胶片特性的数字化应用

数字拍摄设备的技术发展经历了标清摄像机、高清摄像机和数字摄影机三个阶段，从模拟到数字，从标清到高清，电视摄像机一直和电影胶片摄影机在不同领域平行发展，直到 SONY HDW-F900 的出现彻底冲破了两者的界限。时至今日，电影业已经全面数字化，电视行业也逐渐被数字摄影机渗透，一些大制作和当红的综艺节目为了追求精美的效果，已经大范围应用 4K 数字摄影机。演播室多讯道设备一直是高清摄像机的专属领域，2016 年，ARRI、SONY 等厂商相继配套了自己的 4K 数字摄影机，都在朝着多机位制作方向进发。高分辨率、大宽容度、高位深成为影视摄影器材融合的大趋势。

本章从数字摄影技术的历史出发，力求通过对数字摄影机几个关键特性的精确分析，从纵向、横向两个维度对胶片和数字进行深入比较，启发摄影师在创作中创造性地应用新的数字技术特性，使视觉效果最大化。

电视早期以直播的形式传输电视节目，记录的介质只有胶片。20 世纪 70 年代，摄像机开始大量用于电视广播。2002 年，一部用一个长达 88 分钟的镜头拍摄的影片《俄罗斯方舟》为了技术实现上的需要，第一次使用全数字技术，电视摄像机和电影摄影机在这个历史的十字路口相遇，当时使用的机型是 SONY 公司的 HDW-F900 高清摄像机。同一年的稍晚些时候，在好莱坞著名导演乔治·卢卡斯导演的电影《星球大战前传 II：克隆人的进攻》中，为了方便后期数字特效合成，再次使用了 HDW-F900，绚烂的星际战争场景把用数字手段拍摄影片的概念推广到了全世界。在数字技术迅猛发展的今天，这种被电视、电影复用的数字摄像机有了一个新的名称——数字摄影机[①]。

图 2-1　SONY HDW-F900 高清摄像机

一方面，数字摄影机尤其是4K以上级别的数字摄影机越来越多地被应用于电影摄影，SONY、Vision Research、ARRI、Silicon Imaging、PANAVISION、Grass Valley 和 RED 均提供4K以上分辨率的数字摄影机；另一方面，数字摄影机具有强大的功能，比如，普遍具有12挡以上的超越高清电视的动态范围，轻松覆盖Rec.709电视模式色域等，让数字摄影机成为高质量电视节目制作的首选。《我是歌手》第三季总决赛中使用了30台ARRI AMIRA数字摄影机、14挡拍摄宽容度和3D LUT机内预调色[②]，这是充分发挥数字摄影机特性优势和综艺节目现场直播的一次历史性突破。

曾在胶片领域拥有绝对优势的柯达公司，2006年至2010年间的电影胶片销售额下降了96%。目前，柯达依旧为好莱坞提供电影胶片，因为其他

① 许多人习惯把这种摄影机称为数字电影摄影机，而“电影”二字实际上是一种不恰当的限定。追根溯源，这种摄影机是从高清摄像机演变进化而来的，而且在实际应用中，电视节目制作领域也越来越多地采用这种摄影机。所以，称之为数字摄影机更为恰当。

② 在当今的拍摄环境下时常会遇到预算与周期缩减的问题，许多电视制作团队无法花费大量的时间在后期上细调。AMIRA有一系列基于3D LUT的画面风格，拍摄时即可应用在画面之上。另外，亦可在外部调色系统中自行定制自己的3D LUT，并在拍摄前导入摄影机中，甚至还可以在录制中进行调整。通过3D LUT，在快节奏的拍摄时摄影师和导演能获得极大的创作空间，同时可以为制片人保持较低的制作成本。

图 2-2 《我是歌手》摄制团队正在调试 ARRI AMIRA 数字摄影机

的胶片生产厂商基本都已经停产，只有柯达还在坚持。[①] 短短十年，数字化就成为定局，胶片帝国百余年来积累的经验还没来得及完整转化为数字应用就迅速没落，所以我们有必要进行总结和对比，延续创作中的美学积淀。

数字摄影机和胶片电影摄影机因为感光材料的不同有着巨大的差异，在用胶片拍摄影片时，影像效果绝大部分是由所使用的胶片类型决定的。摄影师确定好胶片后，根据拍摄要求结合自己的经验，通过各种手段使之曝光，胶片本身的属性是影像效果的主要决定因素，无论使用哪个型号的摄影机，效果都大致相同。与之相反，数字摄影机的不同却意味着机器的感光材料 CMOS 或 CCD 设计上存在特性差异，加上处理电路以及记录格式的区别，不同数字摄影机拍摄的图像效果差异巨大。

如果说 SONY 的 HDW-F900 高清摄像机延续了从标清时代以来电视广播的影调传递特性和色域模式，数字摄影机的设计思路则完全颠覆了电视行业奉行了 40 多年的技术规范。标清、高清时代即使有自定义拐点、黑伽马扩展、色彩矩阵，也未能真正实现像人眼一样“观看”。数字摄影机则打破了电视、电影的界限，不但超越了电视 6 至 8 挡的宽容度，而且以最高 16 挡的性能全面超越了胶片，效果接近人眼。同时色域空间的处理也向人眼的色彩识别范围逼近。在纪录片、综艺节目中应用数字摄影机不再是“所见即所得”，需要映射匹配伽马空间和色彩空间，这虽然增大了制作流程的复杂性，却带来了画质和色彩的质的提升。与在电影领域应用数字摄影机一样，在电视节目中应用数字摄影机同样需要比较两种技术规范的差异，精确映射匹配，以使视觉效果最大化。

① 柯达于 2012 年 8 月宣布破产，2015 年 2 月柯达公司与好莱坞的六大电影公司达成协议，继续为后者生产电影胶片。签署了这项协议的电影公司有：索尼影业、派拉蒙电影公司、环球影片公司、华纳兄弟娱乐公司、20 世纪福克斯公司和迪士尼。

第一节 重新定义数字摄影机

数字摄影机是指使用数字成像技术、分辨率在 4K 以上、色域符合 DCI 规范、用于数字影片拍摄和高质量电视节目制作的摄影器材。和电影胶片摄影机相比，数字摄影机用传感器和数字存储单元替代了胶片，除去光学部分，其他部分均发生了根本的改变。与传统的广播级数字摄像机相比，数字摄影机更多地融合了胶片的高分辨率（4K 甚至 6K、8K）、更宽的动态范围、更大的色域。“像”和“影”一字之差，体现了新设备的技术诉求。

在数字摄影机技术发展的历史上有几个关键点：2000 年，索尼的 HDW-F900 首次采用高清电视的 24P 格式，从此开始了电影数字化拍摄的进程。2003 年，索尼的 HDC-F950 和汤姆逊的 Viper 在高清 24P 的基础上首次实现了 10 比特 4∶4∶4RGB 全带宽输出和记录，同时 Viper 首次采用了 RGB 原始数据和 Film Stream 对数伽马输出，开始接轨数字中间片制作流程。在 RGB 原始数据和对数伽马的基础上，同年，ARRI 的 D-20 和 PANAVISION 的 GENESIS 首次采用了单片 S35mm 的全画幅成像器件，可以直接使用 35mm 电影镜头。2003 年，DALSA 发表了 Origin，首次采用拜尔原始数据输出、文件化记录，彻底脱离了高清电视的技术轨道。2007 年，RED ONE 首次把拜尔原始数据经过大比率压缩后记录在 CF 卡上，实现了数字摄影机的低成本和小型化。2010 年，ARRI 的 ALEXA 首次在数字摄影机上实现

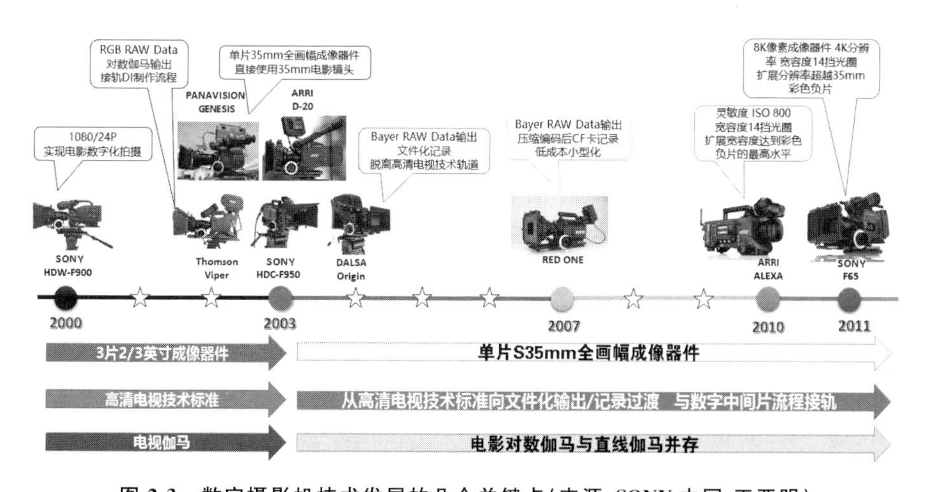

图 2-3 数字摄影机技术发展的几个关键点（来源：SONY 中国 王亚明）

了 ISO 800 的灵敏度和 14 挡光圈的宽容度，使数字摄影机的宽容度达到了彩色负片的最高水平。2011 年，索尼发表 F65，用 8K 像素成像器件同时实现了 4K 分辨率和 14 挡光圈的宽容度，超越了 35mm 胶片的拍摄质量。①

和传统胶片电影拍摄相比，数字摄影机融合了作为摄影器材的电影摄影机和作为感光材料的胶片，画面的效果不再取决于胶片的类型，而是取决于数字摄影机的特性。所以数字摄影机不但是替代广播级数字摄像机的新一代机型，还是感光材料和电影摄影机的增量结合，数字电影和超高清电视深度融合的时代已经到来。

数字摄影机的质量受五方面要素的制约，分别是：分辨率、动态范围、色域、量化、帧率，这些要素都和传感器、处理电路的特性紧密相关（见图2-4）。

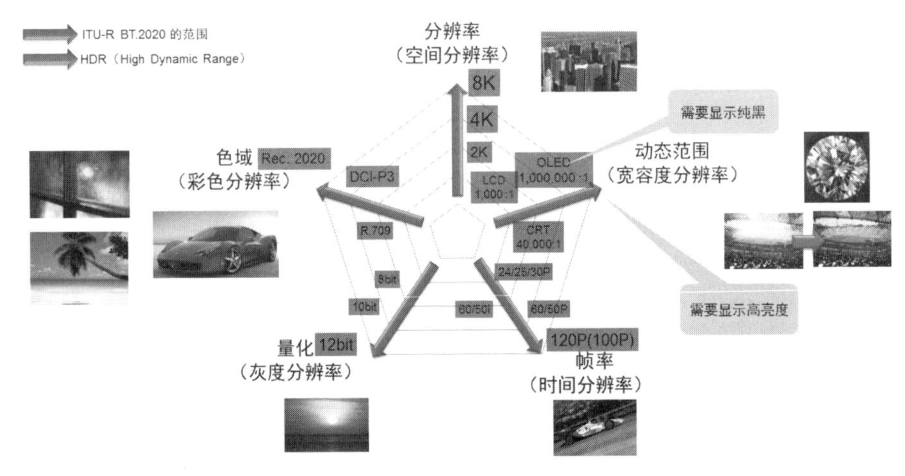

图 2-4 与影像质量控制相关的五要素（来源：SONY 中国 王亚明）

第二节 数字摄影机的性能指标

一、清晰度：分辨率、锐度

以专业的视角关注数字摄影机，大家谈论得最多的当属分辨率，其实这种叫法具有非常大的不确定性。

① 王亚明. 新一代数字摄影机技术[J]. 现代电影技术，2011(12).

(一)空间分辨率

数字摄影机的成像器件也就是传感器通常为CMOS或者CCD,上面以一定的排列方式分布着大量的感光单元,它们通常被称为像素点。根据不同的排列和读出方式,多个基色像素点合成一个全彩像素点,这些合成的全彩像素点的纵横数称作分辨率①,比如1920×1080、2K、4K等(见图2-5)。

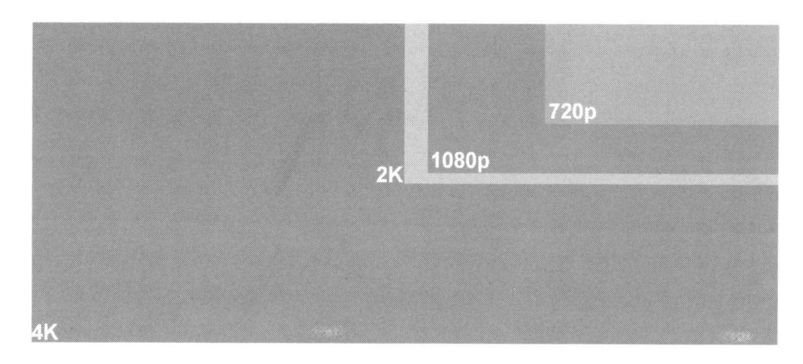

图2-5 在2.39∶1的画幅上比较数字影视常用的分辨率

但是是否像素越高,画面给人的感觉越清晰?图2-6中左边选用的图片尺寸较大,像素数量明显高于右边的图片,但是右图给人的感觉更"清晰"。应该这样准确地描述这种差异:左图拥有更多的像素数量,而右图拥有更高的空间分辨率。

图2-6 高分辨率和高锐度比较

---

① 分辨率一般是指空间分辨率(spatial resolution)。

清晰度是指影像上各细部影纹及其边界的清晰程度。除了分辨率指标，还有一个决定性的要素——锐度。图 2-7 形象地说明了黑白色块临界边缘的锐度对清晰度的影响。

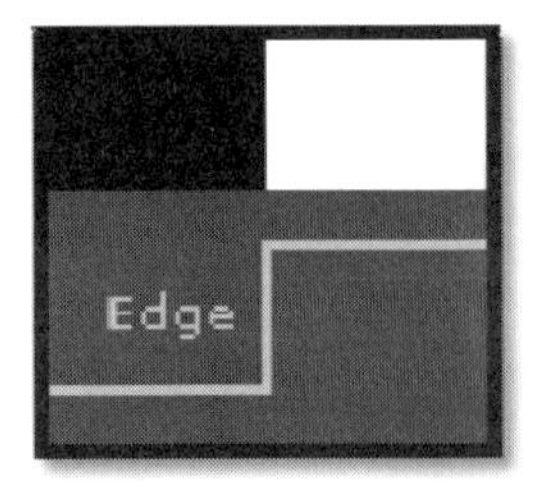

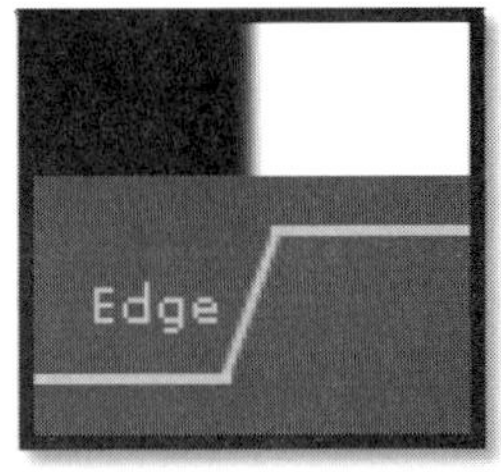

图 2-7　临界边缘的锐度对清晰度的影响

锐度是反映图像边缘锐利程度的一个指标。在摄影领域，锐度用来表示图像边缘的对比度。如果将锐度调高，图像细节突变的地方边缘更加锐利，对比度也更高，由于人类视觉系统的特性，画面整体看起来更清楚。但是实际上锐度的增加并没有提高真正的分辨率。

大部分数字摄影机采用单片传感器，不论是拜耳阵列抑或是 SONY 的 Q67，在还原色彩时都不可避免地受到摩尔纹的干扰。去除假色的普遍做法是在传感器表面加装低通滤镜，滤镜的工艺不同导致图像的锐度也不同。锐度是一把双刃剑，拍摄城市建筑、高山峡谷等景观时使用较高的锐度会更悦目，而对于人物拍摄来说，尤其是女性角色，高锐度恰是“死敌”。由于胶片本身的不规则颗粒，以及拍摄时摄影机走片结构中的抓停机制，胶片的影像看起来会比较柔和。而数字传感器使用规则的方形像素，画面细节边缘就会过于清晰锐利，一些导演就明确表示过对数字影像锐度的担心。

细节的突变会提高锐度，广播级高清摄像机就是利用了这种原理，在信号处理电路的设计中提高图像的锐度(俗称“镶边”)，以增加图像的清晰度。

通过镶边提高锐度，并不意味着锐度越高越好，如果过高，图像细节的边缘会出现不自然的分界，使图像看起来失真、刺眼。尤其是在人物的拍摄过程中，容易在人脸的边缘、发际、眉毛、眼眶、鼻子、嘴唇这些黑色和阴影部位边上出现白色镶边。过高的锐度使皮肤的小疤痕、疙瘩被放大凸显(也就是比实际人眼看上去的更加明显)，

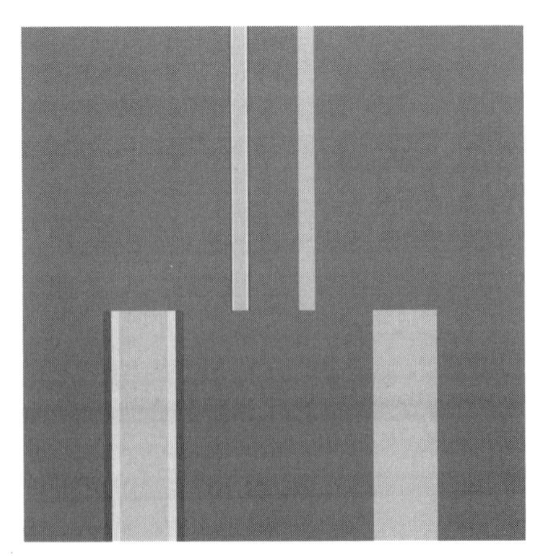

图 2-8　镶边可以让线段看起来更清晰

从而造成面部的粗糙和干涩感。在过度锐化之后，大多数观察者会看到分离的边界，并会感觉到在线段周围有一明一暗的光晕存在。

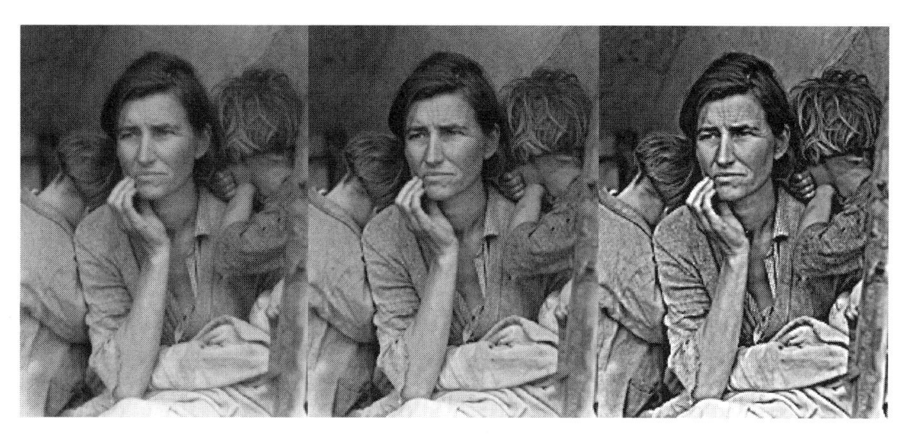

图 2-9　锐度低、中、高比较(从左至右)

所以，为了获得相对清晰而又真实的图像，对锐度的追求要适度。评价数字摄影机成像清晰度的方法需要同时判定解像力和锐度两个指标，需要在拍摄前进行实用分辨率线对测定和锐度测试。

从显示匹配的角度谈分辨率的意义在于使图像采集和显示(播放)相互匹配。如果显示的尺寸限定在 HD，用 6K 拍摄和用 1920×1080 拍摄最后显示出的分辨率是非常接近的，甚或由于 6K 要向下匹配到 HD，像素合并运算后的“清晰度”反而不如直接用 HD 拍摄的画面。有些影片和电视节目用高于实际投放的分辨率拍摄只是为了后期制作流程中有更大的余地，比如对个别的镜头重新构图(裁剪)等。

二、宽容度

(一)宽容度(latitude)

电影和电视关于感光材料、传感器感光单元能记录的亮度范围在很久以前就形成了各自的表达规范，胶片将其称作宽容度而摄像机将其称作动态范围。

胶片的宽容度是指感光材料等比例容纳景物亮度差别的能力，等比例是关键词，它意味着在宽容度范围内，景物的明暗层次会得到正确表现。对于既定的胶片型号和冲洗工艺，宽容度是一定的。从感光特性曲线上看，景物的亮度差别以等比例的密度差记录的直线部分在横坐标上的投影即胶片的宽容度。

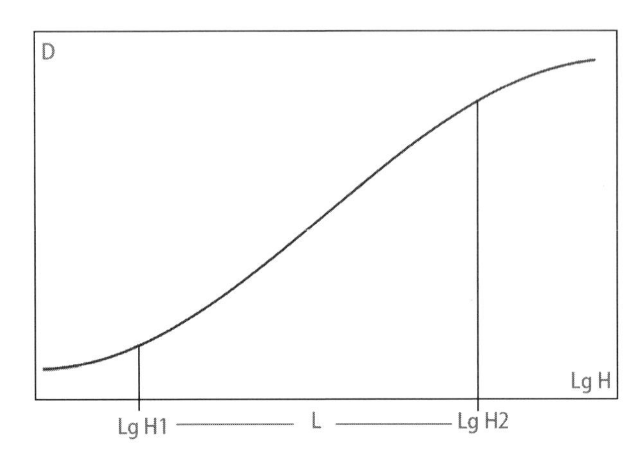

图 2-10 宽容度在特性曲线上的表示方法

宽容度 L 可以用亮度比表示：L＝H1∶H2，也可以用亮度间距表示：L＝LgH2-LgH1。大多数的摄影师更习惯于用光圈系数表示级数：L＝级数，还常以 18％的灰为分界线，清晰地表明影调的大致结构。常用的彩色负片宽容度为 12 至 14 挡光圈，例如，柯达 5284 的宽容度为-7/＋5 挡光圈，5218 为-7/＋6，5219 为-6/＋8。

(二)动态范围(dynamic range)

动态范围最早是信号系统的概念，一个信号系统的动态范围被定义成最大不失真电平和噪声电平的差。而在实际运用中，多用对数和比值来表示一个信号系统的动态范围。对于传感器来说，动态范围表示图像中所包含的从“最暗”至“最亮”的范围。动态范围越大，所能表现的层次越丰富，所包含的色彩空间也越广。

从标清到高清，电视摄像机的动态范围一直是以 89.9％的白为基准，在正常拍摄的基础上增加入射光量，直到 89.9％的白超过输出电平限幅，表达方式用百分数表示。现在的广播级高清摄像机能达到的最高动态范围是 800％，相当于增加了 3 挡光圈，因为 18％的灰密度是 89.9％的白的 5 倍，相当于 2.2 挡光圈的亮度差，所以 800％的宽容度相当于以 18％的灰为基准时过曝光宽容度 5.2(3＋2.2＝5.2)挡光圈。

但是一般电视摄像机的性能只标出上动态范围，即基准灵敏度时89.9%的白的过曝光宽容度，不标出欠曝光宽容度和总宽容度，精确的总宽容度还需要借助标准灰阶和示波仪测得。

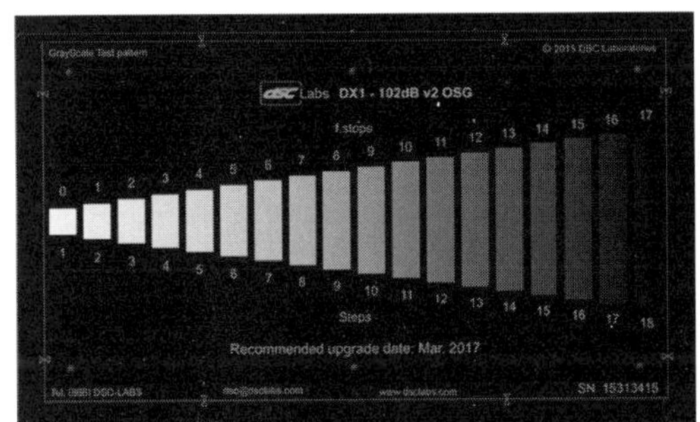

图 2-11 17挡的灰阶测试卡和泰克示波仪

数字摄影机沿用了电影胶片的宽容度表示规范。常用的数字摄影机宽容度为12至16挡光圈，例如，基准感光度时，SONY F35的宽容度为-6.7/+5.3挡光圈，SONY F65为-8/+6挡光圈，ARRI ALEXA为-6.6/+7.4挡光圈，CANON C300为-10.7/+4.3挡光圈。数字摄影机在改变感光度（灵敏度）时不会改变总宽容度，数字算法和控制电路的干预只会改变欠曝光与过曝光宽容度的结构。这一部分在本书第三章“数字时代的曝光控制”中有详细论述。

ISO	ISO 100		ISO 160		ISO 200		ISO 400		ISO 800		ISO 1600		ISO 3200		ISO 6400		ISO 12800		ISO 25600		ISO 51200		ISO 102400	
	3.3挡	3.3挡	4.0挡	4.0挡	4.3挡	4.3挡	5.3挡	5.3挡	5.3挡	6.3挡	5.3挡	6.3挡	5.3挡	6.3挡	5.3挡	6.3挡	5.3挡	6.3挡	5.3挡	6.3挡	5.3挡	6.3挡	5.3挡	6.3挡
增益	-6 dB	-6 dB	-2 dB	-2 dB	0 dB	0 dB	6 dB	6 dB	12 dB	12 dB	18 dB	18 dB	24 dB	24 dB	30 dB	30 dB	36 dB	36 dB	42 dB	42 dB	48 dB	48 dB	54 dB	54 dB
	11.7挡	11.7挡	11.0挡	11.0挡	10.7挡	10.7挡	9.7挡	9.7挡	9.7挡	8.7挡	9.7挡	8.7挡	9.7挡	8.7挡	9.7挡	8.7挡	9.7挡	8.7挡	9.7挡	8.7挡	9.7挡	8.7挡	9.7挡	8.7挡
信噪比	67 dB	67 dB	67 dB	67 dB	67 dB	67 dB	67 dB	67 dB	67 dB	67 dB	66 dB	67 dB	65 dB	66 dB	63 dB	65 dB	58 dB	63 dB	53 dB	58 dB	47 dB	53 dB	41 dB	47 dB
	Canon Log	Canon Log2																						

图 2-12 CANON EOS C300 Mark Ⅱ的宽容度结构

（三）曝光宽容度的数字化应用

曝光宽容度，本来是指胶片不管曝光不足或过度均能产生可用底片的能力。[①] 扩展到数字摄影领域，曝光宽容度是指数字摄影机不管曝光不足或过度，均能记录下场景的亮度层次，并通过后期配光调色还原场景的亮度比例关系的能力。

在摄影的早期，感光材料的特性曲线直线部很短，宽容度很小，加上没有测光设备，确定适当的曝光量很困难。现在的数字摄影机拥有15挡以上的宽容度，标称的感光度也越来越精确，曝光宽容度大到足以让摄影师误认为可以忽略精确曝光控制的严苛要求。

曝光宽容度随着被摄体亮度范围而变化（图2-13）。实验表明，像大多数的胶片一样，数字摄影机对曝光不足只有很小的宽容度（大约2级），而对于低反差的被摄体，曝光过度的宽容度甚至达到了5级以上。那么，这是否意味着可以任意向右摆放被摄体亮度范围在曲线上的位置？

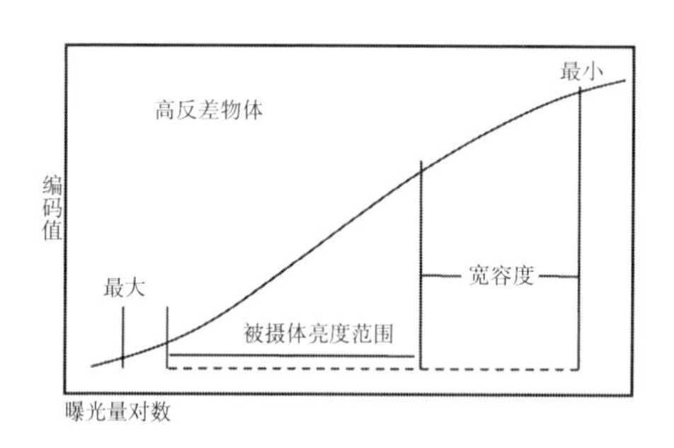

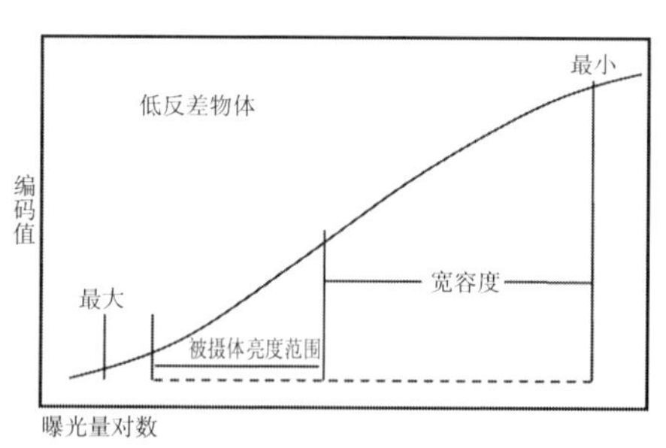

图2-13 不同反差的被摄体对过曝宽容度的影响

图2-14和图2-15是ASC[②]摄影师Shane Hurlbut拍摄的案例。图2-14A是以测光表测得的标准读数作为曝光参数拍摄的结果，然后从B到L依次以1/3挡递进增加曝光量。F和J是经过后期调色软件进行校正后的结果，在过曝光1+2/3挡的时候，背景反射灯光的高光部分仍然有不错的表现，但是在过曝3挡时，虽然人物依然有很好的质感，但是高光部分的细节损失比较严重。

图2-15A是以测光表测得的标准读数作为曝光参数拍摄的结果，然后从B到L依次以1/3挡递减减少曝光量。G和J是经过后期调色软件进行

① 柯达公司.柯达专业黑白胶片[M].杭州：浙江摄影出版社，1999：36.

② American Society of Cinematographers，美国电影摄影师协会。

图 2-14　A-L 过度曝光测试(CANON 1Dc)

图 2-15 A-L 欠曝光测试(CANON 1Dc)

校正后的结果，欠曝两挡已经对色彩产生了比较大的影响，噪声也变得比较明显，欠曝 3 挡以后后期校正也无能为力了。

实践证明，由于对数空间在记录时给亮部和暗部分配的比特量化资源不同，不建议使用比实际需要更大的曝光过度的容限去获得阴影区的细节。曝光过度以 3 级为限，否则在后期配光调色需校正到正常的曝光水平时会出现影调与色调分离的问题。考虑到大多数的数字摄影机对数曲线（Log）把基准曝光点 18%的标准灰设定在了影调结构中比较低的位置，曝光不足的以 1 级为限，尽量不要出现曝光不足。

（四）宽容度和分辨率

宽容度和分辨率是一对矛盾，宽容度本质上取决于传感器上感光单元在单位时间内可捕捉的光子数量，表面积越大，捕捉的光子数量越多，所能形成的最高亮度和最低亮度之间的光比才越大，才能得到较大的宽容度。

在整个传感器面积不变的情况下，比如 S35mm，像素数量越多，像素的尺寸就会越小，如果采用相同的制造工艺，分辨率与宽容度会呈现出矛盾的特性。

以 4K 拜尔滤色片为例，4K 拜尔像素的分辨率是 2K，实现 4K 分辨率需要 8K 拜尔像素，有效像素数量达 3540 万，成像器件尺寸不变时每个像素的面积只有 4K 拜尔像素时的 1/4，在像素光电转换性能不变的情况下，灵敏度和宽容度将降低 2 挡光圈。这就是说，在现有的技术条件下增加像素、提高分辨率是很容易的，但成像器件尺寸不变时像素数量越多，分辨率越高，灵敏度和宽容度就越低。因此，设计 4K 分辨率以上的数字摄影机时最大的挑战是如何同时提高分辨率和宽容度。

三、分色方式

（一）分色方式和色域

无论胶片中的银盐颗粒还是传感器上的感光单元，严格意义上讲都是“色盲”，它们只能感应光线的亮度而不能识别色彩。为了得到彩色影像，胶片通过三层含有彩色耦合剂（成色剂）的感光层和滤光层分别记录红、绿、蓝三基色光的强度，放映时通过混合还原色彩（见图 2-16）。

传感器也必须对入射光进行分光，分别记录下红、绿、蓝三基色光的强度，才能将被拍摄物的色彩正常还原。在目前众多的数字摄影机中，分光方式可以分为两大类：一种是棱镜式 3CCD 或 3CMOS 数字摄影机；另一种是

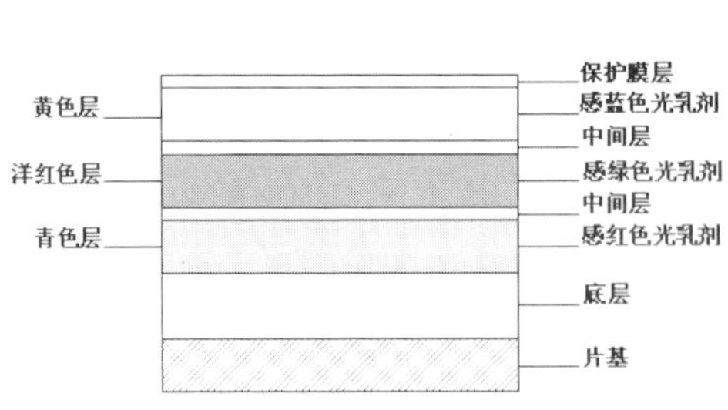

图 2-16 胶片的分色方式

采用微滤色片的单感光芯片数字摄影机。在棱镜分光系统中，3 片独立的传感器芯片分别记录红、绿、蓝光，入射光从棱镜左侧进入，棱镜 A 和 B 之间的介质镜上的特殊镀膜只反射光线中的蓝色光谱，红色和绿色光谱通过，蓝色光谱在棱镜 A 内部再经过一次全反射垂直到达感蓝传感器；在棱镜 B 和 C 之间是只能让光线中绿色光谱通过的介质镜，绿色光谱直接到达感绿传感器；红色光谱在棱镜 B 中再经过一次全反射到达感红传感器，最终在摄影机的处理电路中完成色彩还原（见图 2-17）。

棱镜分光式三片传感器曾经是广播级专业摄像机的行业标准，它的光电转换效率最高，不存在插值运算，所以色彩还原准确。同时分辨率与传感器的像素数量相同，如果数字摄影机使用的传感器有效像素数量是 2K，那么 RGB 三基色的分辨率也都是 2K，由三基色合成最终影像的分辨率也是 2K。但是三芯片系统成本高，对组装精度要求也非常高，关键问题是，对于超过 2/3 英寸的大画幅传感器，三芯片方式在制造工艺上难以达到要求。

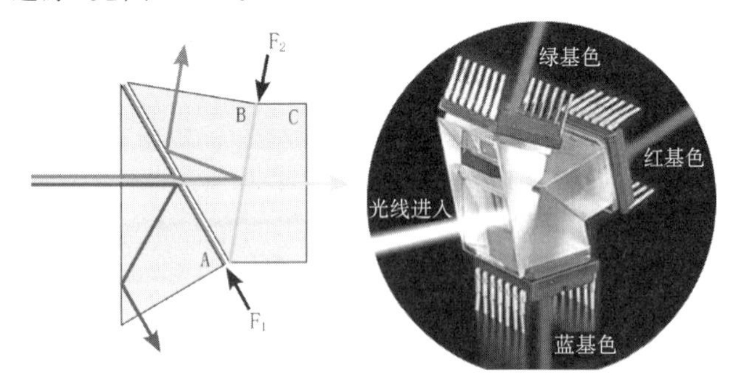

图 2-17 棱镜分光系统工作原理示意图

另外，棱镜分色虽然质量最好、光利用率最高，但是体积比较大。高清电视摄像机的 B4 接口镜头是专为棱镜分色系统设计的，其法兰距[①]为

① 法兰是 flange 的音译，意思是镜头和摄影机的接口。法兰距即接口到传感器的距离，亦称后距、后焦或后截距。

48mm,可以容纳2/3英寸的分色棱镜系统。电影摄影机最常用的PL接口镜头的法兰距是52mm,但是全画幅成像器件的尺寸是2/3英寸的2.5倍,适用于35mm全画幅成像器件的棱镜尺寸至少是2/3英寸系统棱镜的2倍,大于100mm,超过了PL接口的法兰距。要兼容大量的PL接口电影摄影机镜头,只能使用单片成像器件。

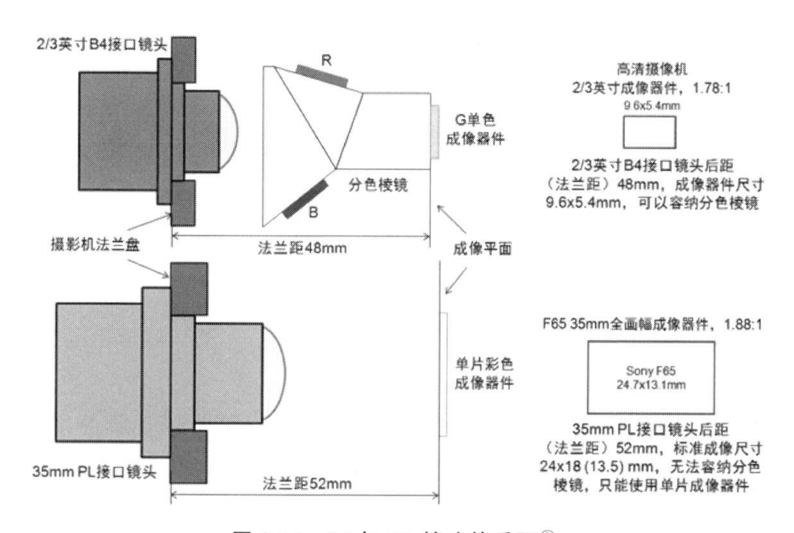

图 2-18　B4与PL镜头的后距①

单芯片式摄影机采用的分光方法是在传感器每一个感光单元上添加彩色滤色镜,滤色镜排列成彩色滤色镜阵列,每一个像素只能记录某一特定原色光的强度。最常用的排列方式是拜耳阵列(见图2-19)。采用滤色片阵列的单芯片的每一个"像素"只能记录单一色光,而缺失的其他两种原色需要从临近的像素中提取,并经过计算还原。

正如胶片的色域取决于滤光层的染料技术,分光棱镜式摄影机的最佳色域取决于介质镜的光谱特性,拜耳片阵式摄影机的最佳色域取决于滤色片的光谱特性,需要用光谱特性曲线转换得到。此部分在本书第五章中有详细论述。

数字摄影机的色域范围并不是只有一种模式,所谓最佳色域指的是传感器的工艺所能达到的最大值,在实际拍摄中摄影机会根据需要选用不同的工作空间,色域会根据工作空间重新定义。

---

① 王亚明. 新一代数字摄影机技术[J]. 现代电影技术,2011(12).

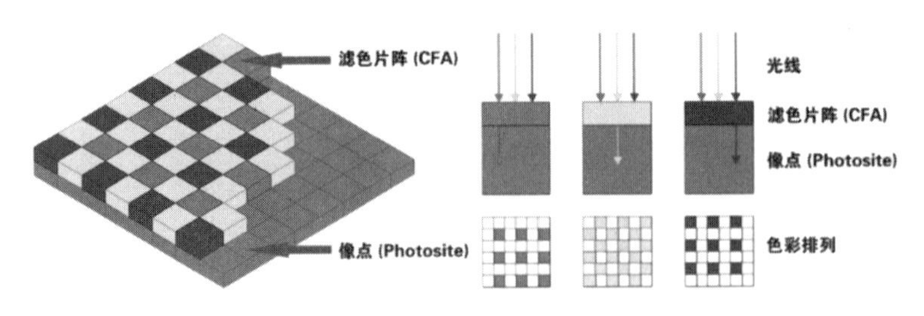

图 2-19 拜耳阵列

四、位深

数字影像的位深是指用来描述每一个色彩通道的二进制数的位数,用比特表示。现行的高清电视系统是 8 比特,每一个通道共有 $2^8=256$ 种亮度,三个通道混色后共有 $2^{24}=16\ 777\ 216$ 种色彩。数字摄影机采集的亮度和色彩越丰富,记录时需要的位深也越高。

在本书后面章节数字摄影机的工作空间部分将谈到直线性空间、线性空间和对数空间,不同的空间对亮度伽马的处理不同。考虑到“编码 100”的问题,直线性空间分别需要 14 比特和 16 比特才能达到现在高清电视和电影的图像质量。数字摄影机是针对高质量电视节目和数字电影设计的,15 挡宽容度超过了目前高清电视摄像机和电影负片的宽容度,用直线伽马完整地记录这些亮度层级大约需要 21 比特,数据量惊人。所以,现在数字摄影机绝大多数采用对数伽马,把 $2^{15}:1$ 的亮度间距压缩到 12 比特①的记录范围内。

(一)位深和宽容度

即使传感器具有较大的动态范围,在编码转换时仍受到比特位深精度的限制。把一个连续的模拟量离散化成为模数转换(A/D),该模数转换的精度取决于使用的比特位深。表 2-1 说明了在 RAW 文件格式中不同的比特位深能记录的最大宽容度。

① 数字电影倡导组织(Digital Cinema Initiatives,简称 DCI)发布的《数字电影系统规范》要求符合 DCI 标准的数字电影母版每通道具备 12 比特位深,Apple 的 ProRes 可选 8 至 12 比特多种位深,Rec.2020 规范 UHD 的位深是 10 比特,8K 的位深是 12 比特。

表 2-1 不同比特位深能记录的最大宽容度(直线转换理论值)

A/D 转换的比特精度	对比度	动态范围	
		f-stops	密度
8	256 : 1	8	2.4
10	1024 : 1	10	3.0
12	4096 : 1	12	3.6
14	16 384 : 1	14	4.2
16	65 536 : 1	16	4.8

以上的值只适用于描述 A/D 转换器的精度,而不应该被用来解释 8 和 16 位图像文件的结果。此外,表中显示的值是一个理论的最大值,并假设这是在不考虑噪声的情况下。而且这只适用于直线性 A/D 转换器。

例如,10 比特位深精度能表示 2^{10} 共 1024 级亮度变化,假设两倍的编码值对应两倍的亮度值,则最高亮度和最低亮度比为 1024 : 1,折合为 10 挡宽容度。需要特别强调的是,因为人眼分辨亮度差的对数特性,即韦伯定律导致的"编码 100"的问题,实际的情况颇为复杂。科学精确的计算方法请参考本书第六章的内容。

大部分数字摄影机采用 10—14 比特 A/D 转换,理论上它们的最大宽容度是 10－14 挡光圈。

五、快门和帧率

(一)机械快门

在胶片摄影中,快门是一个机械装置,也被叫作叶子板。每次曝光它会旋转一圈,也就是 360 度。通过控制叶子板的开角可以改变曝光时间。

曝光时间(1/ X 秒)＝帧率×(360/快门角度)

例如,180 度快门,帧率 24fps 的曝光时间是:

$$\frac{1}{24\times(360/180)} = 1/48\ 秒$$

数字摄影机中一般不设置机械快门,但为了改善果冻效应[①],有些机型

① 假设拍摄的是一排快速移动的垂直线,如果传感器的读出速度比较慢,拍摄下来的画面就会表现为歪斜错位的线段,通常这种问题被称为"果冻效应"。

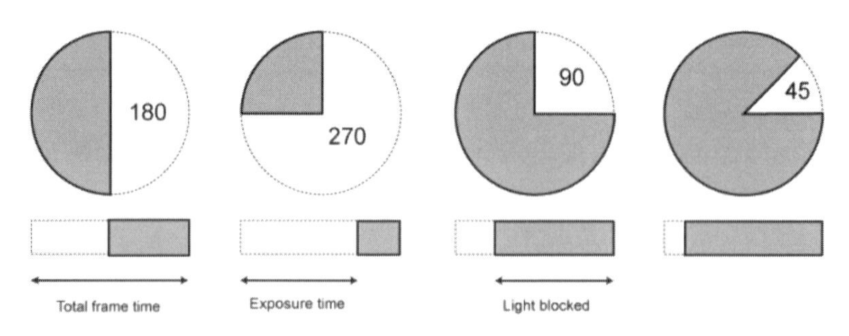

图 2-20　叶子板开角和曝光时间的对应关系

设计了选配件。像 SONY F65 和 ARRI ALEXA XT Studio。快门角度能控制动态模糊，曝光时间越长，动态模糊越严重；曝光时间越短，运动物体会表现得越清晰。

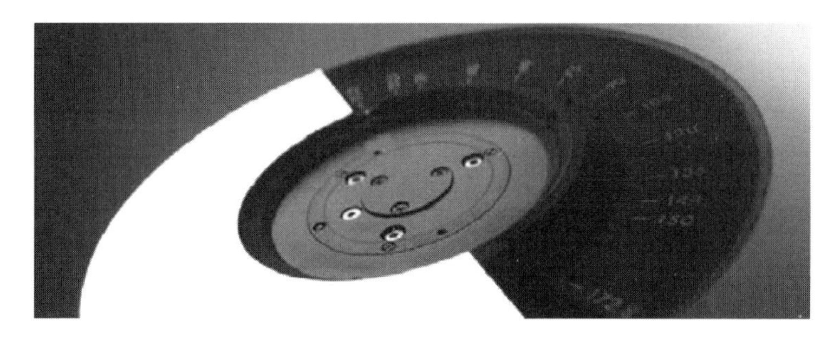

图 2-21　ARRI ALEXA XT Studio 数字摄影机的反射式快门(Mirror shutter)

(二)滚动快门(rolling shutter)

数字摄影机通常采用滚动快门，滚动的说法源自于一帧画面曝光后，传感器为下一帧画面曝光重置之前，其中的数据从传感器顶部到底部逐列被读出。

提高滚动快门的速度，能最大限度地减少果冻效应。RED 和 ARRI 的很多摄影机都有滚动快门。即使是高帧率摄影机，如 PHANTOM 的数字摄影机也采用滚动快门，但读出时间只有 1 毫秒。

图 2-23 中比较了不同型号摄影机的滚动快门读出次数。

(三)全域快门(global shutter)

当一帧画面的曝光结束时，光一次性被完全阻止，传感器电路读取数据被并为下一个曝光做重置。全域快门与滚动快门的最大区别是杜绝了"果

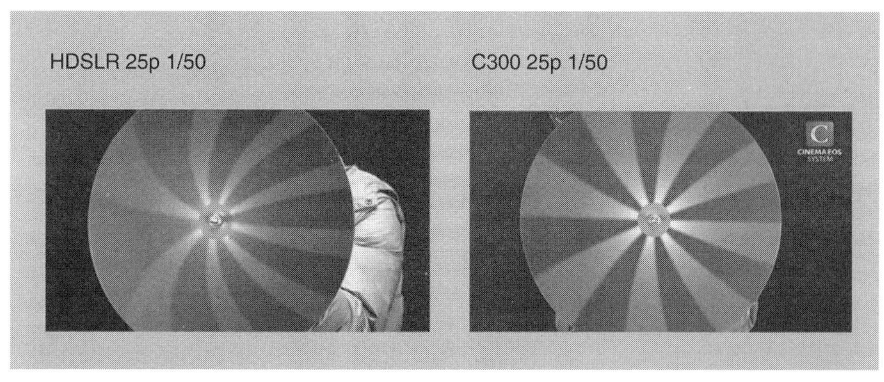

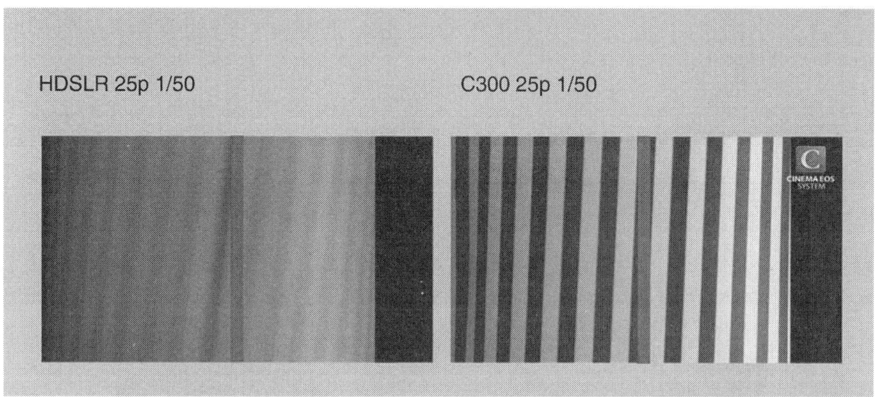

图 2-22　用 Cinema5D 开发的旋转测试图测试的结果

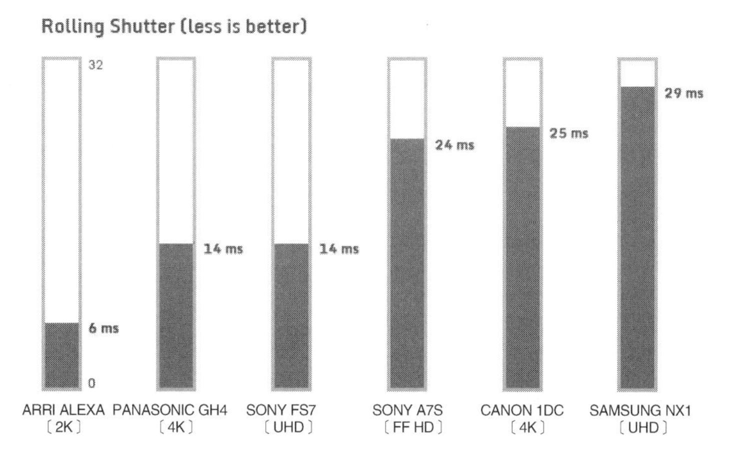

图 2-23　用 Cinema5D 滚动快门读出次数测试的结果，精度为毫秒

冻效应”，全域快门是记录运动画面的完美解决方案。问题在于 CMOS 采用的是行扫描的曝光方式，每列像素曝光有先后顺序，不可能在同一时间点完成所有像素的曝光。它实现“全域快门”的唯一方式就是在每个像素边加一个“电荷存储器”。通俗地说，就是把电荷存储起来，然后“集体”控制曝光时间，进行曝光。但是这种做法必须牺牲感光面积，极难控制噪声，会导致画质下降。过去全域快门一般应用在 CCD 传感器上，随着近几年技术的进步，一些数字摄影机的生产厂商已经攻克了这个技术难题。

（四）高帧率

在数字摄影时代，几乎每一种型号的摄影机都具有高帧率拍摄的功能。60fps 的功能是把运动对象的动作拍摄得更清晰，运动镜头更流畅。200fps 以上甚至 1000fps 的升格功能突破了人眼对高速运动物体捕捉能力的极限。

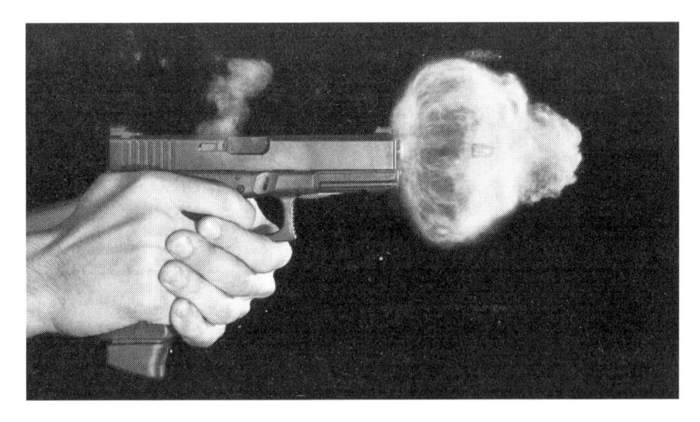

图 2-24 PHAMTOM Flex 4K 摄影机升格摄影捕捉子弹被射出的瞬间

帧率的提高是以减少每帧图像的曝光时间、牺牲宽容度为代价的，这就要求摄影机制造工艺中有非常高的基准感光度和噪声控制技术。

（五）运动模糊与卡顿

在实际拍摄中，有许多看似简单却常被忽略的参数设置，快门速度与帧率就是其中最突出的一对参数。一般来说，PAL 制式的播放帧率多为 25fps，NTSC 制式的播放帧率为 30fps，这和不同国家地区电网的频率相关。在拍摄时，一般是将快门速度设定为帧率的两倍的倒数，那么 PAL 制是 1/50 秒，而 NTSC 制是 1/60 秒。为什么是两倍，大约是源自于胶片时代摄影机叶子板开角和高色温镝灯频率的匹配。使用胶片摄影机拍摄时，叶子板的开口角必须调到172.8度，否则会在成片上出现频闪的技术事故。根据叶子板开角和曝光时间的换算公式，172.8度在24格的拍摄中相当于快门速度1/50秒。观众凭借长期观看电影的视觉经验积累，逐渐适应了这种特定的快门速度以及由此产生的运动模糊。

在电视摄像机的视频拍摄中，快门速度越快，捕捉到的动作就越清晰。但如果快门的速度设置得过高，会导致视频中的运动（包括画面运动和画面内的运动）变得不流畅，也就是常说的卡顿。卡顿是因为前后帧的画面内容出现了跳变，超过了人眼的识别阈值。因此，电视摄像借鉴电影拍摄的经验，在常规拍摄时将快门速度设定为帧率两倍的倒数。也就是说，如果帧率设定在25，快门则设定在1/50；如果帧率是30，快门就设定为1/60。

25fps帧率下，从较高的快门速度到较低的快门速度，会产生不同的运动模糊。图2-25是分别用1/200秒、1/50秒、3/100秒、1/25秒拍摄的三帧图像运动模糊的示意图，我们可以看出，在1/200秒下单帧最清晰，但帧之间的跳变大，运动的连续性差。而等于帧率倒数的1/25秒可以制造动态模糊伪连续。对于一般的运动场景，在运动速度适中的情况下，1/50秒可以在清晰度和连续性方面找到平衡。

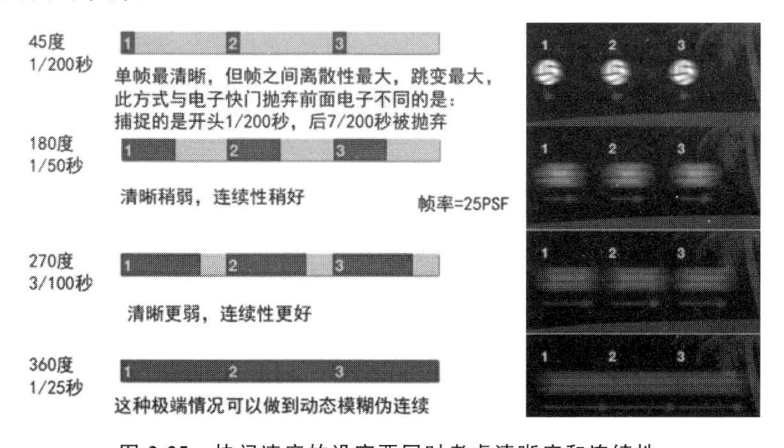

图2-25 快门速度的设定要同时考虑清晰度和连续性

随着被拍摄对象或摄影机本身运动速度的加快，就需要提高快门速度以适当减少运动模糊，保持影像的清晰度。但并不是快门速度越高越好，因为快门速度过高，会导致运动图像卡顿。

“卡顿的原因是前后帧画面的内容发生跳变，所以静止的物体/镜头哪怕帧率很低也不会出现卡顿。不同程度的运动则会导致被摄物不同大小的跳变，让人眼觉得有不同程度的卡顿感。可以选择一种合适的模糊程度来让不同的跳变之间发生过渡，让人眼能接受，这种模糊是通过控制快门速度来实现的。在物体运动过程中打开快门持续积累光，等积累完成后，其间捕捉到的运动过程就是模糊的，积累时间越久或者帧之间的跳变越大就越模糊，因此针对不同的画面内容和拍摄风格，要选择不同的模糊程度来过渡不同的跳变。这虽然最初是一种因技术不够发达的权衡，但投入市场后，经过这么多年观众的适应和选择，也已形成了各领域的风格、标准和观看习惯，观众是需要不同程度的模糊的。所以哪怕现在技术发展了，带宽、存储等都已不是问题了，但要改变观看感觉，新标准是否能被接纳，是否要减弱这种模糊感、减弱多少，都还需要未来的观众和市场长期的验证。”①

是否可以通过提高帧率的方式既改善运动模糊又避免卡顿？答案是肯定的，前提是播放系统也要以同样的高帧率播放，这已经在李安创作的120帧高帧率电影《比利·林恩的中场战事》中得到了充分验证，可惜的是全国只有少数几家影院可以播放这样的高帧率电影。像120甚至480的高帧率，已经远远超过了人眼每秒20帧的视觉暂留阈值，大部分的运动图像都可以清晰而且流畅地被记录和呈现。但在目前的播放平台上，电影是每秒48格，国内的高清电视是每秒25帧，如果提高帧率而不对播放系统进行对应的改变，就意味着升格，这将会改变原有的运动速度。

（六）50i：通用的高清电视帧率标准

任何现行的标准都是技术、市场和观众观看习惯综合博弈的结果。REC.2020中规定了下一代帧率标准为50P，但目前综合考虑流畅真实和带宽成本后，通用的高清电视帧率标准确定为50i。50i是50P带宽的一半，卡顿程度却差不多，比25P的卡顿减少近一倍，但是因为扫描下场时物体已跳变至与上场不同的位置，所以隔行扫描的方式会产生毛刺。同时隔行扫描会降低30%的垂直分辨率，也就是说，1080i给观众的观感和720P的分辨率差不多。电视屏幕比电影银幕小，用毛刺、分辨率降低换取50i制造“假的高帧”感是当下市场的选择。

针对现在许多数字摄影机标准的25P拍摄模式，我们可以在后期用特殊软件将其分解成两个相同的上下场，当成50i隔行来制作，这样既保证没有毛刺，带宽也相同，同时还可以按照行业标准格式进行后期制作。这已经

---

① 吴渊. 25P制作中“卡顿感”的前因后果[EB/OL].(2016-04)[2017-02-05].http://mp.weixin.qq.com/s/WrzJ－qbzuxeU05NUssR95Q.

成为 HD 节目常用的做法。

如果针对海外进行节目发行，可以设定数字摄影机为 24P，然后通过 3：2下拉变换成 60i 播放，这样会更流畅、毛刺更小。

（七）24P：通用 DCI 电影帧率标准

影院的放映平台和电视有很大的区别，电影的银幕大，用隔行扫描的方式产生的毛刺和分辨率降低会被放大，质量不被接受。高帧率的制作流程曾经过市场检验，因为成本太高一直未被大规模使用。影院的放映环境严格统一，投影机按照每秒 48 帧放映，有效补偿了 24P 的卡顿感。

虽然投影倍频放映的技术一直不是很完善，和真实的 48P 相比还有很强的跳变拖尾感，但是在电影制作中严格地控制了跳变和动态模糊的矛盾关系，长期以来观众已经适应了这种独特的电影感。

电影作品在电视平台上播放要经过转换。把 24P 提速 4％转成 25P，再转成 50i 在电视上播放。

（八）快门速度的选择

在影视摄影中，严格地说，快门速度并不是一个控制曝光的参数，它的主要功能是调整画面清晰度和运动模糊的关系，在两者之间找到平衡，为观众提供既流畅又清晰的观影体验。

表 2-2 中列出了以 25P 帧率拍摄的画面运动速度和快门速度之间的匹配关系，并给出了在 50i 的播放环境下的显示效果。其中，画面运动速度是指拍摄对象在画幅内的相对速度，而不是它本身的绝对速度，另外，因镜头摇摄或者机位移动产生的运动也一并计算在内。

表 2-2 画面运动速度和快门速度的匹配

序号	运动速度	快门速度	画面效果
1	行走（小全）	1/2	抽帧
2	行走（小全）	1/8	抽帧
3	跑步	1/15	运动模糊
4	跑步	1/25	运动模糊伪连续
5	自行车	1/50	匹配
6	汽车	1/250	匹配
7	跑步	1/1000	卡顿
8	跑步	1/4000	严重卡顿

六、主流机型参数对比

如何选择数字摄影机的机型？如果单纯地看性能指标，当然是指标越高越好，但考虑到不同的项目预算和能负担得起的后期流程，无法选择最好的，只能选择最合适的。因为数字时代的摄影机融合了传统的摄影机机身和感光材料，摄影师在选择时需要考虑的因素会更复杂。

第三节　数字摄影机图像处理工作流

传感器捕捉图像的基本原理是利用半导体的光电转换特性，把感光单元（像素）上聚集的电荷通过 A/D 模数转换成数字信号。传统的摄像机处理电路是要对这些信号再进行一系列的处理，包括调整白平衡、拐点、伽马和色彩矩阵等，最终输出视频图像。

数字摄影机则根据摄影师设定的记录模式进行处理，与传统的摄像机内部信号的处理会有不同。为了尽可能无损地保留原始拍摄数据，给后期的 DI、调色等环节更大的选择余地，理想的选择是采用 RAW 格式进行记录，白平衡、伽马等会以元数据的方式留给后期处理。如图 2-26 是佳能 C500 数字摄影机 RAW 处理工作流。

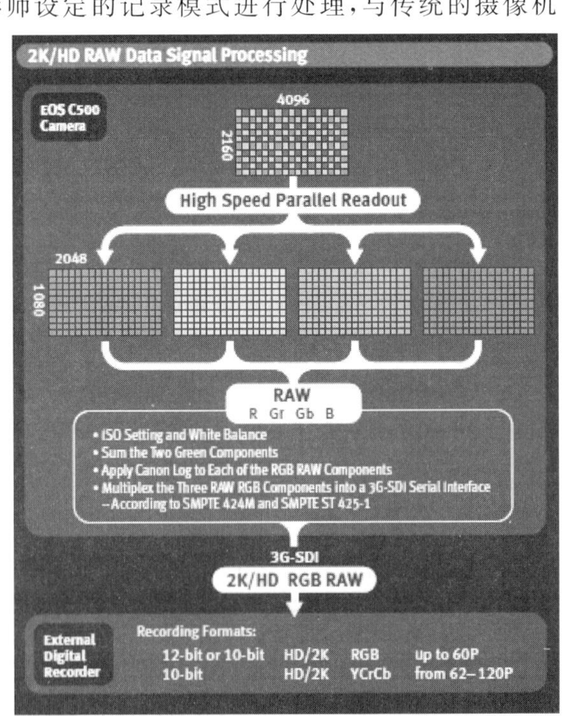

图 2-26　佳能 C500 数字摄影机 RAW 处理工作流

如果兼顾效率，不采用 RAW 格式进行记录，数字摄影机会执行和传统摄像机相似的处理流程，但由于工作空间不再是单一的 Rec.709 模式，具体的处理过程又有所不同。

具体的工作流如下：

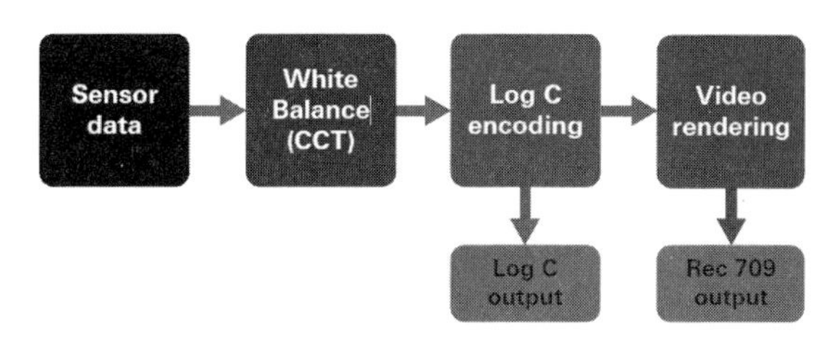

图 2-27　数字摄影机的工作流

第一步，摄影机从传感器上读出完成曝光的图像数据，首先进行白平衡处理，然后把传感器上的线性图像编码成 Log 数据。

第二步，摄影机的输出设置默认是 Rec.709 模式，如果不改变这种设置，摄影机会把第一步记录的 Log 数据渲染成 Rec.709 后输出。如果设置为 Log，摄影机可直接输出。

第四节　开机前的试拍

开机前应该测试摄影机，以确定合适的摄影机型号以及后续的工作流程。测试内容主要包括分辨率、锐度、宽容度、色彩再现、记录格式等方面。

一、分辨率和锐度测试

分辨率是一个表示平面图像精细程度的技术参数，是判断数字摄影机传感器和镜头解像力的一个重要指标。在一个固定的平面内，分辨率越高，意味着可使用的点数越多，分辨率一般用单位距离里能分辨的线对数（如每毫米线对数为 lp/mm）来表示。

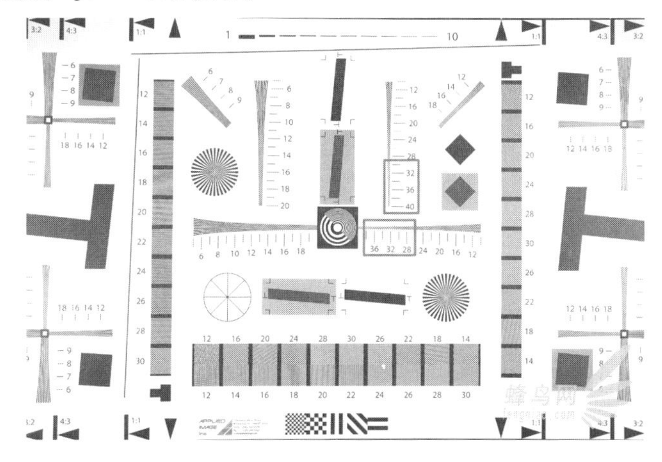

图 2-28　4K 分辨率测试卡

二、感光度和宽容度测试

(一)感光度测试的意义

实用感光度的测试是要确定曝光量与信号水平(pixel level)间的定量关系,通过研究影调传递曲线可以掌握材料的感光性能及变化规律。

(二)感光度的测量方法

感光度的测量应使用标准化的设备在标准化的环境中进行。例如,使用标准的中性灰,在均匀照明环境中采用包围曝光进行拍摄,然后进入DI系统对照官方白皮书中的CV或IRE值,确定实用感光度的数值,并在后期处理后进行主观评价。

以SONY的F55为例,可以使用三阶灰卡进行测试,以确定摄影机的输出值是否和官方数据一致,然后结合主观评价确定实用感光度。

表2-3 SONY F55数字摄影机曝光亮度分区和信号输出的对应关系

信号电平	亮度范围
105.4%及更高	白电平切割
102.4%－105.4%	仅低于白电平切割
41.3%－45.3 %	标准中灰之上一挡曝光(白种人的皮肤)
30.3%－34.3 %	18 %的标准中灰
2.5%－4.0 %	仅高于黑电平切割
0.0%－2.5 %	黑电平切割

(三)宽容度

如果没有专业设备,可以采用向上曝光(过曝)和向下曝光(欠曝)的方法,直到被拍摄的中等亮度物体失去细节层次,综合过曝宽容度和欠曝宽容度可得出总的宽容度。

专业设备测试简单高效,例如,使用DSC测试卡(见图2-29)能够方便直观地看到宽容度和影调结构。

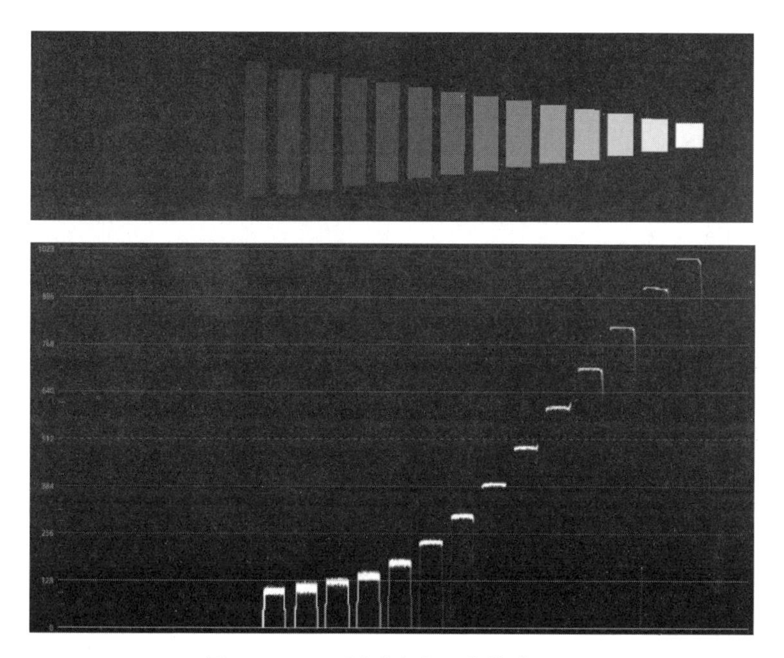

图 2-29　DSC 测试卡和图像的波形图

三、信噪比测定(颗粒)——找到最好的组合

(一)信噪比测量方法

在全黑的环境下长时间曝光,可以测试在不同感光度下信噪比的大小。以佳能 5D 和佳能 7D 为例来看,在各种感光度下,噪点的增加并不是线性的,有些低感光度的噪点要比高感光度更多。当 ISO 在 100、200、320、640 时,5D 噪点的数量几乎一样。7D 最好只用 ISO160、320、640、1250、1600。

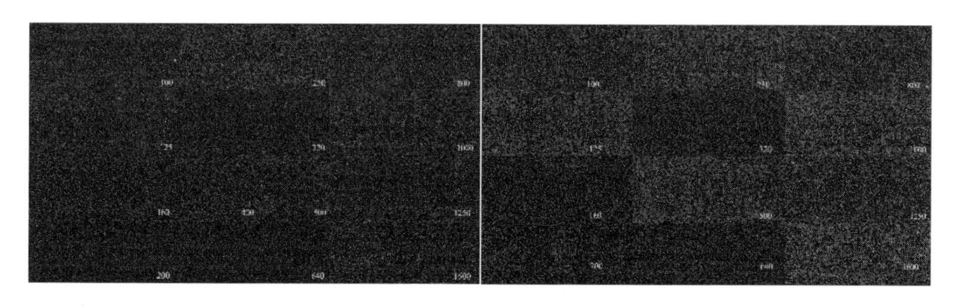

图 2-30　不同 ISO 在同等曝光条件下的噪声对比

四、色彩再现

数字摄影机的色彩再现采用主观评价的方法，但是监看设备和环境的差异会让主观评价存在巨大误差。专业的做法是使用专业测试卡，把图像数据和测试卡的标准数据进行比对，可以排除因监视设备的不准确对主观评价的影响。图 2-31 展示了专业色卡和肤色图，以及肤色图的标准数据。

	L*	a*	b*
woman left	77,5	24,5	31,9
woman middle	78,5	17,5	20,3
woman right	79,2	19,6	22,0

图 2-31　专业色卡和肤色图

严谨的影视制作都要进行试拍，分辨率测试能够判断摄影机的细节表现情况，感光度和宽容度测试能够增加摄影的可预见性，而信噪比测定和色彩再现的评价能保证影像的最终品质。

第三章 曝光控制中的传统与革新

要想控制摄影机，而不是被摄影机控制，就必须了解曝光控制技术的传统，还要熟练掌握伴随数字感光材料发展而来的新技术；不能只了解前期拍摄，还要了解 DIT 的关键环节，熟悉不同种类显示终端的特性。

不论材料科学如何风云变幻，曝光控制的目的始终未变，那就是要拍摄出影调完整而色调丰富的影像，要有效地为叙事服务，用饱满的情绪感染观众。由此目的而推演出的曝光控制的三个层次也依然是指导实践的铁律：一是要正确曝光，做到影调完整；二是要准确曝光，恰当表现被摄对象的质感；三是要选择性曝光，进行艺术表达，创造特定的符合故事情境设定的情绪气氛。这三个层次依次递进，以选择性曝光为最高境界。

正确曝光是一个技术上的说法，意味着影像所呈现的和眼睛所看到的一致，影调层次丰富，色彩还原良好，文理表达区域都有恰当的细节表现。不同曝光的数字影像和它们的直方图呈现出的样貌如图 3-1、3-2 中的案例所示。

准确曝光比正确曝光更进一步。对于特定的拍摄对象，由于其自身的亮度差异，单凭底片密度或数字直方图的判读并不能达到良好的视觉效果。像大面积的雪景，或者夜景，都会在直方图上表现“异常”，在雪景的阴影部分、夜景的高光部分，因为像素数量所占比例较小，在直方图上波形平坦（见图 3-3）。

选择性曝光是摄影师的终极追求，以创作意图为核心，选择合适的定光点①，然后根据摄影机的伽马特性计算设计影调的总体构成，控制被摄对象的亮度间距，达到为特定的艺术表达服务的目的。

比如，在处理室内朝向窗户的反拍镜头时，以高光处作为感光材料的曝光上限，然后根据感光材料的宽容度计算推导出这场戏的定光点。实拍时

---

① 定光点是指摄影创作时根据需要选定的一组曝光参数，这组参数是在正确曝光的基础上适当地增减曝光。

图 3-1　A 是技术上曝光正确的图像，B 是动态范围偏小的图像，C 是偏暗的图像，D 是偏亮的图像

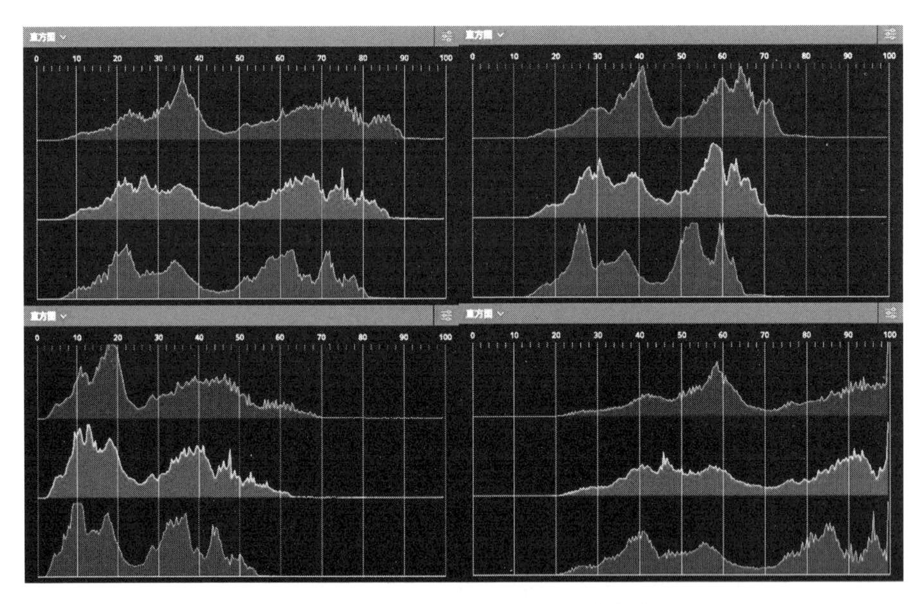

图 3-2　上一幅图中 4 种图像对应的直方图

被摄主体的亮度如果不能满足定光点的曝光量，可用人工布光的方式补光。如果亮度超出了定光点的要求，则要通过挡光的方式减光，以达到理想的影调关系。

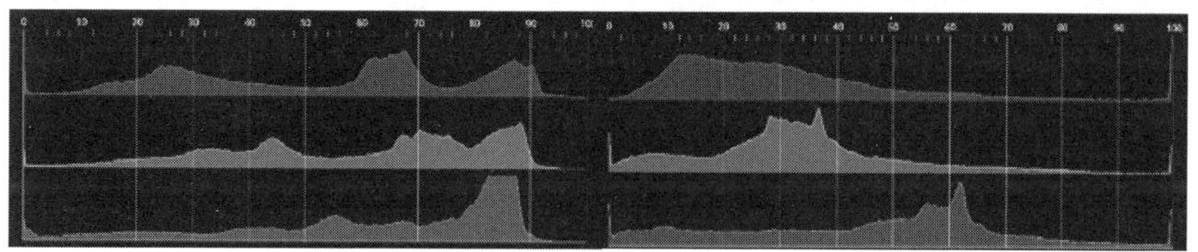

图 3-3 雪景和夜景的直方图虽不理想，却是准确曝光的范例

如何循序渐进地达到正确曝光、准确曝光和选择性曝光这三个层次，首先需要扎实地掌握曝光控制的相关知识，如标准灰板、测光工作、影调构成等，这部分是曝光控制中的传统内容，是影视技术和艺术一百多年来的审美积淀。其次要熟悉摄影机如何处理和记录亮度信息的技术特性，还要了解从记录、传输到显示整个系统的工作原理，这部分是新技术在曝光控制中新的应用，是在继承传统的基础上进行的革新，需认真对待。本章前两节主要集中在对传统技术的梳理上，第三节集中在新技术和方法上，最后一节主要是辨析在数字时代曝光控制技术如何在传统涅槃中获得新生。

第一节 中灰与标准灰板

世间万物的视觉呈现依赖于物体表面对光线的反射，不同质地的表面对光线的反射能力有很大的差异。摄影中用反光率来表示不发光物体反射光线的程度。

通过光度学的计算，单位数量的光线照射到物体表面时照度为 E，全部被反射时表面亮度为 $B=E/\pi$，这时的反光率定义为 ρ[①]$=100\%$，其他所有反射表面的反射率以此为基准计算。

① Rho 读作/rəu/。大写为 P，小写为 ρ，中文音译为“柔”，是第十七个希腊字母。

今天人类科学对光线的研究的结论是，无色的白雪反光率为98%，碳黑为2%，“自然界明暗平均的画面，实际上只有反射照射在其上的光量的13%”[1]。人眼以对数的方式对亮度进行响应，13%的位置正好位于中间附近的位置，它既是自然万物明暗度的平均值，也是对数计算的中间值的约数，因此被称为中灰[2]。

图 3-4 柯达的标准灰板[3]

胶片时代，柯达公司建议使用反射率为18%的灰卡来进行替代性测光。鉴于柯达帝国的权威性，摄影界把这块灰板当作“标准灰板”，众多测光表厂家也以这块灰板作为测光的基准植入设备当中。利用这一特性，摄影师用测光表的入射光读数（在光敏元件上加乳白罩）和测量标准灰板的反射光读数加以对比，对测光表进行简单的自校准。[4]

在柯达定义了标准灰板后，有科学研究成果表明，18%并不能准确地代表明暗度平均的画面。用标准灰板进行替代性测光会导致拍摄下来的画面比实际的画面暗，但为了保持连贯性，今日的灰卡仍一如既往地做成18%的灰，只是在曝光时胶片摄影师会进行+0.5挡左右的曝光补偿。[5]

黄种人的皮肤平均反光率为23%，白种人的皮肤平均反光率为30%，稍高于万物的平均反光率。因此，在拍摄这两类人物时，人物既能融入整个场景，又能得到一定的突出。

数字摄影机是如何分配18%的标准灰板的亮度编码的？8比特显示系统在不同的色域模式下如何标定18%的标准灰板的亮度值？从记录到显

---

[1] 该说法引自彼得·K. 布里恩、罗伯特·凯普托著，黄忠宪译，由辽宁教育出版社2003年出版的《实用摄影手册》。而在屠明非的《摄影曝光》中，12.5%被认为是自然景物的中级反光率。所谓“自然景物的中级反光率”，是指将自然景物的反光率按照等比关系分档：100%、50%、25%、12.5%、6%、3%以及1.5%，12.5%上有三级、下有三级，正好居中。

[2] 中灰的意思是中等灰度，而不是中性灰。要注意区分这两个概念，中性表示无任何色偏的消色。

[3] 柯达的标准灰板套装内容为：尺寸255mm×202mm面积的硬卡纸颗粒绒面亚光灰板2块（背面为白色），127mm×102mm面积的硬卡纸颗粒绒面亚光灰板1块（背面为白色）。

[4] 具体见本章第二节“用测光表测光”部分。

[5] 拍雪景时为了突出雪的质感，会补偿-0.5挡的曝光量。

示，只有弄清楚亮度传递过程中的对应关系，才能形成系统的概念，明确创作的规范。数字摄影机在不同的工作空间下伽马的数值不同，即使同在对数空间下，对18%的标准灰的定义也因不同厂商、不同型号和不同的Log特性而不同；曝光补偿各不相同，18%的标准灰的位置确定相对复杂，这在本章后半部分还有详细的讨论，这里先简略论述。

一、胶片密度和标准灰板

关于影调和标准灰板的关系，人们早已在电影制作的实践中摸索到了相应的数据控制指标：在彩色电影底片上，灰板的正常密度应达到：Do+0.7；在彩色电影正片上，视觉密度应达到1.0，Dr =1.09，Dg =1.06，Db=1.03 。人们以此为标准判定影像质量的优劣，并由此判定拍摄、洗印条件的正确与否。

二、高清摄像机和标准灰板

在Rec.709的规范里，拍摄现场为了精确曝光，需要通过彩色监视器和示波器来观察、调整曝光值，以保证高清电视画面质量。通常的做法是，将场景中的暗部设置在7.5IRE单位，18%的标准灰板的亮度信号支配在50IRE[①]单位，场景中的高光部分可以用摄像机的拐点设定，使它位于100IRE处。在超过上限幅电平（0.7V）或下限幅电平（0V）以外时，景物亮度、色调就会突然再现成一片空白或一片漆黑。

50IRE位于记录系统能记录的整个影调范围中间的位置，以此作为曝光基准的优点是其可以使画面明亮，反差明快。不足之处在于，虽然反射率在3.5%至100%范围内的亮度能得到较好的记录和表现，但是没有给超过100%的超白部分预留足够的记录空间，大光比的场景只能借助拐点进行大幅压缩，影调亮部层次的这种传递方式破坏了原有场景中的光比气氛，层次细节损失严重。

---

① IRE是一个在视频测量中的单位，是以创造这个名词的组织——“无线电工程学会（Institute of Radio Engineers）”来命名的。例如，在广播级视频电平中规定了任何视频信号在播放时的亮度电平都不能超过100IRE。IRE把视频信号的有效部分——视频安全黑色（黑电平）到视频安全白色（白电平）之间平分成100份，定义为100个IRE单位，即0—100IRE。

三、数字摄影机对数空间和标准灰板

数字摄影机处于对数空间模式下时，情况变得比较复杂，厂商间还没有统一的标准规范，各自的Log算法各有特点。对亮度的分配存在比较大的差异。

18%的标准中灰在不同的Log模式下被支配的位置不尽相同，表3-1是S-Log3 10bit模式下标准中灰、90%的白和编码值的对应关系。表3-2是ARRI AMIRA Log-C10bit曝光亮度分区和信号输出的对应关系。

表3-1 标准中灰、90的%白和S-Log3 10bit编码值的对应关系

输入反射 / 输出	0%的黑(IRE 0%)		18%的灰(IRE 20%)		90%的白(IRE 100%)	
	IRE	CV	IRE	CV	IRE	CV
S-Log3	3.5%	95	41%	420	61%	598
S-Log2	3.0%	90	32%	347	59%	582
S-Log	3.0%	90	38%	394	65%	636

表3-2 ARRI AMIRA Log C曝光亮度分区和信号输出的对应关系

亮度范围	信号电平
白电平切割	100% to 99 %
仅低于白电平切割	99% to 97 %
标准中灰之上一挡曝光（白种人的皮肤）	56% to 52 %
18%的标准中灰	42% to 38 %
仅高于黑电平切割	4.0% to 2.5 %
黑电平切割	2.5% to 0.0 %

比较表3-1和表3-2中的数值可以看出，目前最常用的S-Log3和Log C对标准灰的处理都接近图3-5柯达的数字印片密度，视觉主观评价也比较理想。经过几年的调整，数字影像曝光控制逐渐回归胶片时代的控制规范，这种现象值得摄影师思考。

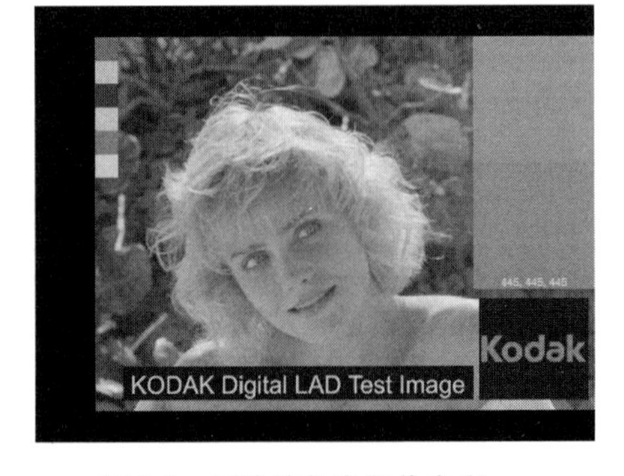

图3-5 柯达的数字印片密度

四、显示系统与标准灰板

以 sRGB(Rec.709)显示系统为例,经过伽马校正后,系统伽马会接近一条直线,因此又被称为线性系统。它的亮度变化从计算方式来看也存在线性关系,纯黑的 50%透明度位于编码值的中间位置,R=G=B=127(见图 3-6)。

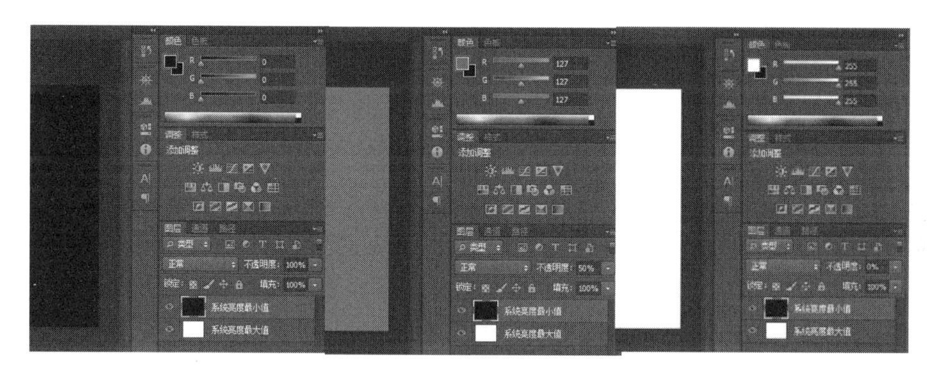

图 3-6　图像处理软件中显示的最暗、中间亮度、最亮的编码值

在 RGB 模式的定义下,8 比特的图像软件都将 RGB=1∶1∶1 的由白到黑的均匀线性过度用数学方式量化为 0—255。早期的 Photoshop 把这些量化值线性对应灰度模式下的 0—100%,R=G=B=127 对应 50%的灰度滑块,这是一种典型的印刷(相纸)亮度处理方式。新版本的 Photoshop 校正了这种不恰当的数值关系,编码的中间值被支配到了灰度滑块的 64%,可以理解为 36%的亮度,充分预留了超白部分的表达空间。

由于视频系统的特殊性,其并不能简单地与平面图像系统对应。平面印刷的最亮值取决于印刷材料的最大反光率,但是视频系统在 100%的反光率之上,更重视超白部分的表现。

柯达规定了黑白灰标准三阶灰卡(见图 3-7)的亮度和电平值以及电压百分比之间的对应关系。

孟塞尔 18%反射(灰色)中性的阶块、孟塞尔 3.1%反射(黑色)中性的阶块、孟塞尔 90%反射(白色)中性的阶块的 IRE 值分别以分量电平电压值和百分比标定输出,数值如表 3-3 所示。

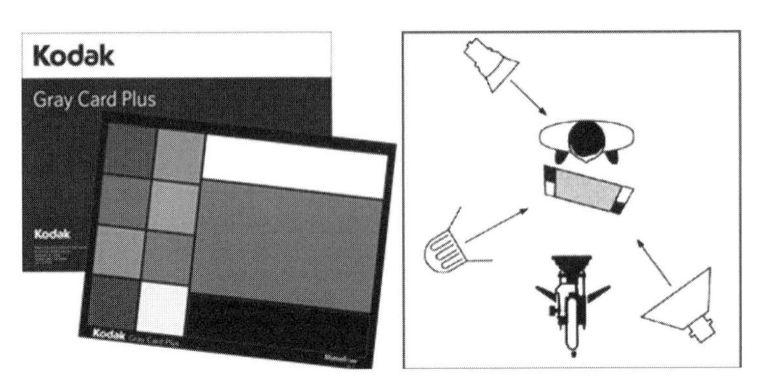

图 3-7　柯达灰卡(Plus)

表 3-3　基于 0－700 毫伏的电压值和基于百分比的数值

	Component Voltage	Component % Voltage
White	560 mv	80
Gray	320 mv	45
Black	140 mv	20

按比例把上表换算到 10 比特波形示波器编码值,孟塞尔 3.1%反射(黑色)中性阶块对应编码值 203.8,孟塞尔 18%反射(灰色)中性阶块对应编码值 459.8,孟塞尔 90%反射(白色)中性阶块对应编码值 818.2。用此规范协调前期拍摄和后期 DI,曝光水平和影调分配可以达到中性合理。

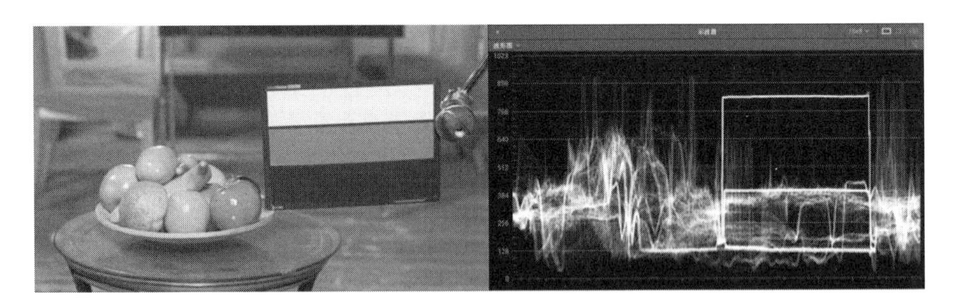

图 3-8　柯达灰卡(Plus)和波形图

以上规范非常重要,了解了中灰和标准灰板的概念以及由来,有利于树立“测光是曝光控制的起点”的正确观念,也只有遵循这种规范,才能在整个影视制作流程中获得精确控制影像影调的创作自由。

第二节　用测光表测光

测光表仍适用于数字摄影，而且是必备工具。胶片时代，测光表是现场确定曝光的唯一精密仪器。数字时代，示波器广泛应用，测光表的唯一性一度受到创作人员的质疑，但它依然是最方便的曝光定光工具。使用测光表可以强化摄影师对光线的记忆，帮助摄影师用恰当的光比创造艺术真实的意境。

“从一大早睡醒到晚上就寝，我始终都在观察光线。灵感无处不在。我会拍一些快照，但大部分影像都存储在我脑海中。在需要给一个场景打灯光时，我会从脑海中找到合适的影像作参考。比如，你去了一个新潮的酒吧，你很喜欢那里的气氛和灯光，你可以将这个场景画面记录在脑海中。这样一来，以后如果你需要拍摄一场在酒吧或俱乐部的戏，合适的话，你就可以参照使用之前在脑海中记录的场景里的灯光、色阶、色彩及气氛。”①

图 3-9　光线气氛随时间地点的变化而变化②

此外，测光还是解决镜头“匹配”的关键，“尤其在拍摄电影故事片和短片时，比如补拍，或者光线接戏，你就需要重现和之前一样的光线。如果你没有用测光表，没有记录摄影机的色温，你会变得非常盲目。一旦给场景打光，我都会尽可能多地记录一些数据”③。

一、测光表的工作原理

摄影师测光的基本工具是测光表，最常用的是入射测光表和反射测光

①②③　HURLBUT S.测光表在数字时代对摄影师的帮助及使用技巧[EB/OL].(2015-04-10)[2017-02-15].http://107cine.com/stream/62876/.

表。现在这两种测光功能通常集成在一块测光表上，后面的内容我们只用入射测光和点测光（反射测光）来表示两种测光功能。

入射测光只测量场景的照度，也就是场景上被照射到的光量。点测光测量的则是物体被测量位置的亮度，这个亮度取决于照射到场景上的光线水平和物体本身的反光率。

用点测光表对准黑卡、白卡和中灰卡进行测光，会分别得到如图 3-11 中所示的读数。以此读数进行曝光，会得到同样的中灰色调。

图 3-10 “世光”为影视摄影设计的专用测光表 L-758C

测光表[①]的工作原理是以 18%的标准灰作为曝光基准对场景进行测量，它的目标是要把拍摄的场景处理成明暗平均的中灰影调，即拍出来的影像不会太暗，也不会太亮。

用入射式测光表直接测得的场景光线的照度，和用反射式测光表测得的标准灰曝光读数一致，因为白色漫射罩能透射 18%的光。

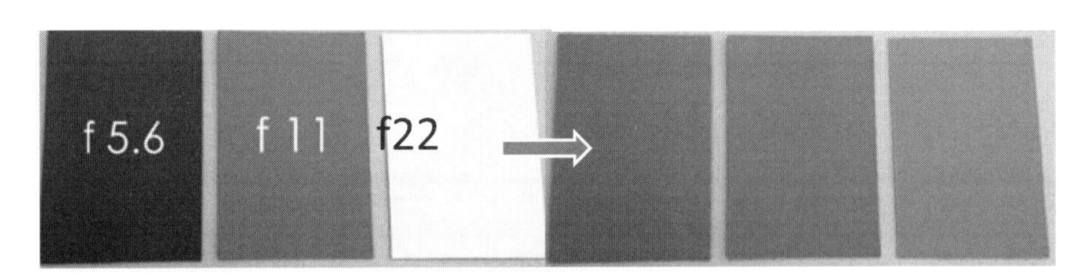

图 3-11 点测光获得的读数和拍摄结果

利用测光表的两种主要的工作方式可以实现对测光表的简单校准。

二、测光表的自我校准

在进行测光工作之前，可以利用两种测光方式简单校对测光表的精确度。世光 L-758C 测光表本身带有两个光敏元件，在被摄体位置面向光源用白色漫射罩可以测量入射光，而点测光功能可以读取标准灰卡的反射光，然

① 不同品牌的测光表采用的基准反光率不完全一样，大多数集中在 11%—18%的范围内。本章使用的测光表是世光 Digital Cineon L-758C（如图 3-10 所示），基准反光率为 18%。

后比较两个数值是否一致。

旋转世光测光模式旋钮到入射光模式，读取主光，数据是 T5.6(见图3-12)。

图 3-12 入射式测光

将选择旋钮转到点测模式，对准标准灰卡，点测的光圈读数是 T5.6 1/10ths(见图 3-13)。

图 3-13 反射式点测光

我们可以看到，数据基本一致，测光表自我校准表明误差非常小，可以放心使用。

三、确定曝光三角形

影响曝光的变量有三个：感光度、光孔和曝光时间，我们称之为曝光三角形。其中曝光时间有两种不同的处理方式：快门速度(shutter speed)和叶子板开角(shutter angle)。

快门速度和叶子板开角的计算公式为 shutter speed＝(f.p.s×360)÷

shutter angle。

图 3-14 叶子板示意图

表 3-4 是 24fps 帧率下，叶子板角度和快门速度之间的换算关系。

表 3-4 24fps 帧率下叶子板角度和快门速度的换算表

15 degrees = 1/576 sec	80 degrees = 1/108 sec	160 degrees = 1/54 sec
20 degrees = 1/432 sec	100 degrees = 1/86 sec	180 degrees = 1/48 sec
40 degrees = 1/216 sec	120 degrees = 1/72 sec	200 degrees = 1/43 sec
60 degrees = 1/144 sec	140 degrees = 1/62 sec	220 degrees = 1/39 sec

叶子板角度的变化影响着曝光时间，并且需要光圈的变化来补偿，以维持正确的曝光。当然，光圈的变化会影响景深。因此，如果景深需要保持不变，唯一能做的就是添加 ND 滤镜（如果通过减少光来补偿曝光时间），或增加场景的实际光照（如果给较短的曝光时间做补偿）。

以 180 度为基准，称为“全面曝光”（full exposure），叶子板开角的变化需要进行曝光补偿，如表 3-5 所示。

表 3-5 同等照度下叶子板角度变化需要的曝光补偿

叶子板角度	F-STOP/ T 补偿	叶子板角度	F-STOP/ T 补偿
197－200	Close 1/4	61－67	Open 1 1/2
166－196	Full Exposure	56－60	Open 1 2/3
148－165	Open 1/4	50－55	Open 1 3/4
135－147	Open 1/3	42－49	Open 2
121－134	Open 1/2	37－41	Open 2 1/4
111－120	Open 2/3	34－36	Open 2 1/3
99－110	Open 3/4	31－33	Open 2 1/2
83－98	Open 1	28－30	Open 2 2/3
74－82	Open 1 1/4	25－27	Open 2 3/4
68－73	Open 1 1/3	22.5－24	Open 3

对于没有叶子板的数字摄影机，可以根据快门速度的级差变化进行相应的曝光补偿。

帧率的改变也会改变曝光。根据公式 shutter speed＝(f.p.s×360)÷shutter angle，帧率每增加一倍，每一帧画面的曝光时间就会减半。假设采用 180 度的“标准”的叶子板角度，每秒 24 帧，曝光时间为 1/48 秒。如果帧率增加为 48fps，用相同的叶子板角度，曝光时间减半为 1/96 秒。在 48fps 时，需要进行一挡曝光补偿。

表 3-6　帧率对曝光的影响

25fps@180degrees	1/50 秒	基准
50fps@180degrees	1/100 秒	欠曝 1 挡
100fps@180degrees	1/200 秒	欠曝 2 挡
200fps@180degrees	1/400 秒	欠曝 3 挡
400fps@180degrees	1/800 秒	欠曝 4 挡

正常帧率的叶子板角度的变化影响着曝光时间，需要光圈或灯光来进行补偿，高帧频则需要更多的补偿。有时为了不改变景深，必须通过增加灯光来照明场景。比如使用 PHANTOM 拍摄，拍摄帧率为 1000fps 时，需要比 25fps 时的照度增加 40 倍。

数字摄影机大部分没有机械叶子板，多采用滚动快门和全域快门。这些摄影机使用起来非常直观，帧率的变化一般不会影响到曝光时间的变化，也就是说不会改变原有的快门速度的设定。但是如果进行升格拍摄，快门速度则被摄影机强制设定在帧率之上，不能以低于帧率的快门速度进行拍摄。例如用 200fps 拍摄，则快门速度系统强制设定在 1/200 秒以上。2016 年，李安在影片《比利・林恩的中场战事》中进行了 120 帧的拍摄实践，其中难度最大的是曝光补偿的问题。

四、在不同天气条件下测光

（一）在阴天测光

图 3-15 中直接用测光表测光，顶光会扰乱测光表入射模式的读数。因为天空中的散射光强度比较高，乳白罩接收了大量来自天空的散射光线，导致曝光读数偏小。

图 3-16 中，用手对顶光进行遮挡后，读数提高了一挡光圈，这个读数照顾了地面上的景物，但是却不利于天空高光部分的表达。

图 3-15　顶光会扰乱入射读数

图 3-16　对乳白罩进行遮挡，读数增大

图 3-17 的 A 和 B 是以上两种曝光读数的实拍对比，A 的天空云层表现得很丰富，但地面景物曝光不足；B 正好相反。

图 3-17　上图中两种曝光读数的实拍对比

图 3-18 中用点测光测量标准灰板，读数适中。

图 3-18　点测光测量标准灰板

表 3-7 是三种测光结果的读数对比：第一种，入射光（带乳白罩）遮挡；第二种，入射光（带乳白罩）不遮挡；第三种，点测光（18%的标准灰板）。

表 3-7　曝光读数对比

1	乳白罩入射式直接测光 un-shielded	$F8.0_8$
2	乳白罩入射式遮挡测光 shielded	$F5.6_8$
3	点测光测量标准灰卡 spot	$F8.0_2$

由此得出结论：通过查看直方图[①]，un-shielded 曝光不足，shielded 曝光轻微过度，spot 完美曝光。

（二）在晴天测光

测光表相对于太阳光线角度的变化，会导致测光读数大相径庭。

顺光、逆光、侧光所测得的值分别如图 3-19 中的 A、B、C 所示。

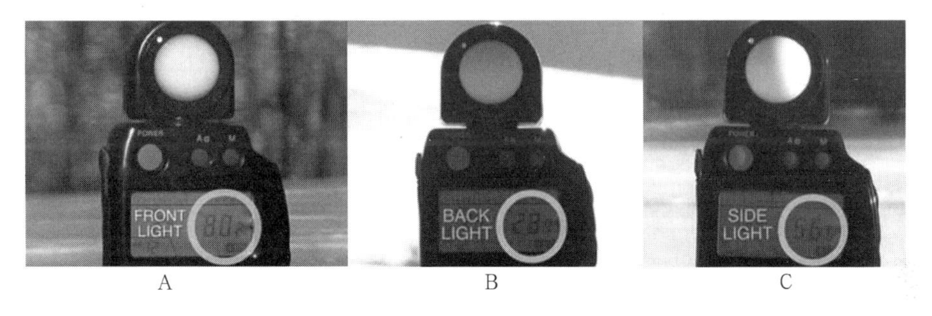

图 3-19　太阳光线角度的变化导致测光读数的变化

如图 3-20 所示，顺光和逆光位置测光读数相差 2.5 挡，以这两个读数曝光，会导致接近 5.7 倍的亮度差异。晴天拍摄必须要借助分区系统，使用点测光，规划影调构成，定光。

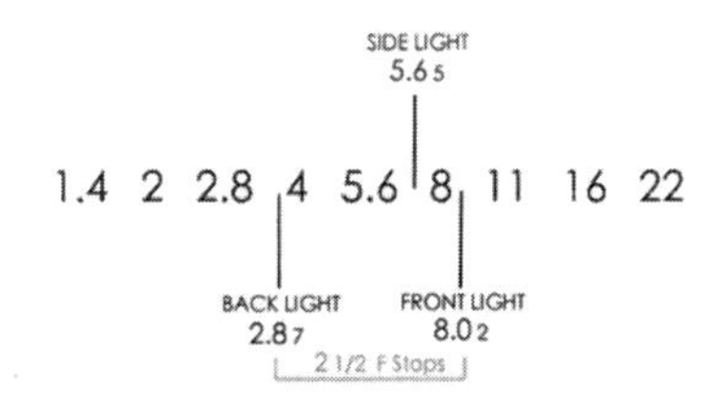

图 3-20　顺光和逆光位置测光读数相差 2.5 挡

① 后面的章节中会详细解释直方图。

五、借助分区系统更多地使用点测光

影视拍摄中的一些特殊场景只适用于点测光测量，像在远处测光以及测量烟雾、爆炸、蓝幕绿幕、日出日落、月升和显示器等发光物体，如图 3-21 的 A-G 所示。

A.在远处测光　B.测量烟雾　C.爆炸

D.蓝幕　E.绿幕

F.月出　G.日出日落

图 3-21　只适用于点测光测量的场景

这些场景的测量得到的读数并不一定是最终摄影机的曝光参数，它只是被测量对象特定位置的绝对亮度。这个绝对亮度在最终获取影像时究竟应该安排在哪个影调位置，还需要借助分区曝光系统才能得出。点测光借助标准灰板只是指明了现场光线的平均照度，而分区曝光则包含了对场景影调关系的安排。像以上这些场景，点测光测得的读数并不能直接用于摄影机的曝光参数设定，而是要转换成对应的分区，进而换算出曝光参数。

分区曝光理论是纯粹派摄影 F64 小组核心成员 A. 亚当斯创立的。在亚当斯的“视界”中，所有的被摄体的亮度都可以分为十个区域，如图 3-22 所示。

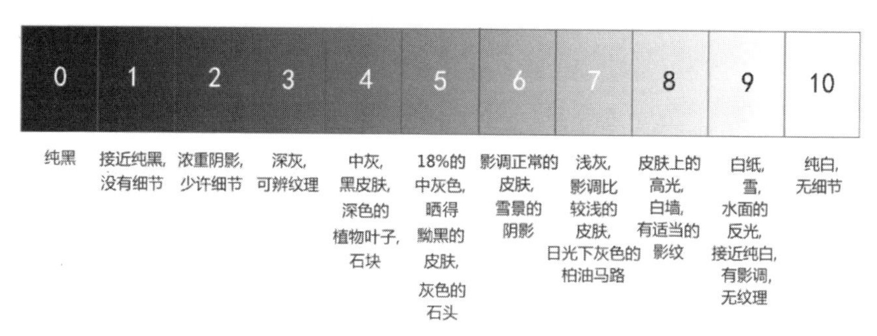

图 3-22　亚当斯的分区系统

对于图片摄影，亚当斯的分区曝光非常适用。因为相纸上图像最亮的部分在影调关系上代表 100%的白，最黑的部分接近 2%的黑。18%的中灰恰好位于视觉感受亮度的中间位置。而对于监视器、显示器等自发光的显示系统来说，分区系统受到了挑战。以液晶面板为例，最亮的部分是液晶全开，背光输出最大亮度，理论上它应该分配给定向高光使用。100%的白只需要液晶面板 70%—80%的功率输出。受到液晶面板自身漏光缺陷的限制，底电平并不能达到 2%的黑。匹配监视器、显示器等背光面板系统的分区系统如图 3-23 所示。

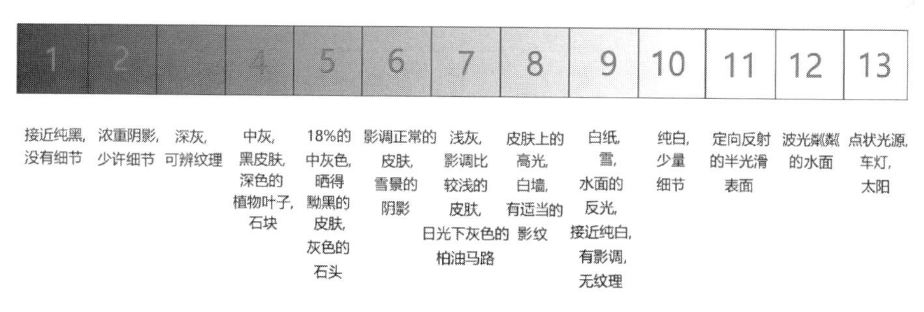

图 3-23　监视器等液晶显示面板的分区系统

对于胶片，亚当斯的分区和反射率的对应关系如下：

1.第 0 级至第 10 级，对应胶片特性曲线的全部，为“全影调区域”。

2.第 1 级至第 9 级，对应胶片特性曲线的趾部和肩部，为“有效影调区域”(dynamic range)。

图 3-24 实际拍摄中的分区对照

3.第 2 级到第 8 级,基本对应于胶片特性曲线的直线部分,为“纹理表达区域”(texture range)。

表 3-8 胶片时代反射率和分区的对应关系

分区	反射率	分区	反射率
分区 10	100%	分区 4	12%
分区 9	70%	分区 3	9%
分区 8	50%	分区 2	6%
分区 7	35%	分区 1	3%(3.5%)
分区 6	25%	分区 0	1.5%(2%)
分区 5	18%		

在观看影像时人的视觉的心理调适给影调关系的表达提供了允许“犯错”的冗余空间。在下面两个场景中，一张白纸的亮度和太阳的亮度实际相差 10^{15} 的亮度值，但在记录和再现时却是大致相等的，有了周围的物体影调对比参照，人们在观看时从视觉、心理等方面进行了“调适”，所以看起来仍属于可接受的范围。这也解释了为什么亚当斯的分区理论虽备受争议，却被广泛引用和应用的原因。

图 3-25　白纸和太阳的亮度值

把太阳、反光、光源等超白部分加入亚当斯的分区理论中，或者以分区理论为基础，重新创造适应数字时代、高亮度大比特拍摄显示设备特性的分区曝光系统，已经成为新技术条件下曝光创作的必然选择。

第三节　使用示波器定光

胶片时代，摄影师大部分情况下都用光学取景器观察被拍摄对象，先进行测光，然后分析判断究竟该如何对其进行处理。数字摄影机出现后，借助于监看设备，摄影师能直观地看到经过传感器和处理电路加工过的影像，再辅以测光表的读数，便可以迅速大致确定正确的曝光。然而受制于环境复杂性和监看设备本身的局限性，图像中有许多不易分辨但却至关重要的信息容易被忽略。为了更精确地评估曝光和影调，大多数的数字摄影机都会提供一系列的示波器用以监看视频信号。

示波器(scopes)是一种用来评估图像的工具，功能非常强大，摄影师借助它可以精确地控制画面的影调构成。数字影视摄影创作中常用的 IRE 示波器有四种:波形示波器、分量示波器、矢量示波器和直方图。波形示波器和直方图用于判断曝光和分析影调结构,分量示波器和矢量示波器用于色温和色彩倾向的评估。

最新的示波方法是 RED 公司开发的“门柱”和“信号灯”技术。相对于上面提到的 IRE 示波器,这些新技术可以称为 RAW 示波器。了解这些示波器并运用到创作中,能够为曝光控制和影调传递提供科学的定量分析的工具。

一、直方图

直方图是数字数据分布的图形化表示形式。这是一个连续变量(定量变量)的概率分布的估计,是由英国数学家卡尔·皮尔森提出的。最初只运用于统计学,后被图像分析领域借用。

图像直方图是一种特殊的直方图,它用于数字图像中的影调、色调分布的图形化表示。它的横坐标是影调值的分布(Rec.709 模式下的范围值为 0—255),纵坐标是每个影调值的像素数。通过建立一个特定的图像的直方图,摄影师将能直观地判断整个影调色调分布,简单明了。

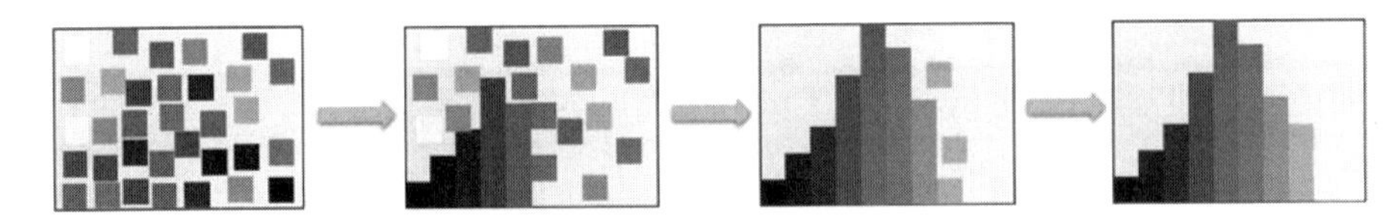

图 3-26 把图像转换成直方图的“运算”过程

如图 3-27 所示,从左至右是亮度从暗到亮的递增,从下至上是画面里在对应亮度下的像素的密集程度。最左边是极黑,最右边是极亮。

对直方图的解读一定要结合具体的场景,并不是说中间有“山峰”,两侧“山坡”曲线舒展,就一定是正确曝光。离开了具体的时间气氛,直方图在创作上没有任何意义。拍摄高调画面时,像素影调值向右密集排列,表示画面中的大部分景物都处在亮部。拍摄暗调画面时,像素影调值大部分集中在直方图的暗部,表示大部分景物在画面中都处在暗部。只有将实际场景和直方图有效地结合在一起时,才能准确地判断曝光。

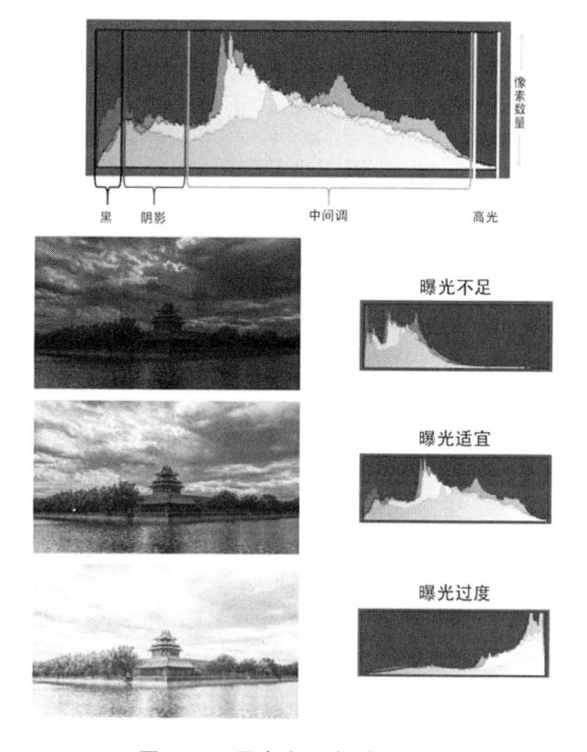

图 3-27　用直方图来判断曝光

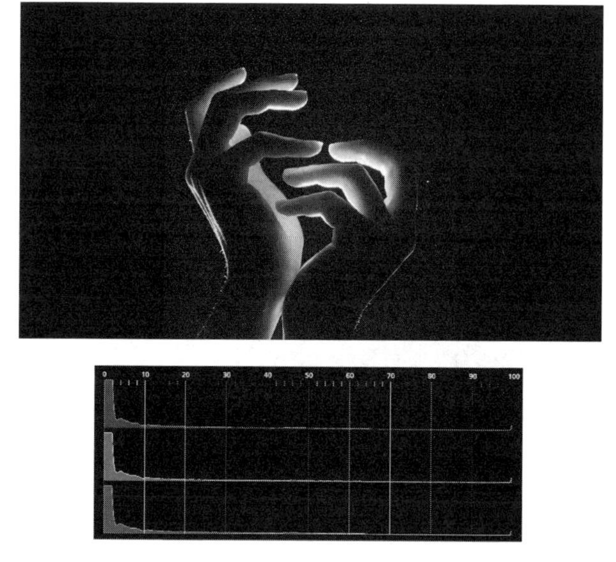

图 3-28　直方图要结合实际的拍摄对象才能准确地判断曝光

Log 模式下，直方图由 1024 个影调值构成。在拍摄同一个场景时，Rec. 709 模式下的直方图更饱满，Log 模式下的直方图相对要单薄得多。这并不是说 Log 的影调关系不丰富，反而恰恰是场景的反差不够大，不能很好地填满这么多个影调值范围。

SONY 有些机型在直方图中会有一条竖线，有的是表示斑马纹的位置，有的是表示标准灰所在的位置，有的是在 Log 模式下提示转换为Rec.709的时候亮部的极限位置。

二、波形示波器

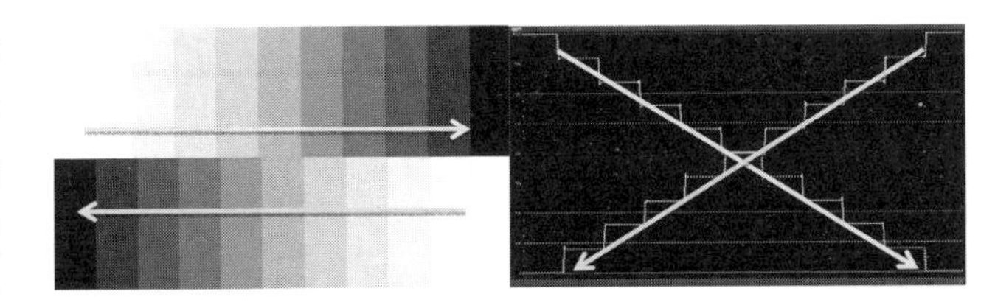

图 3-29　灰阶和波形之间的对应关系

不论是哪种示波器，都是用波形(trace)来反映图像的变化的。对于波形示波器来说，它最主要的特点在于波形对应了视频中亮度的变化，便于摄影师全面精确地评估曝光和反差。在图 3-29 中，波形是和画面中灰阶横轴的亮度信号一一对应的，纵轴则表示从高光到阴影幅度的变化。

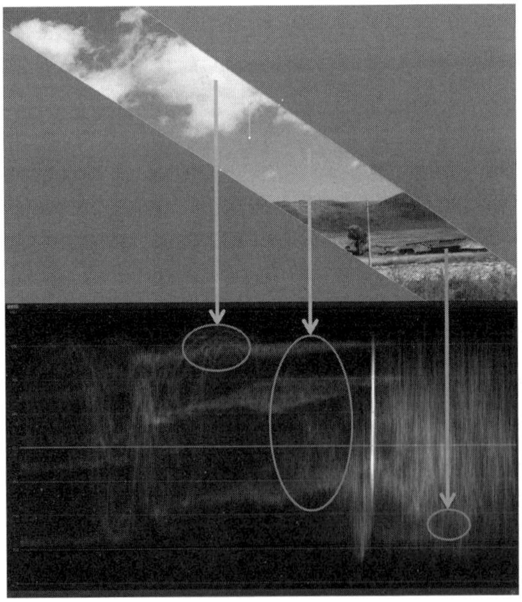

图 3-30　图像和波形之间的对应关系

用灰阶来理解亮度和波形的对应关系最具直观性，实际的影像就需要摄影师不断地锻炼自己的眼力，图 3-30 中蓝天白云和房屋的波形位置关系就是一个很好的案例，其中白云亮度较高，位于示波器的顶部，由于白云洁白，所以红、绿、蓝三种分量的波形相互重叠表示其量值大致相当。由于蓝天自身明显的色彩倾向，蓝色波形突出而红色波形最弱。草场上的房屋北面背对阳光，亮度较低，阴影部分波形靠近示波器底部。

对场景的过曝和欠曝测试也非常重要,有两种方法可以参考:一种是感光度固定,用灯光或光圈调整曝光值,用灰阶作为被摄物观察影调结构的变化;另一种是感光度从低到高依次变化,用曝光三角形当中的光圈、快门两个变量保持总体曝光量不变,观察影调结构的变化(见图3-31)。

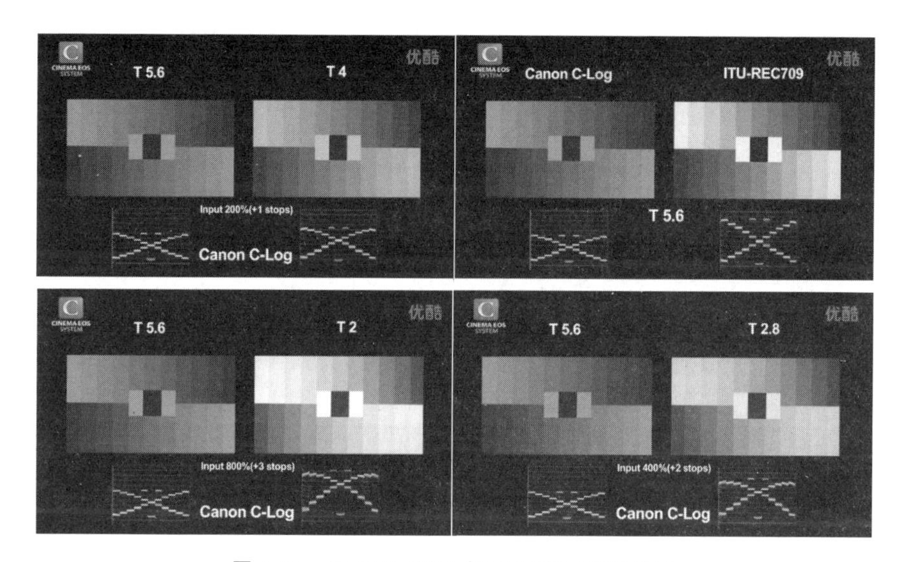

图 3-31 CANON C300 摄影机测试视频截图

借助波形我们可以清楚地看到,过曝、欠曝并非简单地影响画面的亮度,而是对影调结构产生了深层影响。

三、RAW 模式下依然有效的示波器

传统的示波技术并不太适合 RAW 格式影像的拍摄,最新的示波方法是 RED 公司开发的“门柱”和“信号灯”技术,是专门为 RAW 模式设计的。

在第一章中,我们提到了 ISO/EI 的设置并没有改变 RAW 的原始数据,但这些设置会改变直方图的影调值分布。也就是说,直方图和传统示波器是 IRE 模式下的曝光辅助工具,不适用于 RAW 模式。必须有一种不随 ISO/EI 设置的改变而改变的示波器,作为 RAW 模式曝光辅助的专用工具,为此,RED 在 2015 年年末开发了“门柱”和“信号灯”技术。

图 3-33 中左右两边的门柱是 RAW 计量条,左侧条形表示高噪点风险的像素部分(如果后期调亮),右侧条形表示细节损失的像素部分。

图 3-32　RED 的门柱和信号灯技术

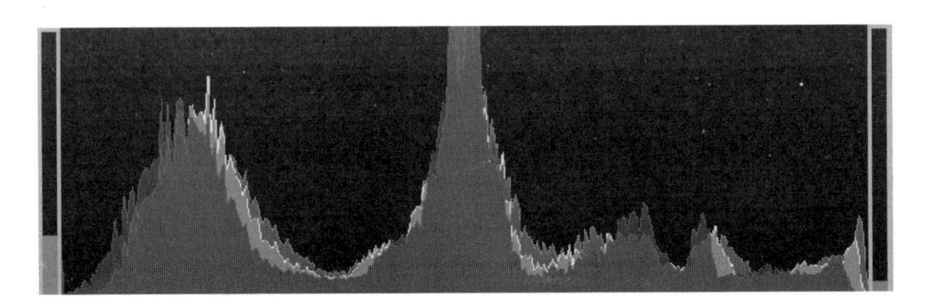

图 3-33　左右两侧的门柱是 RAW 计量条

图 3-34 是 RGB 颜色细节损失指示器,形似交通“信号灯”。这些灯显示已经发生细节损失的颜色通道。与右侧门柱相比,信号灯对细节损失的敏感度远超过右侧门柱。即使只有少量的细节损失,信号灯也会亮起,而右侧门柱主要是用来评估损失的严重性。

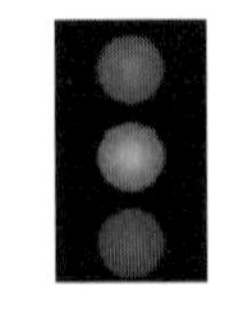

图 3-34　信号灯

图3-35显示了原始计量条上的噪点警告。曝光不足时，左侧门柱计量条噪点水平非常高；曝光过度时，右侧门柱显示出细节损失的程度。以上介绍的这些曝光参考工具是RED摄影机所特有的，由于是在RAW模式下工作，所以不受ISO/EI设定的影响，极大地提高了曝光控制的准确性。

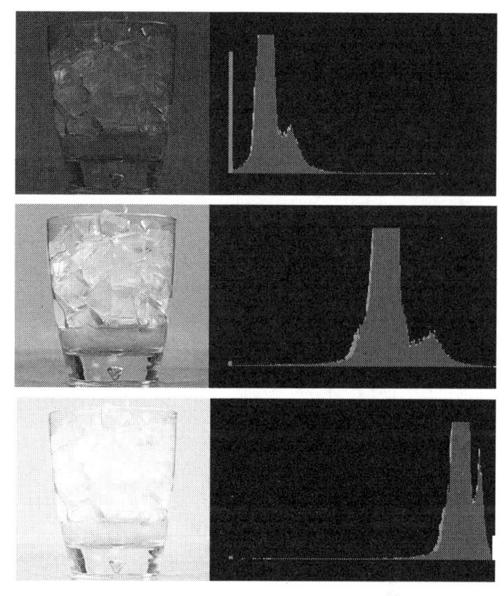

图3-35　自上而下的图依次显示为曝光不足、曝光正常和曝光过度

曝光模式假色还能确切地显示画面中的哪些区域触发了门柱。如图3-36所示，红色覆盖的部分是曝光过度的部分，这些区域触发了右侧门柱；紫色覆盖的部分是曝光不足而产生大量噪声的部分，这些区域触发了左侧门柱。

图3-36　假色模式能准确地定位曝光不足和曝光过度的区域

如果红色区域覆盖了要表达的主要拍摄对象或者非光照和非直接反射区域，紫色区域覆盖了不属于深色阴影区的关键图像细节，就可以由此判断曝光不理想甚至不合格。这些基于 RAW 的工具不受 ISO/EI 设定的影响，极大地提高了曝光控制的准确性。

四、定光

定光即确定摄影机在特定场景拍摄时使用的光孔，又被称为“决定光孔”。比如在胶片时代，根据《美国电影摄影师手册》的曝光表或是柯达胶片曝光的便携计算器，为了使照度为 320 英尺烛光的被摄物在感光度 125 的胶片上“正常”曝光，摄影机镜头所设定的光孔值应该是 T5.6。

定光并不等于正确曝光，定光是在总体的影调设计、气氛设计中，在曝光不足、曝光正常和曝光过度上进行必要的选择，它是选择性曝光的范畴。摄影的曝光控制本身是曝光和定光的一个完整过程。

以下是摄影定光的几种形式：

第一种，按照人物的主光照度测量值定光。按照人物的主光具体测量值，确定主光应该控制在摄影机指定工作空间曝光曲线的特定位置。在这一过程中，要考虑在此基准点上下宽容度的记录空间能否记录下必须要表达的影调，考虑照度和人脸的亮度、景物的亮度的关系，以及整个画面中照度和亮度的换算关系。

第二种，按照人脸的亮度测量值定光。按照人物的脸实际亮度值确定光孔的值，同时根据设计的气氛和要求，将所有景物亮度确定和控制在曲线的有效技术范围之内。在这一过程中，要考虑人脸的控制和标准灰的关系、与环境的关系，以及与其他景物亮度的关系。

第三种，按照最高亮度进行定光。以画面内景物最高有效的亮度为基本控制点，按照曲线的技术范围，往下进行逐级的排列和分布，同时确定光孔。在这一过程中，主要考虑标准中灰上三挡的布局，以及标准中灰下四挡的有效。

第四种，按照最低亮度进行定光。以画面内景物最低有效的亮度为基本控制点，按曲线的技术范围，往上进行逐级的排列和分布，同时确定光孔。在这一过程中，主要考虑标准中灰下四挡的布局，以及标准中灰上三挡的有效。

第五种，按照曲线的曝光范围进行定光。这里并非急于定基准的光孔，而是根据胶片的技术范围首先进行各个景物的技术分配，然后，根据技术要求和气氛的确定决定采取拍摄的方法。

第六种，按照摄影的气氛进行定光。根据实际拍摄的设计需要，首先进行布光，以最终达到气氛的要求，然后，根据气氛的技术情况进行定光，曝光正常、曝光不足、曝光过度的三种情况都可能出现，这完全取决于摄影师最后的技术选择。

以下是三种拍摄实例：

1.拍摄日景（第三种定光），见图3-37。

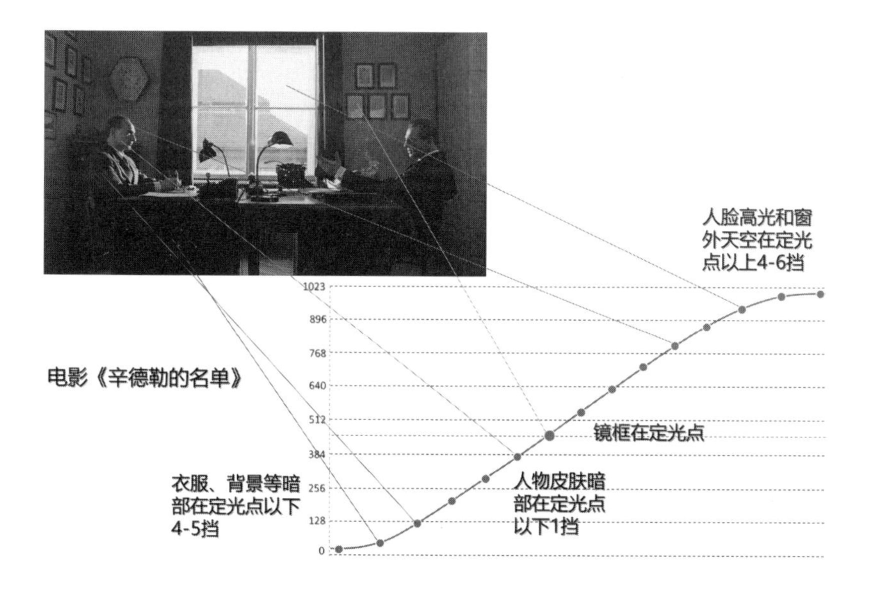

图3-37　电影《辛德勒的名单》拍摄时的定光点和影调关系

以高光处作为感光材料的曝光上限，然后根据感光材料的宽容度计算，推导出这场戏的定光点。实拍时被摄主体的亮度如果不能满足定光点的曝光量，用人工布光的方式补光。如果超出了定光点的要求，则要通过挡光的方式减光，达到理想的影调关系。

2.拍摄夜景（第四种定光），见图3-38。

3.按人物定光（第二种定光），见图3-39。

以人物或其他拍摄对象的正确曝光作为定光点，以此为中心舍弃不能记录的高光或暗部。

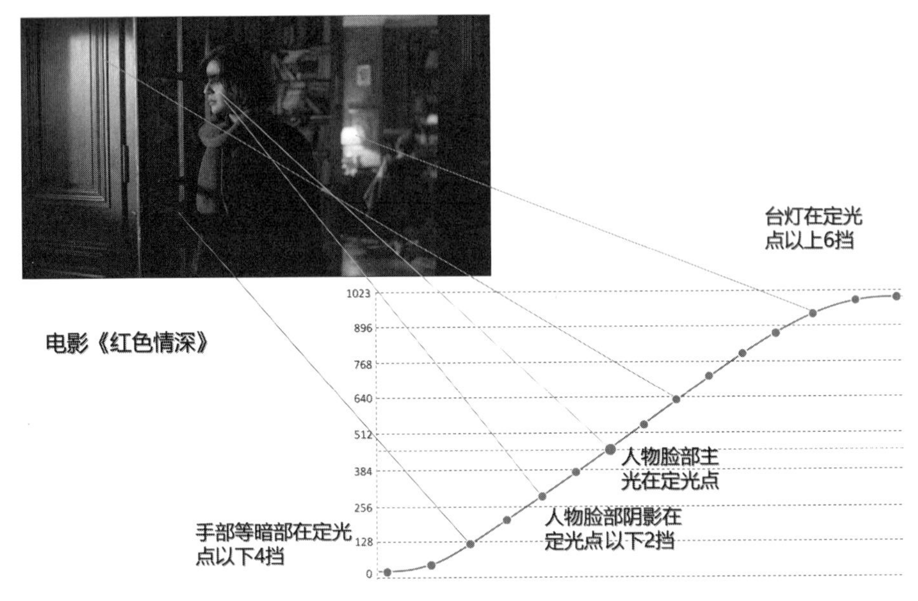

图 3-38 电影《红色情深》夜景拍摄时的定光点和影调关系

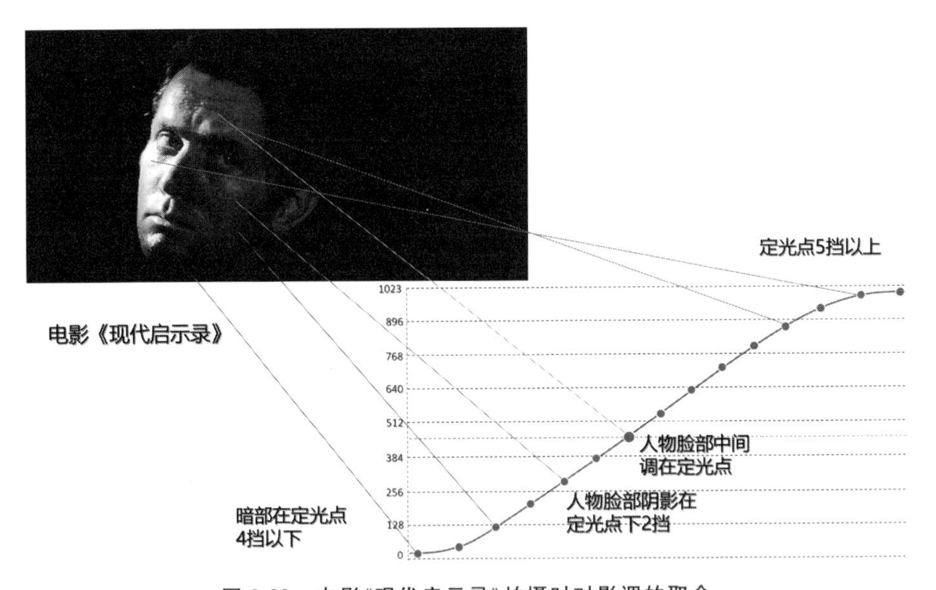

图 3-39 电影《现代启示录》拍摄时对影调的取舍

第四节　数字摄影时代的曝光控制

我们经常听到摄影师发牢骚:“什么机器也比不上人的眼睛!”确实,理论上说,目前还没有哪种设备或者哪种算法能够还原人眼所能看到的一切。这里的“还原”主要是指影像记录材料对影调的再现能力。

景物的亮度范围有大有小,被摄体的明暗光亮比受光源的强弱与反射状态的影响,变化复杂。由于人眼对这种变化有较强的适应能力,因此,即使在明暗光亮比很大的情况下,人也能看清景物。例如在夏季晴天,中午地面上接受的照度可达10万勒克斯,而夜晚满月时景物接受的照度只有大约0.3勒克斯,其变化范围高达33.3万倍。在这么大的范围内人眼都能看清物体,而感光材料和数字摄影机的感光单元(CCD或CMOS)能够按比例正确记录的景物亮度范围却有一定的限度。

为了“弥补”这种限度,传统感光材料和数字摄影机的感光单元都采取了相应的策略。胶片通过改进感光乳剂的“配方”来提高宽容度,感光单元则通过处理电路施加伽马(Gamma)来控制提高动态范围。记录材料的本质区别决定了两者在曝光控制方面的思路存在巨大差异。

一、胶片的曝光控制

虽然胶片日渐式微,但它却是解决目前数字摄影曝光控制难题的一把钥匙。在创作中,我们一般保守地估算黑白和彩色胶片的宽容度为128∶1,也就是说,胶片能按正比例记录景物亮度范围的能力是7级(可以理解为7挡光圈或者7EV)。用有限的宽容度记录上万倍的反差,取舍是关键。如图3-40所示,从镜面高光到纯黑,被摄体的亮度范围非常大。经过光学镜头后,中间调和高光几乎没有衰减。受到镜头镜片组之间2%眩光的影响,暗调子被压缩。以反光率18%的中灰板测光、曝光,经过恰当的显影(显影的反差指数为0.56),底片扩展了记录的范围,密度等倍于宽容度9挡。这里等倍9挡的概念是指底片记录下了被摄体影调的9级亮度范围,但是呈现在底片上,这9级亮度被压缩进不到6挡的密度空间中,18%的中灰的位置非常靠近整个影调的中部。

在胶片的曝光控制中,18%的灰是关键,它是自然景物的平均反光系数。黄种人皮肤的平均反光系数是23%,白种人是30%。在这个曝光基准

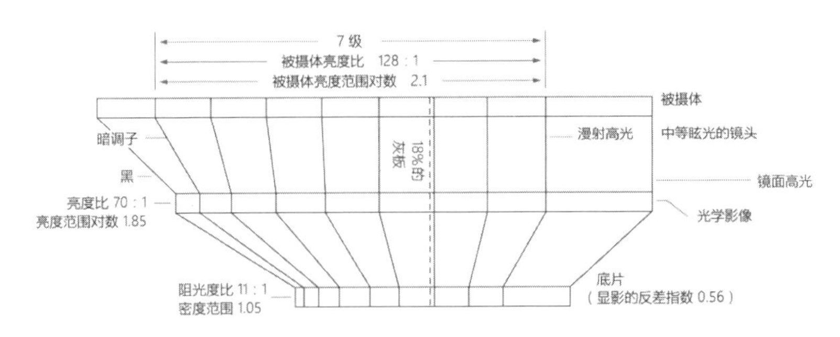

图 3-40 典型的摄影影调再现示意图

点之上保留3挡，之下保留4挡，最符合人眼的自然观感，最大限度地保留了影像的层次细节。换个说法，它是人眼最希望看到的层次细节。这也是“上三下四”经典胶片曝光控制理论的由来。[①]

值得注意的是，18%的灰又经常被称作中灰，而不是数学计算中50%的灰。反光率和灰度是两个概念，反光率18%的灰呈现在胶片上，恰好位于影调的中间。计算机的图形处理中，50%的灰度和反光率18%的灰板的确具有相同的影调值。还有一点也要格外注意，就是对图3-40的理解，18%的灰板基线上下的挡位并不相等，为什么说它是在影调值的中点？答案在于暗部影调的挡位对应的是被摄体的亮度范围，胶片曝光时的确记录下了这些挡位，但是已经被极大地压缩了。前文对等倍9挡的解释也是这个意思。

二、数字摄影机的特性

电视最初以直播的形式传输电视节目，记录的介质只有胶片。20世纪70年代，摄像机开始大量地用于电视广播。摄像机的生产厂商首先面临一个技术问题，即电视机对亮度信号的处理并非线性的问题[②]。由于之前的电视对亮度信号的处理并不是线性的方式，所以要么大规模改造电视设备，要么在摄像机中加入相反曲线的处理，这样才能让人眼的观感和电视机的显示

---

① 从本书中的图1-1中柯达给出的数据来看应该是“上三下五”，但黑白底片和彩色负片有差异，因此并不矛盾。

② “伽马是灰度特性，在电子成像技术中就是光电转换特性。显像管的光电转换特性并不是直线性的，而是非线性的指数特性，也就是反对数特性，而成像器件的光电转换特性是直线性的。为了补偿显像管的非线性指数特性，必须在摄像机内对输出信号进行与指数特性相反的对数变换，才能在显像管上显示出正常的对比度和彩色的图像，这就是电视伽马。因此，电视伽马的初始来源是显像管的反对数（指数）原生特性。”——索尼中国专业系统集团技术总监 王亚明

匹配一致。显然后者更具有操作性，摄像机采用了和电视机相反的曲线来处理亮度信号。把摄像机的曲线和电视机的曲线合并在一起就形成了一个伽马的形状，故而称之为伽马曲线(见图 3-41、图 3-42)。

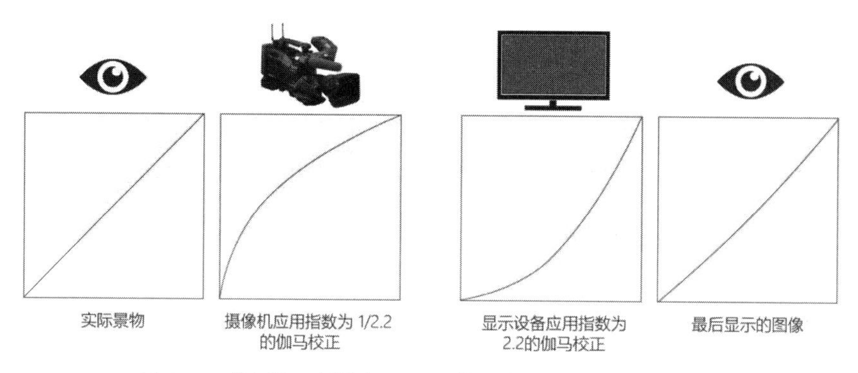

图 3-41　“人眼→摄像机→显示器→人眼”伽马校正示意图

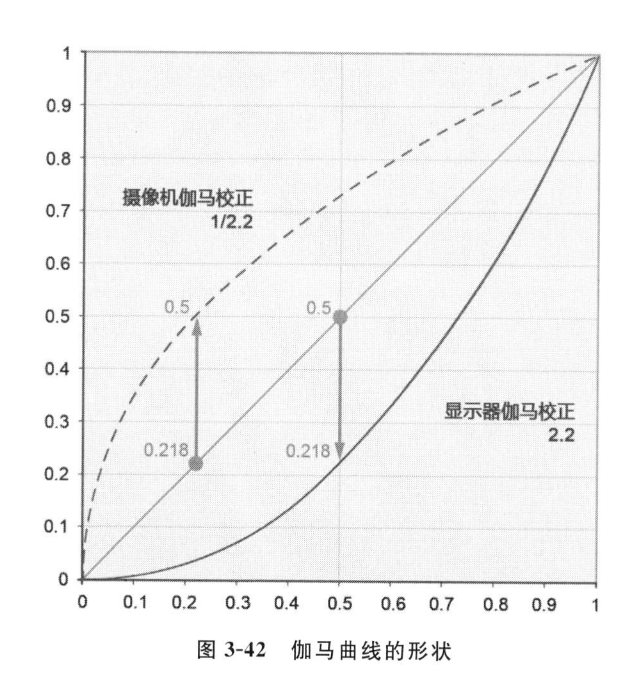

图 3-42　伽马曲线的形状

伽马校正还原了景物亮度的线性关系，最终输出的画面效果与我们眼睛看到的接近一致，从而真实地还原了景物的明暗层次(见图 3-43)。

细心的读者可能已经注意到了前面关于数字摄影机和摄像机的提法，一字之差却划分了技术发展的两个时代：标清时代和高清(包括超高清)时代。

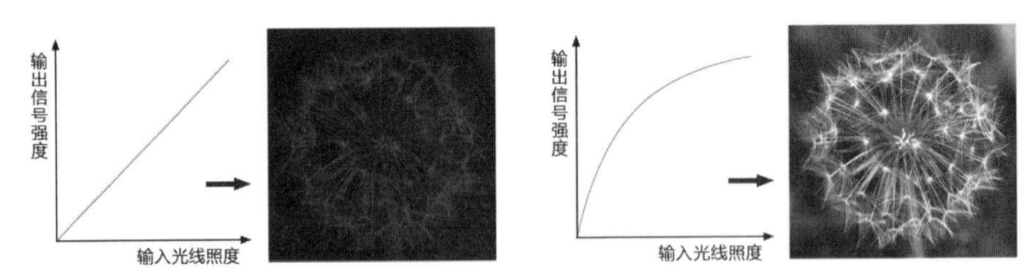

图 3-43 未加校正时摄像机输出的低调画面效果和经校正后摄像机输出的画面效果对比

(一)第一阶段:标清时代的 DCC 控制

标清电视时代,DCC(Dynamic Contrast Control)动态对比度控制是控制曝光的核心技术。当时,大部分广播级摄像机都采用电荷耦合单元 CCD 作为感光单元。作为一种光电转换的器件,CCD 的动态范围远远超过了摄像机电路系统的动态范围①。高端的数字标清摄像机的电路系统的动态范围能达到约 6 级光圈,换算成景物亮度比是 1∶60。然而,2/3 英寸 CCD 的动态范围是电路系统的 6 倍,即 600%。② 为了把 CCD 的性能最大化,借助于伽马曲线,厂商研发出了动态对比度控制的算法。

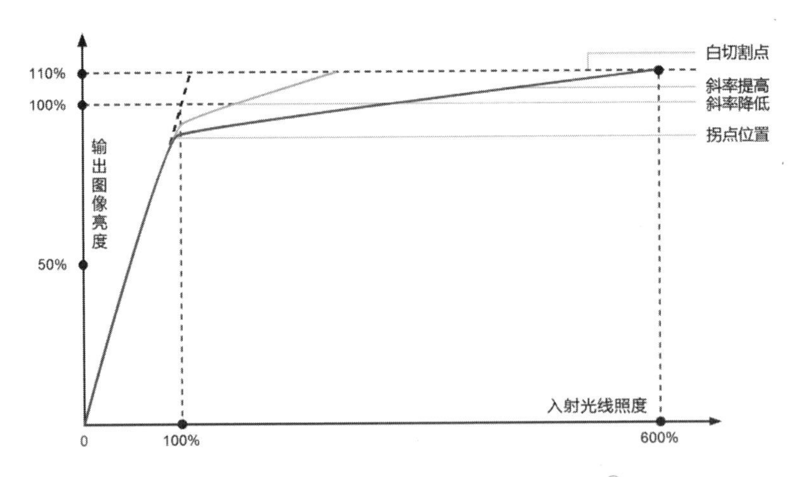

图 3-44 标清摄像机拐点及斜率控制原理③

① 动态范围类似于胶片的宽容度,是指摄像机能够正常成像时所对应的入射光线的最大照度和最小照度的比值。低于最小照度,画面呈现全黑;高于最大照度,画面呈现全白。

② 当前的超 35 毫米 CMOS 已经达到了 800%。

③ 通常摄像机都会保留一定的动态范围余量,比如标称动态范围上限为 100%,那么最大可以达到 110% ,超过 110 % 的部分,摄像机将通过白电平切割的方式使画面的高亮部分呈现为全白状态。

动态对比度控制的实质是拐点(knee point)控制,图 3-44 是拐点控制原理示意图。当入射光线的强度接近动态范围的上限时,摄像机输出信号的大小将不再以原来的伽马值随入射光线的强度成比例变化,而是斜率突然变小,这样在输出信号电平达到最大值前,将能记录更强的光线,从而明显地拓宽摄像机的感光动态范围。当然,在拐点后伽马值发生了改变,除了通过菜单手动设置拐点的具体位置和拐点以后的曲线斜率,后期的标清广播级摄像机还提供了自动拐点控制曲线。如图 3-45 所示,索尼 DSR-600PL/650WSPL、DVCAM 摄像机通过分析某个场景的高光区域,系统自动设置了多个不同的拐点和斜率,以防止光比过大的场景中(如一束强烈的阳光照射进昏暗的室内)出现高亮部分曝光过度的现象,从而实现了具有一定智能特点的"自适应高光控制"功能。

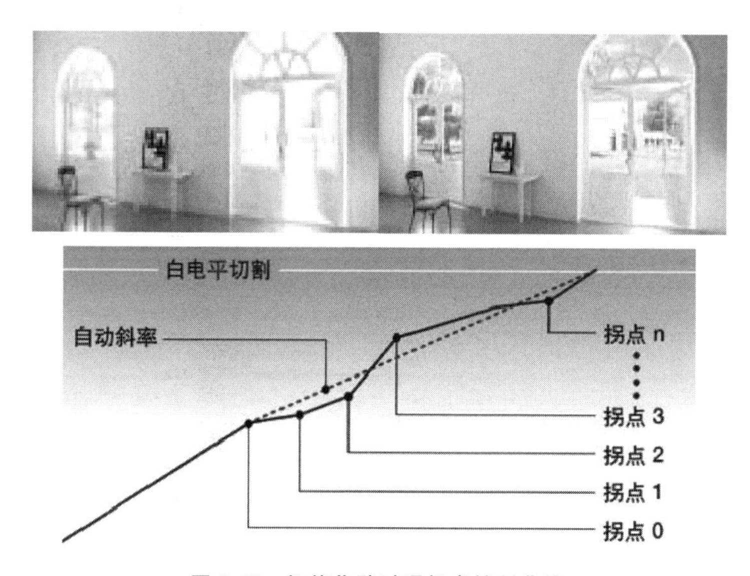

图 3-45　智能化防过曝拐点控制曲线

这种智能化防过曝自动拐点控制功能即所谓的动态对比度控制 DCC。DCC 功能特别适合于拍摄强光环境下处于阴影中或室内背靠窗户的人物及其他光比很大的景物,通过抑制高光强度,可防止图像的高光区域出现"死白"现象,并能使强光照区域具有一定的影调层次和图像细节。

在 DCC 的帮助下,摄像机的动态范围增加到了 8 挡光圈。这个范围虽然非常接近印片用胶片的宽容度,但并没有给电视画面带来所谓的"胶片感"。对比拐点控制曲线和胶片的特性曲线我们不难发现,拐点只是针对图像高光部分的压缩，并不会增加暗部和中间调的层次。而且，过度的拐点控制会导致高光部分发闷，缺少必要的对比。标清时代的摄像机依然呈现出图像层次少、局部反差过大的缺陷。

标清时代的曝光控制和胶片的曝光控制存在巨大差异，电视摄像师基本不用曝光表。由于灵敏度差异，即使同一厂商的不同机型在拍摄同一场景时曝光参数也都不相同。曝光控制基本依靠摄像师的个人经验，摄像师直接通过取景器监看图像进行判断(时常借助斑马纹)。在录制电视剧或者大型节目时，技术工程师会通过专业的示波器测量亮度指标。

(二)第二阶段:数字摄影机的电影伽马曲线

技术发展到21世纪初，广播级数字摄像机的字眼逐渐被高清摄像机、数字摄影机取代。高清时代，厂商的目标直奔“胶片感”而来，其扩张、吞并胶片的野心“路人皆知”。事实证明，他们成功了。在这场“数字革命”中，索尼HDW-F900R高清摄像机功不可没，许多大电影都用它拍摄，像乔治·卢卡斯的《星球大战前传2》和雅克·贝汉的《海洋》等。它的贡献在于其创造了一类更加接近胶片特性曲线的伽马曲线。

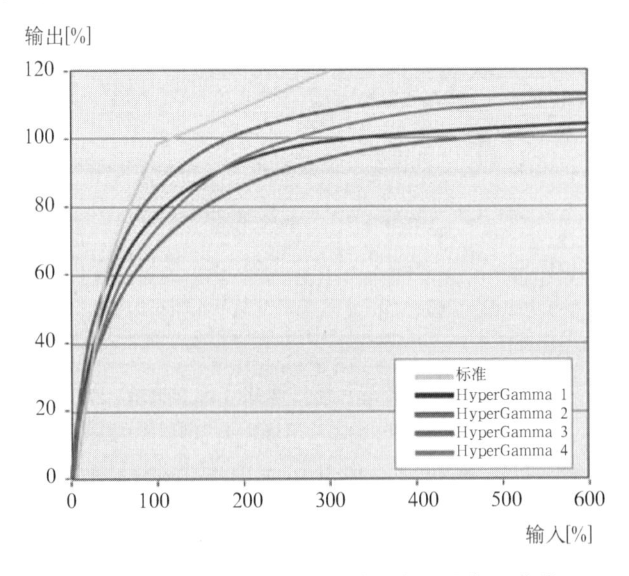

图3-46 索尼HDW-F900R的四条预置伽马曲线

图3-46是索尼官方公布的HDW-F900R的伽马曲线，曲线上任意一点的切线斜率，即伽马值不再是定数，而是随光照强度的变化而变化。通过调

整伽马曲线的形状，摄像机可以产生高反差硬调画面、低反差软调画面，以及模仿胶片感光特性的电影风格画面等。索尼 HDW-F900R 高清摄像机的四条预置伽马曲线，每一条对应一种伽马模式，即对应一种画面风格。Gamma 1 和 Gamma 3 的初始部分比较陡峭(伽马值大)，意味着人为地提高了感光灵敏度，所以在低照度场景下拍摄，有利于黑暗区域得到更好的细节再现和色彩还原。而 Gamma2 和 Gamma4 适合从低亮度到高对比度的拍摄环境。

2010 年，作为阿莱公司进入数字摄影领域之后的重要产品，ARRI ALEXA 的出现彻底动摇了胶片的影坛霸主地位。它是一款 35mm 胶片风格的数字摄影机，所谓胶片风格，关键在于 Log C。Log C 里面的字母“C”代表的是“Cineon”。“Cineon”是 20 世纪 90 年代柯达公司开发的胶片数码扫描、处理和记录系统，同时也是一种文件格式的名称，包含了扫描负片的密度数据。密度是胶片感光特性的对数测量标准，密度与以对数单位测量的胶片曝光度的关系被称为胶片的特性曲线。每一种胶片都有它自己的特性曲线，但整体看来，曲线变化的规律是一致的。对于 ALEXA 和 D-21 而言，阿莱推出的 Log 编码方式与扫描负片的密度数据相似，因此它被称为“Log C”。从现在的电视系统中直接监看，在未经任何处理时 Log C 是灰的，画面非常平，但是却为后期提供了极大的灵活性[①](见图 3-47)。

图 3-47 ARRI ALEXA 摄影机用 Log 模式拍摄的素材和 Rec.709 监视器显示的画面

2012 年，柯达破产，数字摄影机一统天下已成定局。厂商全部跟进 Log 格式，佳能的 C 系列用 C-Log，Sony F 系列用 S-Log，BMD 系列用 Film，虽有差异，但思路相同。

---

① 灵活性的代价是工业流程变得比以前复杂了。用 Log 模式拍摄的素材，如果从普通的监视器上监看，无法判断画面的曝光和反差。

用电影对数伽马取代电视伽马的最大好处是影调细节能和胶片相媲美,甚至超越胶片。图3-48中的电影伽马的特点是暗部斜率最大,对应输出的电平范围也最大,记录景物的层次细节也最丰富。针对这一部分,电路系统分配的记录比特数也最多,达到了14比特和12比特。结合人眼视觉的对数特性,以及人眼对暗部细节最敏感的特点,这种数据分配更合理。

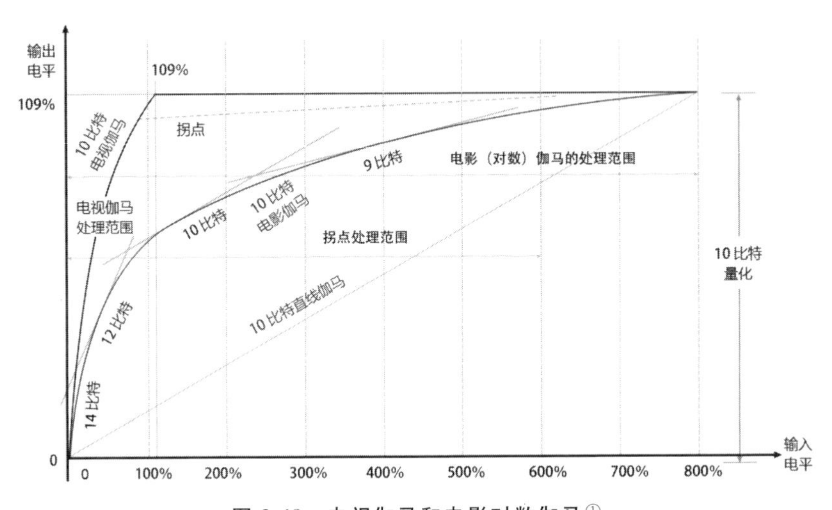

图3-48 电视伽马和电影对数伽马①

对数伽马极大地扩展了数字设备的动态范围,但同时也使曝光控制变得非常复杂。在胶片时代,只要掌握了特定胶片型号的特性曲线,通过洗印试片,摄影师就能非常自信地调整曝光。因为特性曲线的特性都是相似的,层次最丰富的直线部分是成比例变化的,百余年来,从拍摄到冲印形成了一整套可控的体系,结果是可预测的。而数字摄影机的感光特性曲线还是一个新生事物,远没有形成成熟的工业流程规范。由于Log自身的特点,再加上没有配套的监看和技术指标测量设备,曝光控制既不能沿用标清时代的做法,也不能照搬胶片的“上三下四”。

从图3-49彩色负片与对数伽马感光特性的曲线对比来看,本书开篇介绍的胶片的技术规范显然不适用于Log模式,以18%的灰板作为曝光的基点,势必会导致中间调和暗部曝光不足。那么如何才能进行精确的曝光控制?要科学地回答这个问题,必须了解胶片和数字摄影机的区别。

① 王亚明.新一代数字摄影机技术[J].现代电影技术,2011(12).

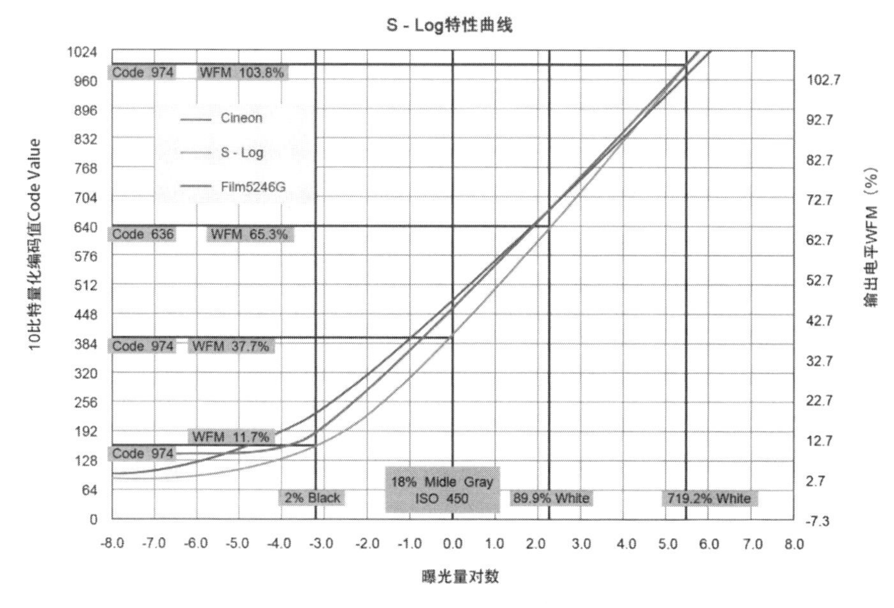

图 3-49 Kodak film 250D (5246)和对数伽马的感光特性比较(对数坐标)

三、胶片和数字摄影机之辨

(一)ISO 的"陷阱"

在胶片时代,感光度是指感光乳剂在特定的曝光条件和显影条件下对光的敏感程度,这个参数是使用摄影器材进行曝光控制的依据。计算黑白负片的感光度时,是以在规定的冲洗条件下冲洗的底片达到规定密度所需要的曝光量为准的,彩色负片则要考虑三层乳剂各自的感光能力。每一种胶片都有其基准 ISO,通过迫冲或降感,胶卷的 ISO 可以被升高或降低。降感会降低胶片的反差,同时提高其宽容度;迫冲则会增大反差,同时增加颗粒感。

标清时代的摄像机是没有 ISO 的,只有灵敏度。不同灵敏度的机型之间的曝光量也从来不用曝光指数 EV 或光圈挡位来换算,改变灵敏度的方法是使用增益(用 dB 表示)。以 CCD 和 CMOS 作为感光单元的摄像机和胶片的曝光显影原理风马牛不相及,两者相安无事地平行发展了几十年。在实际创作中,标清摄像机一直遵循着将 18%的灰板的亮度信号支配在 50IRE 单位。由于黄种人皮肤反光率为 23%,在没有中灰板和示波器的情况下,往往会把一级斑马纹的电平设定调整到700毫伏视频信号电平幅度的60%—65%，这正好是灰板反光率提高5个百分点的IRE位置。摄像机和胶片虽殊途，却同归。

有一点要特别指出，不同的标清摄像机由于灵敏度不同，在把18%的中灰的亮度支配到50IRE时，曝光参数也不相同。用测光表测光的方法并不适用于当时的摄像机，测光表主要的作用在于确定场景中合适的光比，创造特定的影调效果。

现在几乎所有的数字摄影机都转向了ISO，因为以感光度、光圈和快门形成的“曝光三角形”在创作中具有无可比拟的可操作性。但数字产品的ISO必须通过其他的方法来确定，具体方法记录在标准ISO 12232:2006中。制造商遵循这些标准来为传感器确定ISO值，也就是现在大家常说的基准ISO或者基础、原生ISO，保证了具有相同灵敏度的传感器和胶片一样对光线具有相同的敏感程度。这是否意味着所有适用于胶片摄影的测光表与曝光控制技术对数字摄影机同样适用？

以SONY的F55为例，相关参数见表2-3。以Kodak标准灰卡测光作为曝光基准，分别用S-Log2和Rec.709模式对灰板进行拍摄，然后再把S-Log2映射到Rec.709上。实验证明，S-Log2的18%的曝光点和SONY给出的参数说明相吻合，基准点偏低（见图3-50、图3-51）。

图3-50　S-Log2拍摄的灰板和波形图

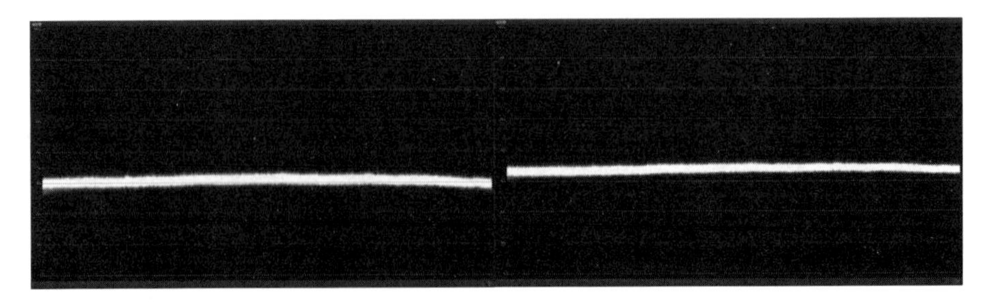

图3-51　映射后和Rec.709模式下直接拍摄的波形比较，仍然偏低30CV值

Log 模式下，中灰板的输出偏低，而且不同的 Log 模式比如 S-Log 和 Log C 也是有差异的。

再以 ARRI AMIRA 为例，相关参数见表 3-2。实验情况大致相同，只是 18%的中灰更亮，再向上一挡对应的是白种人的肤色，也比 S-Log2 亮。显然，ARRI 在实际曝光控制时，比 S-log2 更适用。针对这种情况，SONY 研发出了 S-Log3 系列并作为建议选项。在人们揣测 SONY 的动机是否是用 3 系替代 2 系时，SONY 委婉地否认了。为获得更好的暗部对比度，S-Log3 还在阴影区域降低了趾部。图 3-52 是 SONY 的 S-Log2、S-Log3 和 ARRI Log C、电影投影机、ACES① 特性曲线的比较。

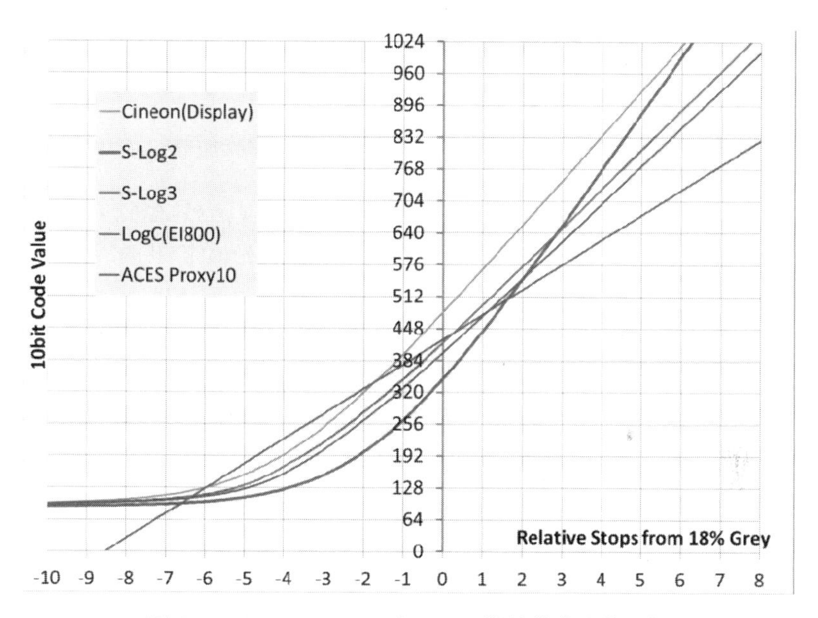

图 3-52　S-Log2、S-Log3 和 Log C 等特性曲线的比较

摄影师在用 Log 进行曝光控制时，要比用胶片曝光时更加小心。不但要熟悉所使用的 Log 特性曲线的特点，还必须在开拍前试片，确定曝光补偿的数量。

图 3-53 中的场景的亮度范围超过了 9 挡，用 S-Log2 拍摄能很好地照顾到高光和暗部。

---

① ACES 是 Academy Color Encoding Specification 的缩写，译为学院色彩编码系统，它是美国电影艺术与科学学院提出的新一代的电影制作标准。

图 3-53 用 FS700 S-Log2 模式拍摄的大光比画面

拍摄时在人脸的位置用标准灰板测光，然后以此为基础，以 0.3EV 为单位上下包围曝光。测试证实，如果是以灰板标准测光值 F11 进行曝光，加载官方的 LUT 映射后人脸的亮度偏低，后期要调整的幅度过大，暗部的密度会被破坏。补偿曝光 0.7EV 对于这个场景的大光比来说是比较折中的选择，高光细节虽然有所减少，但是仅仅是窗户的最亮部失去了一些层次，而对于台面上 F64 的位置依然细节丰富，最关键的是人脸的亮度能够提升到理想的状态，而暗部的密度没有崩溃（见图 3-54）。

图 3-54 增加 0.7EV 映射调色后的画面效果

（二）降感和迫冲的数字化应用

对感光度的“称谓”，CANON、SONY 和 PANASONIC 使用 ISO，而 ARRI 使用 EI。从学术上说，使用 EI 更准确。胶片时代，摄影机通过更换不同速度的胶片来改变感光度，而数字摄影机并不能随时更换感光单元（CMOS 等）来改变感光度，唯一的方法是通过功率放大器放大信号来获得不同的感光度。

EI（Exposure Index），是曝光指数的一种变换值。现在业内的许多人望文生义地把 EI 翻译成曝光指数，可谓失之毫厘，谬以千里。曝光指数应为 EV，系根据感光片固有感光度所确定的曝光量，用这个曝光量曝光，再用普通显影可以生成曝光正确的底片。EI 值则系根据感光片非固有的感光度所确定的曝光量，必须有某种特殊显影加工才能获得曝光正确的底片。例如，ISO400 作为 EI800 曝光，然后加强显影，可使底片效果与 ISO800 胶片相近。

所以，对于数字摄影机来说，调整 ISO 的说法是不准确的，容易误导摄影师，导致其在创作中对暗部细节或者亮部细节的错误强调。调整 ISO，更准确的说法为调整 EI，是数字摄影机对胶片降感和迫冲的数字化应用，它不但改变了感光单元的灵敏度，更关键的是它改变了 18%的中灰在整个影调中的位置，进而影响到整个影调结构的构成。从图 3-55 SONY 官方给出的数据中可以说明这一点。

ARRI 的官方数据也说明 18%的中灰位置会改变，但宽容度不变（见图 3-56）。ISO 或 EI 的调整和更换不同感光度的胶片存在着巨大相似性，和降感、迫冲获得特殊的影调关系有异曲同工之妙。但现在的摄影师大多把这种调整作为照度不足时的应急办法。ISO 本质上是 A/D 电路前的放大电路，所以在数字摄影机用 Log 方式记录时，ISO 的设置会影响最终记录下来的数据。应急使用的后果是改变了原有的

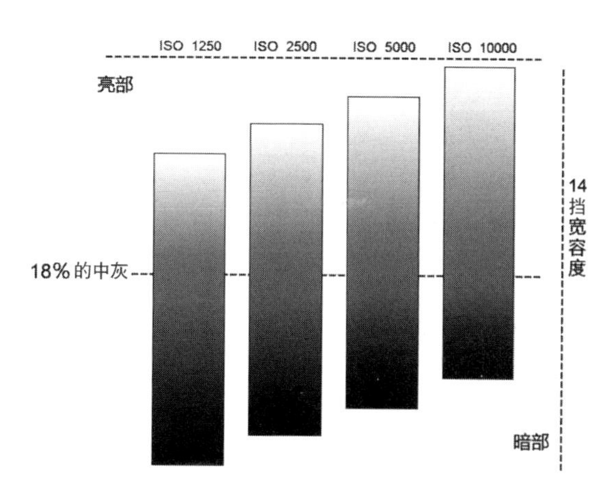

图 3-55　F55 中的 EI 设置，18%的中灰在整个影调中的位置会随着调整而改变

影调结构，通过后期再调整也无法修复。

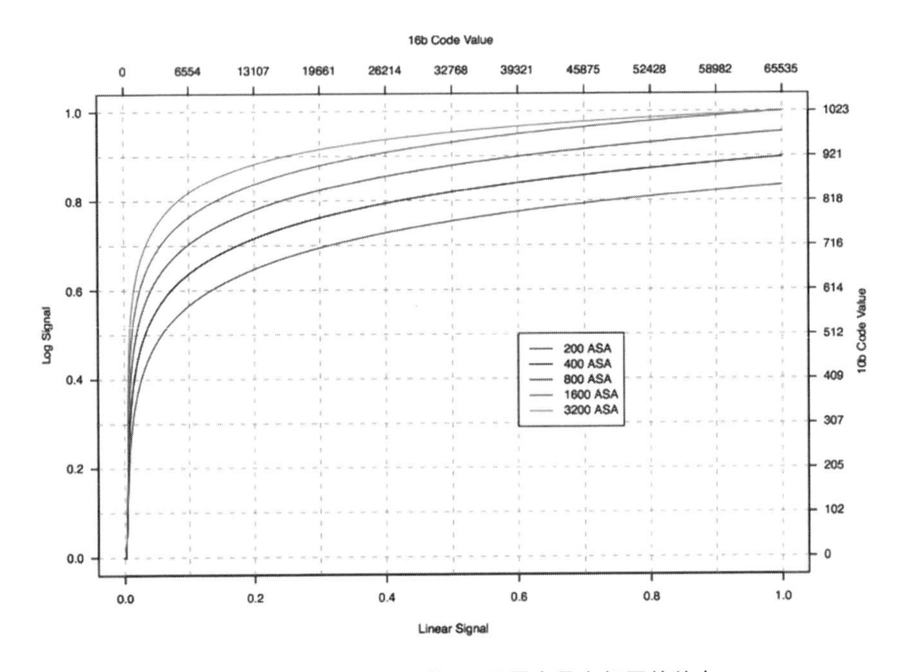

图 3-56　ARRI ALEXA 的 EI 设置也具有相同的特点

对 EI 的深度解读同时也说明了前期“试片”工作的重要性，用不同的 EI 分别拍摄片子中重要的、典型的场景，比如，用 ISO160、200、400、800、1600、3200 等①，后期映射调色后看哪一种 EI 的反差和色彩质量最好或者最合适，实拍时就采用此 EI 值。

(三)曝光和光比控制的复杂性

有了以上对 ISO 和 EI 的辨析，我们可以得出结论：18%的中灰不再是曝光的基准，但它依然是影调控制的绝对参考。这两层意思并不矛盾，下面进行详细说明。

首先，18%的中灰不再是曝光的基准。中灰是否是大自然的平均亮度？这个问题在胶片时期就存在争议。现在的科学研究发现，明暗度平均的场景，实际平均反光率仅为 13%，但为了保持技术标准的连贯性，今天的灰板

---

① 最理想的是用 1/3EV 的间隔来拍摄，比如 ISO64、ISO80、ISO100、ISO125、ISO160 等，但是现在的数字摄影机设置的 EI 间隔是 1EV。

仍一如既往地做成18%的灰。根据这个结果，柯达公司建议摄影师在使用18%的灰板来进行替代性测光时，补偿+0.5EV的曝光量作为正确曝光的参考。[①] 数字摄影时代，面对如此丰富的Log，如果以18%的灰板作为测光和曝光的依据，忽略不同伽马的特性和不同的EI条件下中灰的位置，一定会导致曝光的偏差，并增加后期DI的工作量和难度，如果偏差较大则会严重影响影像质量。

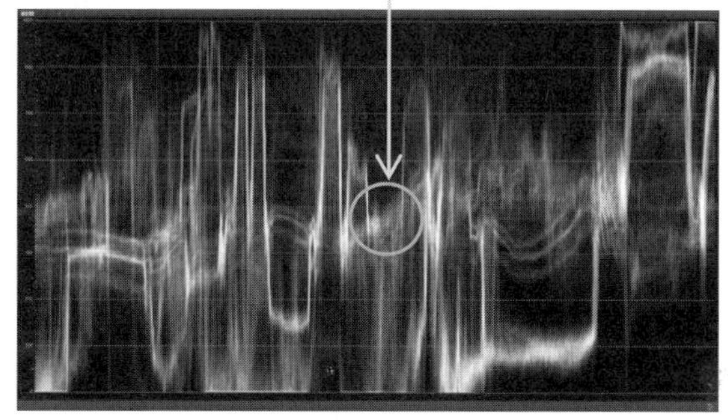

图3-57　人物脸部曝光对应的波形位置

其次，18%的中灰依然是影调控制的最佳参考。从标清摄像机的曝光控制，我们可以得到启示：不论灵敏度为F8还是F11的摄像机，在常规的曝光控制上都要把中灰支配在示波器的中部，也就是50 IRE的位置。中灰是自然界万物的平均反光率，它的正确还原意味着整个影调的传递和人眼主观感受的完美匹配。数字摄影机中的Log模式按照规范的测光，中灰亮度偏低，但这并不意味着摄影师在创作中机械地把中灰支配到30.3%—34.3%(S-Log2)，而是按照叙事的要求进行曝光补偿。简单地说，如果不考虑剧情要求的时间气氛，只是完成正确曝光，那么要确保自己拍摄的素材映射到投放设备的动态范围、色域后，被拍摄对象和中灰板亮度一致的影调能够支配到示波器的中间位置(见图3-57)。

不只是曝光，光比的控制也有了新的要求。从标清时代最早的2∶1、4∶1，高清时代的8∶1，到数字摄影机14挡的动态范围下使用的16∶1，都不能称作大光比。从技术发展的角度看，数字摄影机的新发展的确离更准确的还原，甚至超越人眼有了革命性的进步，但是从创作控制规范的角度说，仍然有很长的路要走。

---

① 布里恩，凯普托.实用摄影手册[M].黄忠宪，译.沈阳：辽宁教育出版社，2003：137.

四、数字摄影时代的曝光控制规范

按照数字摄影机的特性,我们可以综合运用以下三种曝光控制的方法:

(一)选用对数空间的监视器

如果用广播级的高清监视器,符合Rec.709规范的图像能正确地还原其伽马空间和色域空间。Rec.709是the International Telecommunication Union's ITU-R Recommendation BT.709的简称,是符合传统电视制作流程标准的一种输出格式(色域空间的模式)。因为Rec.709是用来显示图像的视频监视器的国际标准,所以用通用的显示器监看Rec.709模式的图像是非常匹配的。另外Rec.709的图像可以被大部分的高清视频后期软件轻易地处理。

用其他色域模式记录的图像则需要选用对数模式的监视器,或者通过中间设备在输出至监视器上的信号加载LUT[①],例如,用ARRI ALEXA Log C模式拍摄的图像(见图3-58和图3-59)。

图3-58 ARRI ALEXA Log C拍摄的图像在Rec.709监视器上监看的效果

图3-59 ARRI ALEXA Log C拍摄的图像在对数监视器上看到的效果

在前期拍摄中,数字摄影机往往要应用特殊的曝光对数曲线(Log),像Canon的C-Log、ARRI ALEXA的Log C、SONY的S-Log、RED R3D媒体的RED Film Log设置,都是曝光对数曲线的应用。早期的数字摄像机由于电路系统的宽容度远远低于胶片,记录动态范围细节的能力非常有限,而采用这些对数曲线能弥补数字产品的先天不足,能够最大限度地保护图像中

---

① LUT是look up table的缩写,即"像素灰度值映射表"。LUT的出现是为了转换现在的各种标准,精确地再现色彩空间和亮度空间。

高光和阴影部分的细节。但是，不通过 LUT 映射和后期处理，在普通的监视器上图像的动态范围会被压缩在很窄的范围，图像给人的直接感受是平和灰。所以前期拍摄时，监看工作最好选用对数监视器或者带 Log 模式的监视器。

这里需要特别提醒的是，虽然对数监视器能够还原反差和色彩，但这种还原是在监视器内部应用 LUT 映射的结果。如果场景的反差较大，摄影机拍摄的 Log 素材即使记录了所有的亮度层次，映射到监视器上仍然有可能丢失高亮和暗部层次，干扰摄影师的判断。另外，由于外部环境亮度变化的影响，监视器里的影像并不能非常准确地反映实际的曝光结果。所以不能以监视器里看到的影像作为曝光的参看和光孔的设置的绝对依据，还是要结合实际量光、定光来综合处理决定。借助示波器成为精确曝光控制的必然选择。

(二)借助示波器合理进行曝光补偿

本章第三节详细地介绍了如何借助示波器定光。换一种方式说，如果想快速“进阶”，最有效的方法是学会“提问”。

“如何确定影像已经正确曝光?”

“正确的人脸、皮肤影调应该如何把握?”

“什么样的亮度能称得上恰到好处?”

“如何设定影像的高光部分?”

熟悉曝光分区和波形之间的对应关系，6 才能准确地判断在不同的场景中曝光是否合理，是否准确地表现了时间感，也就是时间定位。图 3-60 是波形示波器的 0—1023 波形范围和 0—10 共 11 个分区的对位示意图，简单表

图 3-60 波形示波器 10 比特量化编码值(code value)和曝光分区的对应关系

明了波形和分区之间的对应关系。摄影师借助这种对应关系来判断场景的曝光是否准确。

图 3-61 显示的是在一个比较明亮的室内，以 18% 的中灰板作为测光基准，按照测光表读数进行曝光。通过监视器目测，只是从灰白色的墙壁就非常容易看出影像曝光不足，右上角窗户透入的高光应该位于 9 区和 10 区之间，也就是波形示波器 900—1023 的范围。人物的面部亮度应该位于 6 区，考虑到室内场景光线照度比室外要弱一些，普遍降半区的曝光更加符合观众根据日常生活经验对空间环境的判断，所以把人物面部的曝光锁定在 5 区和 6 区之间，高光锁定在 9 区和 10 区之间。转换成波形示波器指标，人物面部亮度波形顶部位于 580 附近，室外亮度波形顶部在 950 附近。

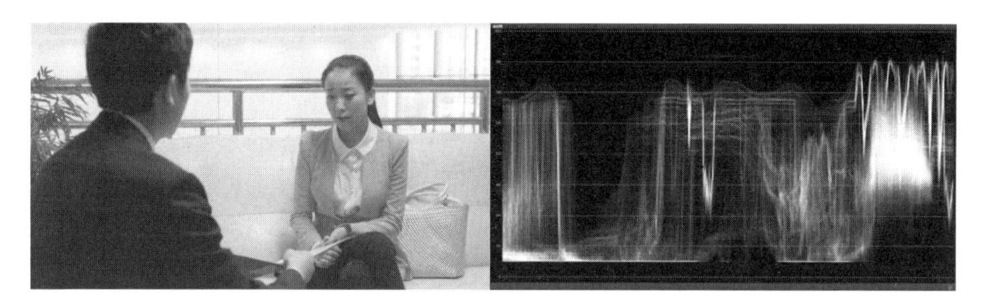

图 3-61　曝光不足的画面和波形

曝光补偿达到上述要求后，图像如图 3-62 所示。

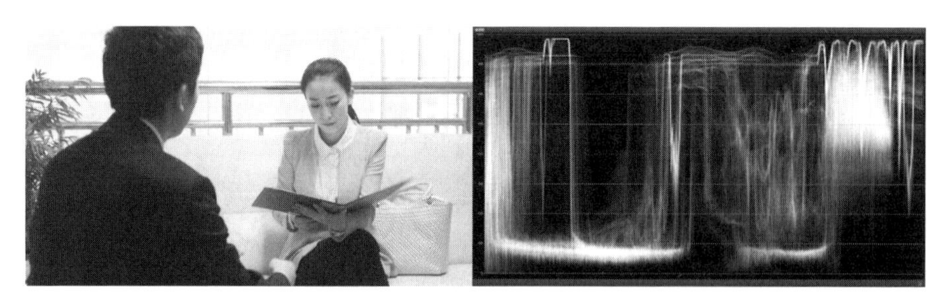

图 3-62　曝光补偿后的画面和波形

如果不能确定影像和波形示波器的对应关系，我们可以把拍摄素材导入调色软件中，利用遮罩（MASK）把影像的局部分离，定位查看波形（见图 3-63）。

数字摄影机的 Log 模式极大地提高了数字摄影机的动态范围，使之可

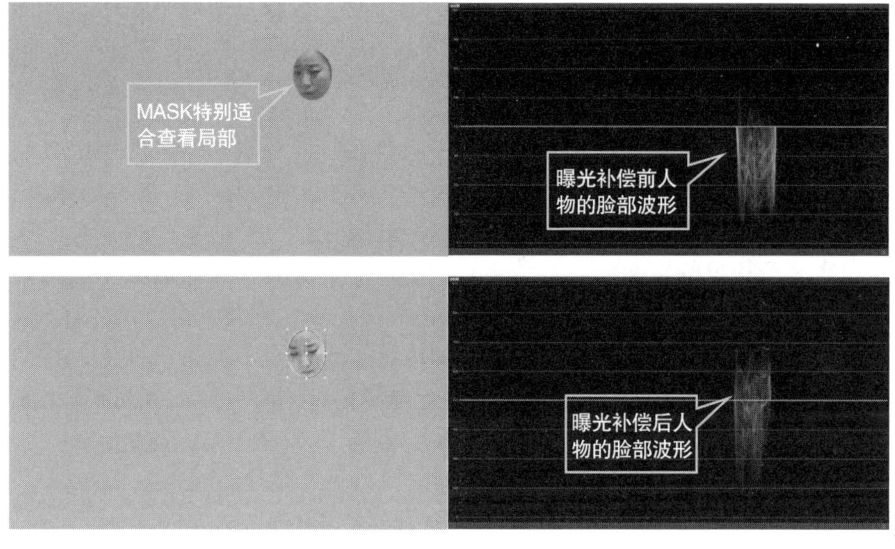

图 3-63　分离局部进行对比

以达到甚至超越胶片的宽容度。宽动态范围可以使摄影师表现个人风格的余地更大，比如曝光过度的高调和曝光不足的暗调。但在每个片子开拍之前，摄影师都必须对即将用到的摄影机进行测试，掌握摄影机的特性以便充分发挥其优势。

（三）特殊场景曝光偏移以扩展特定影调层次

"向上曝光"扩展暗部细节层次。根据场景的特点，如果不存在特别的高亮部分，而且叙事要求扩展暗部细节层次，可以利用 Log 曲线的特点向上曝光。然后配合后期的工艺流程，利用调色软件的反差控制工具把影调压缩至合理的时间气氛。

利用 EI 改变影调结构。以 ARRI AMIRA 为例，AMIRA 的基准感光度是 ISO800，分配给中灰上部和下部的动态范围最为优化，既能保证暗部低噪点，又能使高光干净平滑。针对特定的创作需求，EI 可以以 1/3 挡为单位从 ISO160 至 ISO3200 进行调整，如表 3-9 所示。

表 3-9　ARRI AMIRA EI 设置对应的中灰上下动态范围

EI 160	EI 200	EI 400	EI 800	EI 1600	EI 3200
+5.0—-9.0	+5.3—-8.7	+6.3—-7.7	+7.4—-6.6	+8.4—-5.6	+9.4—-4.6

EI虽不会改变14挡的动态范围，但是影像的影调结构却发生了重大变化。EI值越低，18%的中灰位置上移，系统分配给暗部的动态范围增加，也就意味着暗部的噪点会更少，但同时高光的动态范围被压缩，层次过渡减少。EI值越高，18%的中灰位置下移，暗部噪点会增加，细节减少，但同时高光的动态范围得到扩展。

综上，对一个摄影师来说，精确的曝光控制是一项非常重要的能力要求。在一条抽象的感光特性曲线上，如何精确地控制被摄景物的亮度范围和内部层次之间的亮度间距，以及确定能够反映创作意图的曝光点，往往被当作一个摄影师技术和艺术综合素质的体现。重视对不同摄影机感光特性曲线的研究测试，通过在开拍前进行大量细致的技术和气氛效果试验，来掌握不同的参数设置与实际影像效果之间的关系，其重要性不言而喻。

胶片时代如是，数字摄影时代亦如是。

第四章　HDR、影调结构和影调传递

第一节　HDR：创造沉浸体验式“真”影像
——兼论光与影像的关系

业界对 HDR① 的关注点本质上可以概括为“所拍即所见”，毕竟摄影的首要问题是“忠实”地记录，然后才是通过艺术处理使之更加“悦目”。HDR 被热捧的原因还在于它是下一代影像标准中的关键词，观众的期待聚焦在对影调更加逼真的再现。

人类对光的感受与人眼的进化密切相关。借助瞳孔调节，人眼有惊人的视觉成像能力，可以捕获 10^{12} ∶1 的亮度范围。无瞳孔调节时的人眼视觉参数也能达到光比 10^{5} ∶1，相当于 16.7 挡光圈的宽容度。16＋挡的 HDR 是数字影像追求的终极目标，如果从记录、制作到最终显示，整个传递过程都能达到这个目标，这将会是影像质量的又一次“工业革命”。

在这个“所见即所得”的年代，对光的精确控制随着图像监看的数字化似乎已经变得“无足轻重”。实际上，影视创作的天平已经向设备制造商倾斜，越来越方便的摄制流程和越来越强大的自动化控制，彻底颠覆了数字时代的创作生态。

可喜的是，倾斜的天平的确把影像的质量提升了一大步，哪怕是一个初出茅庐的非专业人士，也能凭借设备的自动功能获得较高质量的作品；可悲的是，对于一些不求甚解的专业影视从业者来说，本应借助强大的数字再现能力完成超越胶片的高品质影像，却因对智能设备的“盲从”，而使得影像质

① 视频的 HDR(High-Dynamic Range)，和图片的 HDR 有所不同。图片的 HDR 是根据不同的曝光时间的 LDR(Low-Dynamic Range)图像，利用每个曝光时间相对应的最佳细节的 LDR 图像来合成最终的 HDR 图像，本质上是按比例压缩了影调范围。而视频的 HDR 是对记录和显示设备亮度范围的拓展，它能更好地反映出真实环境中的视觉效果。

量乏善可陈。

胶片时代诞生了许多伟大的作品，一百多年来，胶片电影一直是高品质影像的代名词。然而自2010年后，数字影像技术的关键性突破一下子激活了影像制造业的潜质，借助于新材料科学的强有力支撑，短短5年时间里，数字影像就彻底超越了按比例结构还原的胶片感，朝着沉浸式体验的真实影像技术迈进。其中，最关键的核心技术是对数伽马和HDR。要想彻底厘清这个问题，还要从"光"本身以及"光"与影像的关系说起。

一、光与人眼的进化

经过大气层的能量过滤，我们看到的直射太阳光亮度仍然高达10亿尼特，相当于将10亿支烛光的亮度汇聚成一点的情形。而人眼可接受的亮度的极限是2—10万尼特。超过这个限度，人眼就分辨不出任何亮度变化了。

在人类长期的进化过程中，物种竞争优化了人眼结构，有利于提高生存概率的机能不断得到加强。自然万物绝大多数属于漫反射表面，并且反射率都在90%至1%之间，人类很好地适应了这部分光线亮度。在人眼看来，这部分景物亮度适中，层次变化丰富(见图4-1)。

一张普通的A4打印纸在北京9月下午2点晴朗阳光的垂直照射下，它的亮度能达到27 000尼特，这就是柯达定义的90%的白。超过90%的超白部分一直到100%的假想白(理想白)很少见，这是由夹杂着部分镜面反射颗粒的漫反射物体制造的，像亮晶晶的白雪等。这部分超白亮度很大，接近人眼可接受亮度的阈值上限，虽能被识别但层次感微弱。

漫反射表面不能制造超过假想白的高光，高光主要是光滑表面和镜面反射制造的，像波光、汽车漆面定向反射等。对于人眼来说，这些光线全部被"消波"，因为在人类的进化过程中，这些光线极少被用到，进而人类的这部分能力或退化或从未进化出来。

在阳光直射下，1%—90%的漫反射物体的亮度约为300—27 000尼特，100%也就是30 000尼特进入了人眼的阈值极限范围。那么，人眼是否能够感受到在它之上的部分的亮度变化呢？不同亮度的高光都会被"消波"。值得注意的是，虽然人眼没有分辨这部分高光的细节层次的能力，却仍能根据光线对眼睛的刺痛程度比较其强弱。

现今，家庭液晶电视的亮度在200—400尼特之间，把液晶电视放在直射的阳光下时影像是绝对看不清楚的。据科学实验证实，人眼的阈值下限的确可以达到更低，但这是在瞳孔调节到最大并且没有更强的光线干扰的情况下才有效。

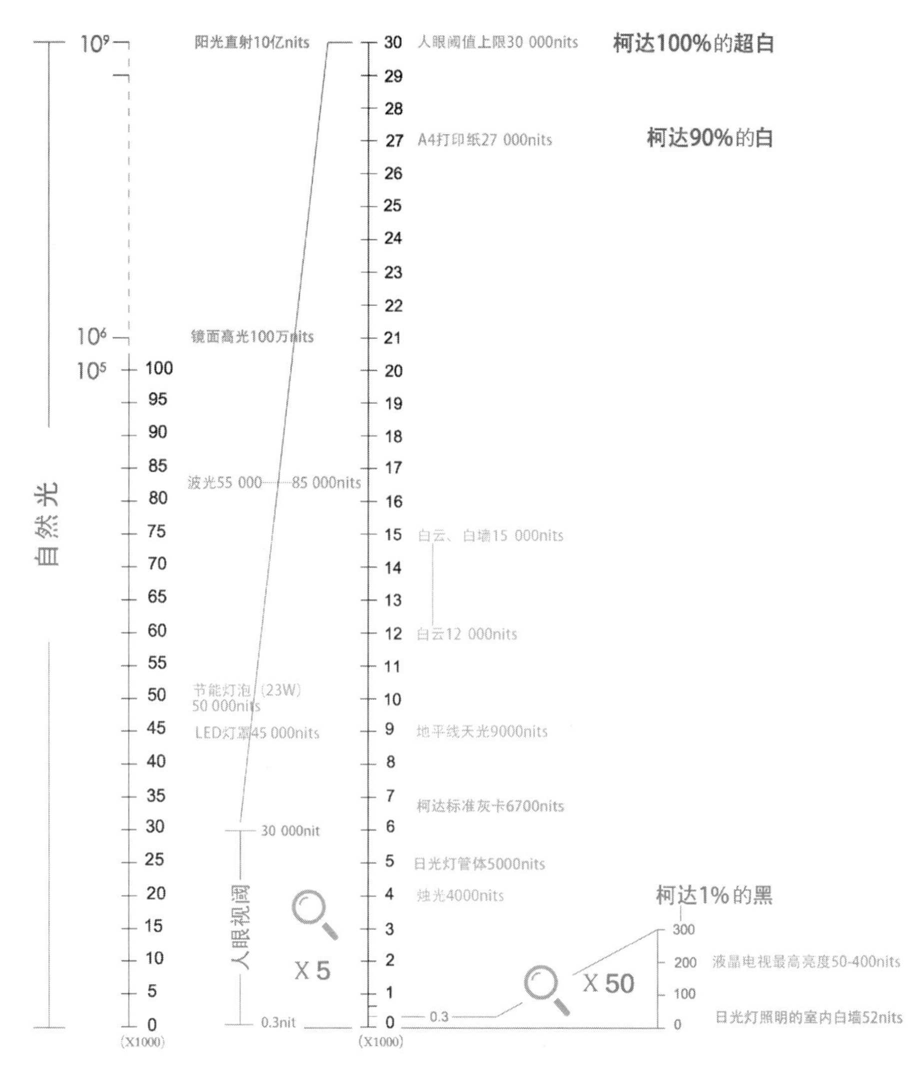

图 4-1　自然光比和人眼视阈

晴朗的白天，在 1％的黑以下，也就是 300 尼特以下，是散射光照明，尤其是在茂密的树林，深邃的树荫、山洞等地方，其亮度可低至几尼特，甚至零点几尼特。不借助瞳孔调节，在明亮环境下人眼识别光线亮度的阈值下限是 0.3 尼特，相当于 0.001％的漫反射表面的亮度。

有了具体的数据，就能准确地计算出人眼的宽容度。在瞳孔调节不介入的情况下，人眼可以识别的亮度范围是 0.3—30 000 尼特，约为 10^5 ：1，换算成宽容度达到了 16.7 挡光圈。参考标准观察者实验的方法，用 DSC

Labs17 挡灰阶测试卡进行实验，人眼能够分辨 18 级灰阶的层次变化。人眼借助瞳孔调节还有惊人的暗视觉能力，最低能看到 10^{-6} 尼特的亮度。计算下来，人眼的成像能力可以达到 $10^{12}:1$，相当于 40 挡光圈的宽容度，非常惊人，如图 4-2 所示。

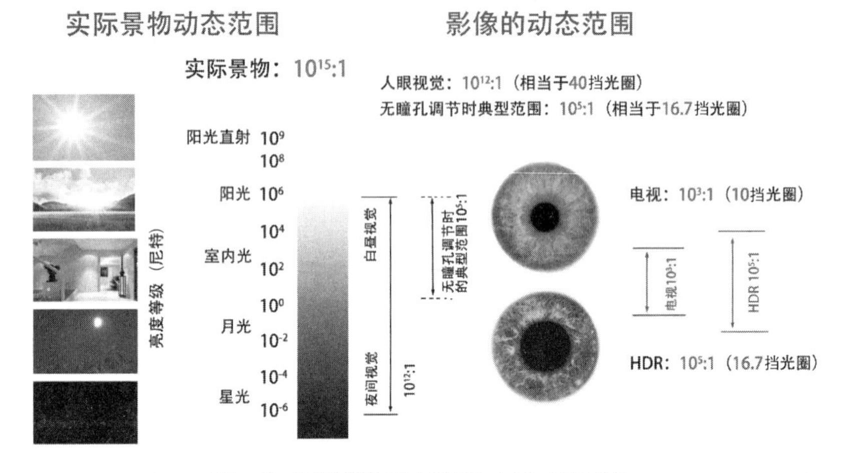

图 4-2　宽容度比较(SONY 中国，王亚明)

光比 $10^{5}:1$，16.7 挡光圈的宽容度是数字影像追求的终极目标。从记录到制作，最终到显示，也就是光—电—光(ADA)的整个传递过程都能够达到 16＋挡的 HDR，创造沉浸式体验的“真”影像，为数字影像技术的发展指明了方向。

二、按比例结构还原的胶片感

胶片感已经淡出历史舞台，作为技术发展的阶段性产物，胶片感的确引导了传统感光材料向数字感光材料的转变，其中核心的基础框架是 Cineon10 规范[①]。

① Cineon 系统是一个突破性的基于计算机的数字电影系统，于 20 世纪 90 年代由柯达创建。它由胶片扫描仪、胶片记录仪和工作站组成(硬件和软件)，合称为 Cineon 数字电影工作站，用于合成特效、影像复原和色彩管理。作为 4K 的端到端、10 比特的数字电影制作解决方案，Cineon 系统超越了它的时代。该系统的三大组成部分(扫描仪、工作站软件、记录仪)都获得了单独的美国电影艺术与科学学院的科学技术奖。Cineon 系统项目还负责设计数字电影的画面处理，也即著名的 Cineon10。Cineon10 是一个 10 比特对数格式，推出后统治了电影视效领域十余年，并成为 SMPTE 数字图像交换格式 DPX 的基础框架。

综合胶片的感光性能(片基灰雾等)和人眼的关注范围,柯达把自然景物中能反射 1%的黑色漫反射表面作为影调范围的起点——黑;把最亮的漫反射表面,大约能反射 90%光线的白色物体,像白墙、白衬衫等,定义为白;把超过 90%的发光体或者耀眼的反射面,像太阳、灯光、水面反光等,定义为超白。这样,在视觉的亮度范围内就有了三个参照:1%的黑、90%的白和太阳。于是,视亮度①范围被分成了两个区域:1%的黑至 90%的白之间,称为"正常视亮度";大于 90%的白,称为"超白"。正常视亮度范围内的物品包括自然界大部分景物和日常用品,像衣服、皮肤、建筑物、动物等。虽然漫反射表面的"正常视亮度"的亮度范围只占极小的一部分,但是人眼和胶片的非线性对数响应拉伸了这个范围,同时压缩了亮部(见图 4-3)。

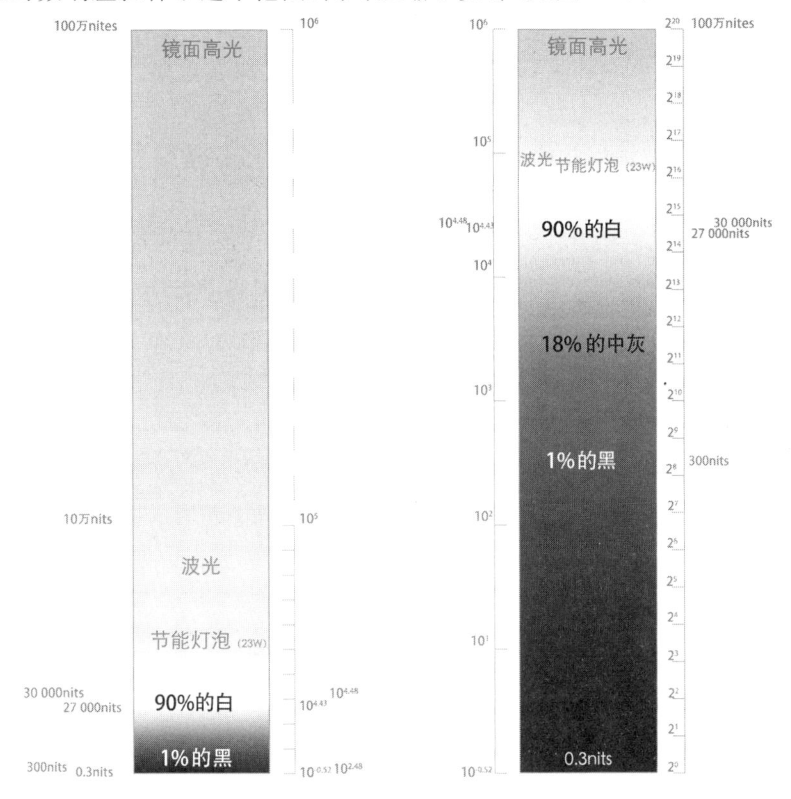

图 4-3 现实世界的亮度与感知的视亮度

---

① 我国行业标准《建筑照明术语标准》(JGJT199—98)将"视亮度"定义为"人眼知觉的一个区域所发射光的多寡的视觉属性"。视亮度更多地从心理物理量和生理物理量的角度去研究光环境。

模拟量之间的转换遵循着宇宙通行的法则。胶片和人眼都有两个超级能力,第一个是都有巨大的动态范围(人眼比彩色负片多4.7挡),既可以记录暗的物体,又可以捕获差不多要亮数千倍的超白物体。第二个是在暗部具有非常丰富的细节,但对于非常明亮的物体,则只能保留较少的细节。

在还原现实世界的道路上,胶片的伟大贡献在于它以仿对数的特性放大了人眼的“关注范围”。图4-4是时任柯达旗下电影制作者办事处的高级合成师和技术总监 Steve Wright 关于关注范围的精彩说明。其中,横轴是亮度的绝对值,呈等比例变化。纵轴是不透明度,以百分比来表示。随着光线强度(数量)的递增,胶片的不透明度也随之增加,但并没有像光线一样等比例变化,而是在超过100以后迅速变缓。这正是物理感光材料的特性,随着乳剂层未感光的颗粒变少,光化学反应迅速衰减直至停止。从100至1000,占比光量90%的内容对于视觉来说并没有那么重要。在长期的进化中,人类的视觉系统压缩了对这部分光线的反应,而强化了1至100之间占比10%的代表地面景物的光线亮度范围。毫无疑问,这部分“关注范围”对人类的生存至关重要。

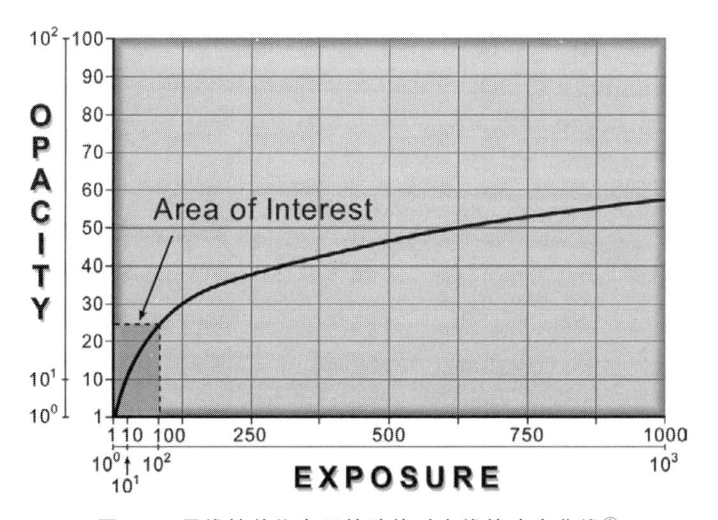

图4-4 用线性单位表示的胶片对光线的响应曲线[①]

图4-5以对数的形式匹配人眼的非线性特点,更有助于理解胶片在与人眼保持感知一致性方面的优势。“关注范围”得以放大,“定向高光”受到压

① WRIGHT S.Digital composition for film and video[M].Abingdon: Focal Press,2010:315.

缩，胶片影调值的特性和人的视觉特性高度匹配。

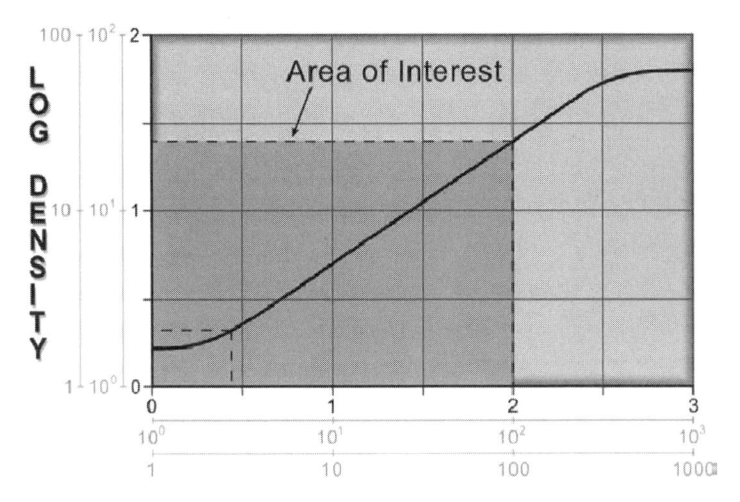

图 4-5　以对数单位表示的胶片对光线的响应曲线①

借助于这条响应曲线，影视工业流程逐渐确定了创作的规范。摄影部门在拍摄时要先进行定光的工作，即先确定光圈值，记作 N，在影调结构中数值是 0.0stops(0 挡)。以此位置为基准设定场景标准中灰的亮度，然后通过照明手段，使各要素成像后的亮度按照创作需要合理分布在特性曲线上。

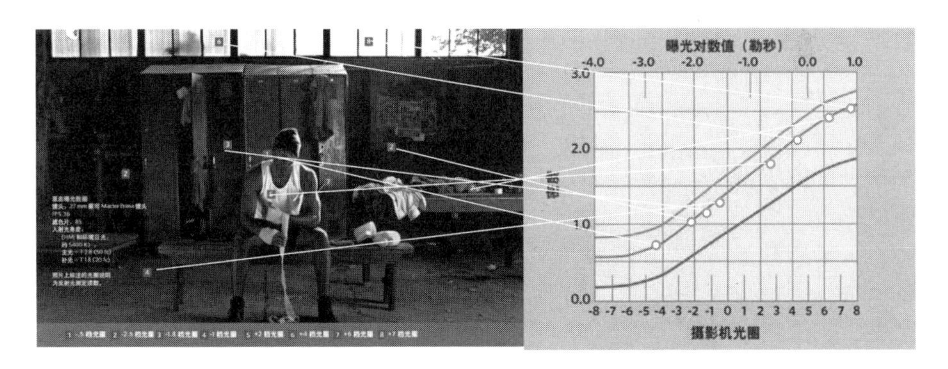

图 4-6　柯达 VISION3 500T 彩色负片的特性曲线

N 点(0 点)称为曝光点或定光点，摄影曝光控制的中心工作就是围绕 N 点，把灯光照明和所使用的摄影胶片特性精密结合，有目的地进行取舍，以

---

① WRIGHT S.Digital composition for film and video[M].Abingdon：Focal Press，2010：318.

最佳的影像质量满足"故事"的讲述对形式的内在需求。

定光点上3挡到4挡是基准白，再往上3挡留给超白。定光点下5挡留给大部分的中间调和所有暗部。

遗憾的是，商用的彩色负片宽容度"定格"在了12挡。相比人眼的16.7挡，只占不到1/25.9。而现在的数字摄影机通过改造传感器自身的直线性特性，以对数的方式已经能够实现15+挡的宽容度。随着显示技术的突破，很快便能实现与人眼感知一致的效果，在还原真实世界的道路上更进一步。

三、沉浸式体验真实影像

柯达在20世纪90年代开启了数字中间片的大门，开发了胶片数字化的Cineon规范，把传感器的直线性数字化改为对数数字化，将胶片的全动态范围看作大约10挡，后来，经过改良的Cineon10比特标准实际上提供了稍大于11的范围，为向上和向下调整视亮度分别提供了"上净空"和"下净空"，避免发生限幅。使用Cineon，一挡是90个码值。图4-7中的基准黑与基准白之间的正常曝光部分占据了整个数据范围的下2/3，同时将超白部分压缩到整个数据范围的上1/3内，而不是整个范围的90%[①]以上。对数数字化已经保留了电影的全动态范围，将图像的正常曝光部分放在了靠近数据范围的中间段，这是进行影调表达最理想的区域。

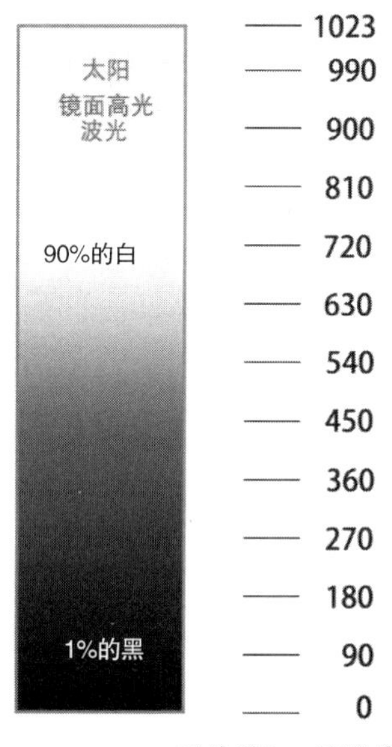

图4-7 对胶片的整个范围进行对数数字化

关于胶片数字化的内容笔者还会在本章第二节中继续深入论述。

Cineon功不可没，它孕育了当前最流行的影像数字编码范式，但是它毕竟是十几年前的产品，在摩尔定律依然有效的今天，Cineon已老无所依。在数字摄影机厂商的设计中，不同的Log在算法上赋予了基准白不同的位置，在10比特系统中，S-Log2位于码值582附近，对应的电平IRE值为59.1。这种比例分配更多地照顾了超白影调部分的层次，高光生动，富于变化。但中间调和暗

① 通过摄像机的拐点功能把超白部分压缩到90%以上是电视Rec.709规范中的处理方式。

部相对比例缩小,影调关系富有个性,在定光时要谨慎对待(见表 4-1)。

表 4-1 SONY 编码规范

Chart Refrection	Relative Stop	16bit RGB after RAW development	Output		
			S-Log2		
%			IRE	10bit CV	16bit CV
0.0	-24.3	512	3.0	90	5778
0.2	-6.7	522	3.7	96	6161
0.8	-4.5	557	6.0	116	7433
2.0	-3.2	621	9.5	147	9436
18.0	0.0	1504	32.3	347	22 230
89.9	2.3	5472	59.1	582	37 250
201.1	3.5	11 609	73.7	710	45 436
400.3	4.5	22 598	86.5	821	52 565
800.0	5.5	44 650	99.4	934	59 798
1378.1	6.3	76 544	109.5	1023	65 501

通过提升传感器的材料性能,借助对数曲线,数字摄影机已经达到了 15＋挡的宽容度(少数厂商宣称已经超过了 16 挡),拍摄已经基本实现 HDR。从 2010 年 ARRI 第一台应用 Log 对数伽马的数字摄影机开始,数字产品正朝着全面超越胶片影像质量的目标迈进。2014 年,电影《星际穿越》上映后,作为胶片的铁粉的导演诺兰表示这是他最后一部胶片电影。从艺术创作的层面看,该影片也标志着数字已经完全可以替代胶片。

后期流程中,ACES 用 25 挡的宽容度、16 比特半浮点运算,在整个框架规范上也已经实现 HDR。但具体到制作设备,尤其是数字调光调色设备内部的具体算法,HDR 还没有形成通用的标准。图 4-8 是 ACES 输出设备转换界面,突出显示的是 PQ 感知量化 HDR 设置选项,制作人员可以根据显示设备的亮度峰值定义白点的亮度。

DaVinci Resolve 从版本 12.0 起,就提供不同伽马和 HDR 的转换(见图 4-9)。

影像记录领域的一切努力都是为了一个目标,那就是更逼真地再现我们赖以生存的世界。HDR 近在咫尺,数字影像不应该仅仅以“胶片感”为目标,充当胶片的替代品,而应该全方位地应用 HDR,创造沉浸式的逼真影像。

HDR 是首先应用于数字照相机中的技术。数字动态影像虽然也使用 HDR 这种表述,实际上却不是一回事。照相机的 HDR 是同时拍摄两张或

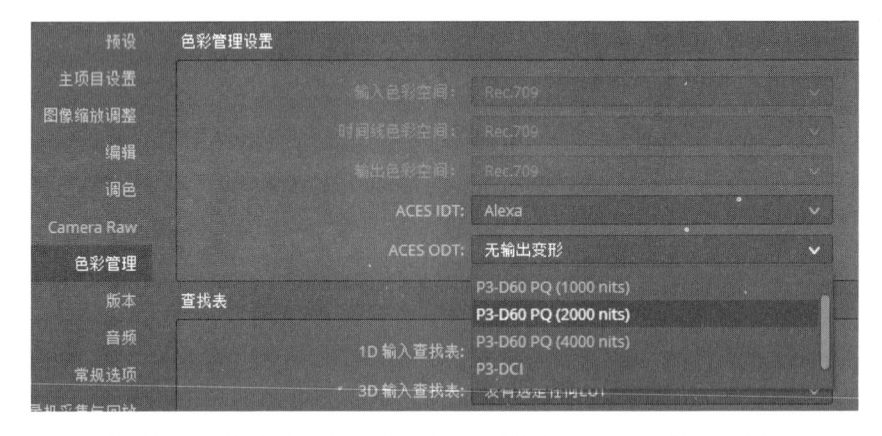

图 4-8 在 DI 软件 DaVinci Resolve 中，ACES 关于 HDR 的后期流程

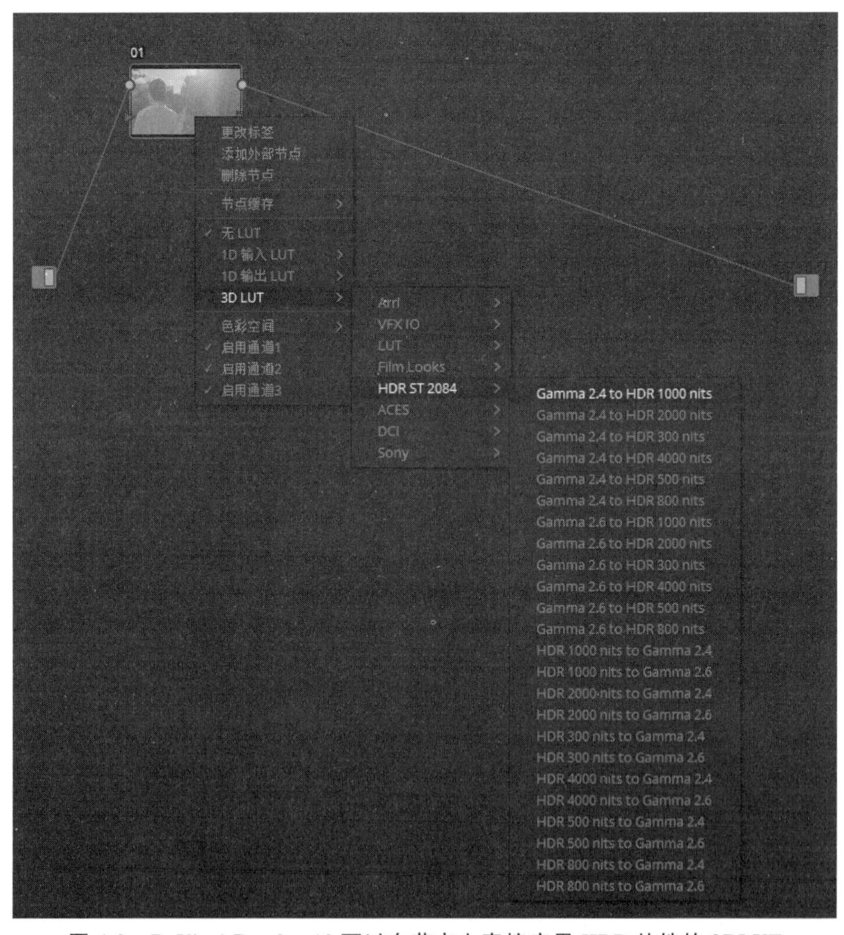

图 4-9 DaVinci Resolve 12 可以在节点上直接应用 HDR 特性的 3DLUT

多张照片，采用包围式曝光，然后再合成。虽然 RED 开发了自己特有的 X 帧技术，但严格来讲，动态影像并不适用这种包围式的方法，因为时域上的错位会造成重影和模糊。现在的数字摄影机 HDR 技术的核心是提高传感器件性能，扩展其宽容度，使之达到 15＋挡甚至 16＋挡的动态范围，填满人眼的视阈界限。这个技术目前在数字摄影机上已经基本实现。

既然前期拍摄能实现 HDR，那么就要毫不吝惜地使用 16Bit RAW 或是对数特性的 Log，并在拍摄时区分明视觉和暗视觉。在明视觉环境下（以晴天阳光照射为例），不过分追求 300 尼特以下的暗部细节，重点要集中在 7000 尼特上下部分的表现，兼顾 30 000 尼特的层次。用 Log 模式拍摄时，要针对不同的 Log 进行测试，掌握不同厂商的对数编码在影调关系上表达重点的诉求差异，给主要被摄对象分配更多的码率资源，以丰富这一部分的影调层次。

当宽容度不够时，胶片时期的创作首先考虑的是取舍。

第一，以人物或其他拍摄对象的正确曝光作为定光点，以此为中心舍弃不能记录的高光或暗部。

第二，以高光处作为感光材料的曝光上限，然后根据感光材料的宽容度计算，推导出这场戏的定光点。实拍时被摄主体的亮度如果不能满足定光点的曝光量，用人工布光的方式补光。如果超出了定光点的要求，则要通过挡光的方式减光，达到理想的影调关系。

HDR 和胶片的创作理念整体上一致，只是因为 HDR 接近人眼的大宽容度，被胶片肩部压缩的高光在 HDR 中能够得到比较充分的展开，但在影调控制的具体参数上两者还是存在较大的差异的。

首先，数字摄影机多出来的 2—4 挡的宽容度，意味着 4 倍甚至 16 倍于胶片的光比，更为丰富的高光表现一定是 HDR 影像的特质。这里的高光和胶片时代有了根本的不同，胶片依靠它非常有弹性的肩部的确能够记录更亮的部分，但是在影调上却极大地压缩了层次关系（见图 4-10），通过后期配光也无法完全展开，能展开的部分亦缺少层次。所以 HDR 在创作中一定是以丰富的高光层次为诉求的。

其次，定光点要准确，不能过分依赖后期调整。高光点的位置从定光点以上不再是 4 挡，而是 6 挡甚至是 7 挡。既然有这么大的余地，可否放松对曝光控制的要求，通过后期调整加以弥补？答案当然是否定的。创作一直都是一件严肃的事情，“前期不够后期补”从来都不是正确的选择。当然，前期有拿捏不准的情况，为了给后期留足余地，需要考虑用高比特的 RAW 格式拍摄。余地有多大？这取决于究竟有多少冗余码值供我们使用，实践表明，RAW 的冗余码值多一些，而 Log 只有 1—2 挡。

图 4-10　非 HDR 图像的动态范围和 HDR 的动态范围(SONY 示意图)

最后,影调控制要精准。由于不同摄影机传感器感光度、宽容度、工作空间特性的不同,在记录同一场景时会产生不同的影调结构。了解了不同摄影机以及不同工作空间模式的影调传递特性,自然场景和人工照明场景的影调结构和最终呈现的关系就会变得非常明确。在此基础上,总结一百多年来影视创作在影调结构设计中的经验,结合摄影机不同的工作空间特性,调整用光量和光比,能够精确控制画面创作中的影调结构和预判最终的画面效果呈现。

当然,要想全面实现 HDR,还需要在终端显示技术上实现突破。观众家庭普通的液晶电视机的亮度在 200—400 尼特,对比度为 1000∶1,和人眼能看到的 100 000∶1 的自然界亮度比相比,简直是“茶壶里煮饺子”(王亚明语)。电影院放映设备的亮度更低,一般为 48 尼特,借助于全黑的观看环境,对比度也能达到 1000∶1。杜比 Vision 利用激光技术把放映机的亮度提高到了 107 尼特,大大提高影像的观感,效果震撼。超高亮度的显示屏也已经被研发出来,最高可以达到 4000 尼特。SONY 的 OLED 技术虽然最高亮度只有 1000 尼特,但是自发光材料的特性可以得到亮度极低的“黑”,官方给出的数据是对比度 1 000 000∶1,甚是惊人。

数字化是影像记录领域最伟大的革命,它正带领我们走入两个截然不同的世界:一个是基于计算机的虚拟仿真,也就是 VR;另一个是更加逼真地再现人眼看到的现实世界,即 HDR。VR 正在起步,大家对它的巨大潜能充满好奇,但在具体应用中还存在许多未知数。然而 HDR 正相反,借助人类一百多年的研究实践成果和材料科学的不断突破,这项伟大的创造在技术层面已经尘埃落定,在创作中正在结出硕果。优秀的 HDR 画面,在表现自然场景时层次丰富,细节突出。以人物为表现主体时有更强烈的质感,情绪传递更加准确到位。可以说,HDR 是影视艺术创作价值评判的技术实现,是对光影关系的重新定义。HDR 还意味着在“逼真”呈现的初始要义之外,现有技术手段对光影的重塑能力被大大增强了,它为造型语言创造了一种新的美的形式。

HDR 使人类第一次有能力完美地复制大自然的光影关系,如果说之前的影视艺术模拟人的感知，观众处于被动接受的地位，那么 HDR 则是用沉浸式参与，激励观众进入积极主动的审美接受状态。从感知到沉浸，观众可以获得更高层次的审美体验，这应该是 HDR 创作应用的终极追求。

第二节　日常拍摄中典型场景的影调结构
——如何拍摄不同条件下的景物

摄影师又被称作光影大师，他们的全部工作可以高度概括为：充分把握数字感光材料的特性[①]，运用不同性质的光线，以“非凡”的角度将景物描绘出来，或忠实地还原，又或按照创作意图进行艺术创造。

艺术创造一定会对“现实”进行加工，即使是纪实作品的客观还原也绝不是现实的翻版。A. 亚当斯在谈到这个问题时说：“一般人都认为我的作品是‘现实’的。实际上，在我的大部分作品中，从影调值的关系上讲，并不是如实地反映现实的。在拍摄和制作过程中，我采用了种种控制方法，创作出相当于我所见到和感受到的形象。如果我做得成功的话，观众就会认为这是现实的本来面目，并对之做出相应的情感上和艺术上的反应。”

影调值的关系所指的正是影调结构。先暂时忘掉色彩，忽略一些极端的创作要求，一幅精致优美的画面、一个牢牢抓住观众注意力的镜头必须包含极其丰富和分明的影调层次结构。

如同画笔、画布和颜料这些画家手中的简单工具，摄影师的“武器”并不是高端的器材设备，而是反差、伽马和影调传递特性这些最基本的要素。一个优秀的摄影师的基本素养是要学会用数字的思维理解光和色，并在此基础上对其进行精微的控制。

一、用数字的思维理解光

在数字的世界中，所有的影像都可以被分解成亮度和色彩分量。亮度是图像中最重要的元素，承载了大部分的信息[②]。

---

① 也就是摄影机传感器、处理算法的特性。

② 从生物学的角度，人眼对亮度比对色度信号更敏感，所以在视频系统设计之初就加重了对亮度信号记录的比例。

(一)影调的基石——反差

反差指的是一幅图像明暗区域中最亮的白和最暗的黑之间不同亮度的层级,差异范围越大代表反差越大,差异范围越小代表反差越小。反差是影像承载信息的基石,从绝对黑色、深灰过渡到浅灰、纯白,一幅正确曝光的画面包含丰富的层次。我们可以对一幅彩色图像进行去彩色处理,通过观察黑白图像更能清晰地感受到这一变化(见图4-11)。

图4-11 过滤掉色彩更能突出影调层次

反差偏小会导致整个图像偏灰,就如同在雾中看风景缺少通透感一样。过度的反差虽然让图像看起来更明快,但一定是以牺牲图像的大量丰富的层次细节为代价的。正所谓一个硬币的两面,有得必有失。所以反差的处理一定是按照剧情的内在规定,充分利用摄影机能容纳的宽容度,在增大图像反差的基础上尽可能多地保留层次细节。

在谈到反差时,我们还会经常用到高光、中间调和阴影的概念。这些本来都是美术创作中的术语,影视创作借用过来颇为传神。除了极其特殊的情况(白墙、万里无云的蓝天等),大多数场景都可以根据其亮部层级分解为高光、中间调和阴影(H\M\S)。在整个影调范围内,巧妙地利用这三个要素,能拍摄出各具风格的画面(见图4-12)。

(二)感知一致性——伽马

人眼感知图像的工作由视神经纤维、神经细胞和感光体等完成。人的视网膜有1.3亿个感光体,感光体由感光锥和感光杆组成。感光锥负责感知颜色(红、绿、蓝),感光杆负责感应亮度。当光线落在感光体上时,产生的最基本的反应是通过漂白作用将色素分子转化为另一种形式,随后在神经细胞中产生一种信号。与此同时,漂白分子得到再生,使漂白分子和未漂白分

图 4-12　通过 H\M\S 的不同处理产生的不同效果

子保持平衡。所有感光杆都含有视红色紫质色素，但感光锥有三种：感红锥、感绿锥、感蓝锥，各含有不同的色素。

感光杆虽然不能产生色的感觉，在弱光下却比感光锥更起作用，但是清晰度不高。这就是为什么在夜晚等弱光环境中，人眼能够辨别物体的轮廓形状，却不能准确分辨出物体的颜色。关于数字摄影机或者是图像显示设备，它们对亮度信号和色度信号的处理在原理上可以视作是对人眼的仿生。但人眼和机器仍然存在一些差异，人眼对亮度信号的感应和传感器对亮度信号的感应是一种非线性的对应关系（见图 4-13）。

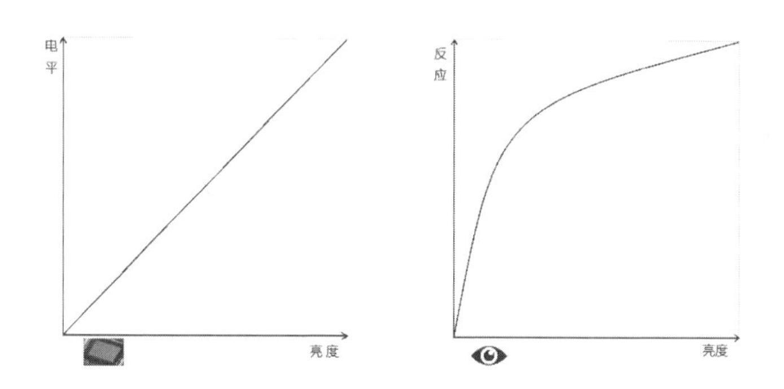

图 4-13　数字摄影机传感器和人眼感应亮度的非线性关系

本书第六章详细论述了直线性编码存在“编码 100”和大量冗余的问题。究其根源，是本章第一部分论述的视觉对光线的感知与物理光强的非线性关系，人眼对光度值差异的视觉阈值大约是 1%。如果采用一种非线性编码，此码值在从黑到白的影调范围内的分布情况与人眼视觉感觉光线一致，这种编码方式就称为感知一致性。[①] 当前两种广泛运用的符合感知一致性

① 思沃茨. 数字电影解析[M].刘戈三，译.北京：中国电影出版社，2012.

的编码是：幂率编码和对数编码，分别对应于线性空间和对数空间。数字摄影机都具备这两种空间模式，在实际的创作中，对数空间由于自身的宽动态范围而被广泛应用。

在第六章的“工作空间”部分，我们主要讨论空间特性和相互的数学转换，本部分则侧重实际景物亮度信息在不同工作空间中的传递，借此明确影调传递的特性，以便在创作中进行更好的控制。

本章的第一节中提到自然界的光比可以达到 10^{15} ∶1，如果把这个范围全部记录下来，然后以直线性的方式等比例地还原，像太阳、灯光这些耀眼的高光会占据整个亮度范围的绝大部分，整个地面漫反射的景物将一片黑暗。幸运的是，视觉并非这样工作，虽然漫反射表面的“正常视亮度”的亮度范围只占极小的一部分（万分之三），但是人眼的非线性对数响应拉伸了这个范围，同时压缩了亮部。

在数字影像的世界里，实际的亮度到达传感器后，每一个感光单元收集这些光子，然后进入处理电路并转换为“数字”。图像数字化实质上是将原始连续的模拟量“分割”成大量的离散的用数字表示的“块”，如果以最直观的线性方式进行数字化——即为每个增加的亮度值指定一个增加的数码值，将会产生不理想的结果。

图 4-14 形象地说明了平均分配码值或者把码值集中在基准黑和基准白之间的结果。

这两种方法都不可取，全动态范围平均分配，数据范围的 90%以上都用在了画面的超白部分，只留下了不到 30 个码值给基准黑到基准白之间的所有正常曝光的部分，即使增加到 16 比特甚至更高，正常曝光部分仍然改变不了 10%的比例。在归一化的视亮度值中，超白的范围为 0.1 至 1.0，这意味着正常曝光的部分看起来接近于黑。

“甩掉超白”的解决方案：动态范围 1000∶1 的图像在基准白点被限幅后，成了一个大约只有 100∶1 的更有限的动态范围。正常曝光的部分虽然被保留了下来，但是画面显示的质量显著降低了。

(三)所见即所得？——影调传递特性

经过对数化，人眼和胶片对光线的响应曲线和大家都非常熟悉的曝光密度曲线一致。

标准的“对数/对数”胶片特性曲线（见图 4-15），可以分成三个特性区域，分别是趾部、直线部、肩部。还有三个重要的参考点：2%的基准黑、18%的灰和 90%的基准白。在趾部少量的亮度变化都会形成同样的密

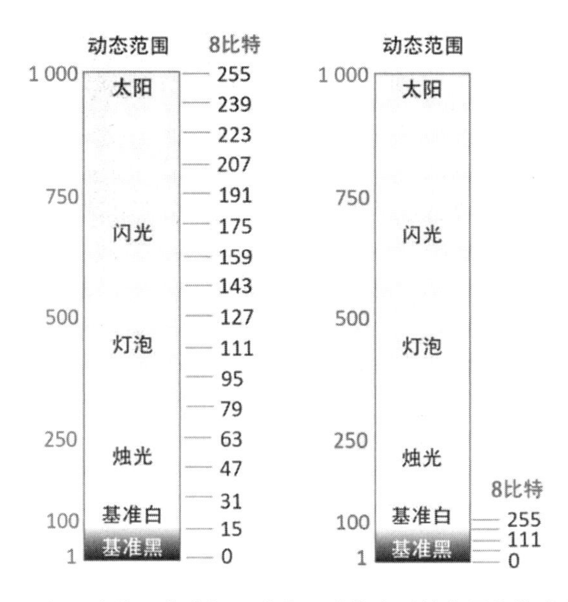

图 4-14 把 8 比特码值资源平均分配或集中到基准黑和基准白之间

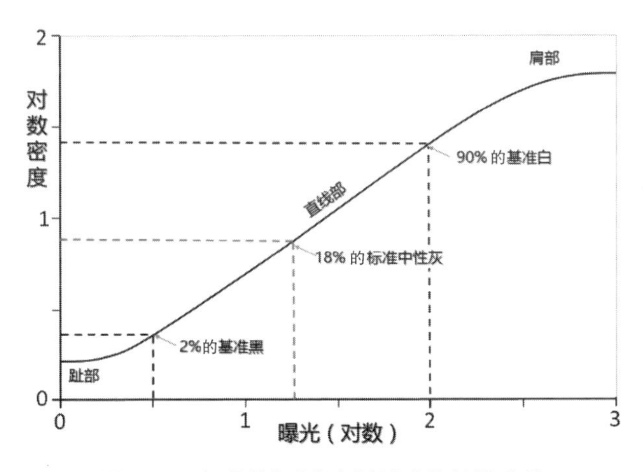

图 4-15 标准的"对数/对数"胶片特性曲线

度，1%的黑也没有保留什么细节。随着曝光量的提高，到了 2%的基准黑时，胶片响应进入了直线部，曝光量的对数增长带来了胶片密度的线性增长。如果正确曝光，场景中的物体(漫反射)都能够被记录在直线部。直至超过 90%的基准白的超白部分，胶片的感光乳剂颗粒开始变得"饱和"，无法成比例地增加它的密度，超白部分被压缩到了肩部，但仍有细微的变化。

18%的灰的反光率只有18%,但是由于人眼的对数响应,它的位置在基准黑和基准白之间的中点。这也是为什么拍摄时要以标准灰卡为基准,这实际上相当于把正常曝光区域的中点“锁定”到胶片响应曲线的一个特定位置上,从而使场景中更亮的和更暗的漫射物体都能够有预见地落在直线部,而不会被挤到趾部或肩部。

90%的白代表镜头中接近最亮的漫反射表面,正好落在曲线肩部的下面。这为高光部分留出了足够的安全区,不至于使所有的高光都被限幅,成为一片没有任何层次的白斑。也正是高光的点缀,画面才会更加生动。

再次重申本章第一节中提到的,胶片和人眼都有两个超级能力:第一个是都有巨大的动态范围,既可以记录暗的物体,又可以捕获差不多要亮数千倍的超白物体。第二个是在暗部可以获得非常丰富的细节,但对于非常明亮的物体,能保留的细节则较少。

二、曝光和分区曝光评价

(一)曝光点N

影调结构设计的首要任务是定光点的确定,定光点的确定又要以正确曝光为前提。从技术角度上看,正确曝光包含两层含义,一是把被摄主体按照反光率控制在应有的位置上,二是将与主体相关的环境等必须要表达的要素之间的明暗光比还原准确,并合理地纳入摄影机宽容度范围内。为什么用“合理”去限定?因为数字摄影机宽容度在对数空间下已经达到了15+挡,艺术创作上获得最符合“剧作”内在要求的画面效果的关键是合理使用这些宽容度。

数字摄影机的对数空间和胶片有很大的差异。以S-Log2为例,10比特对数空间定光点的编码值为347;上2.3挡是基准白,编码值为582;之上是4挡超白空间。定光点下以0.2%的基准黑为参考的有6.7挡,如果以2%的基准黑为参考,则只有3.2挡,大部分中间调和暗调可能会受到噪声的困扰(见图4-16)。在实际的曝光控制中,定光点要根据实际场景的亮度范围合理调整,适当牺牲超白部分的空间,以给最主要的漫反射主体创造更多的灰度层次,具体案例如图4-17所示。

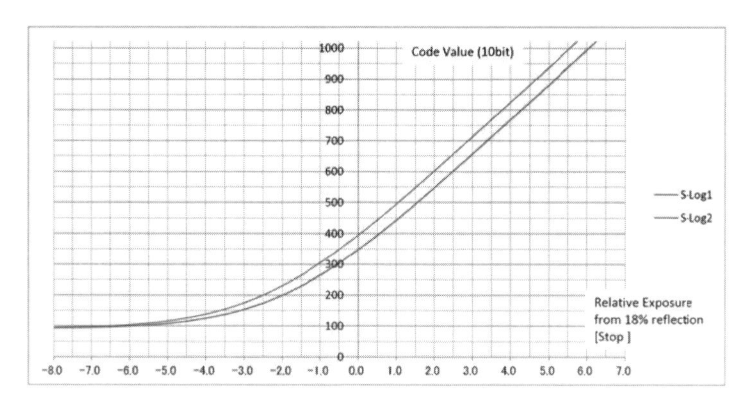

图 4-16 SONY S-Log 编码

图 4-17 电影《战狼》牺牲超白部分的空间以突出人物质感

(二)用分区曝光评价影调结构

围绕曝光点 N,各要素之间的光比构成了影像的整体反差。那么,各要素之间的光比要多少才称得上恰到好处?不同对象的影调值该如何把握?像太阳、灯光这些影像中超白的部分,也就是场景中的高光点应该如何设定?这还要结合不同的光效体系具体问题具体分析。老电影的布光传统遵循古典好莱坞时期的戏剧光效体系,相对于真实自然更强调故事的假定性。在电影《罗生门》中,故事虽然发生在自然场景中,但人工光的痕迹较重,人物明暗光比较小(见图 4-18)。人脸高光和头发、背景光比的两极曝光位置非常准确,脸颊在定光点以上 1 挡的做法也相当规范,但其他元素的曝光点位置假定性太强,规范的现代影视创作已经进化。

结合胶片数字化的"柯达准则"——Cineon10 比特规范,再来回顾一下第三章曝光控制中经过数字化改造后的 A. 亚当斯分区曝光理论(见图 3-23)。

曝光最严重的错误是曝光不足,因为这样一来,阴影部分的影纹就消失了,所以在胶片时代有"宁过勿欠"的铁律。对于大部分影像来说,应该以物体上需要有适当影纹的最暗部分作为选择曝光的依据。如表 4-2 所示,能使

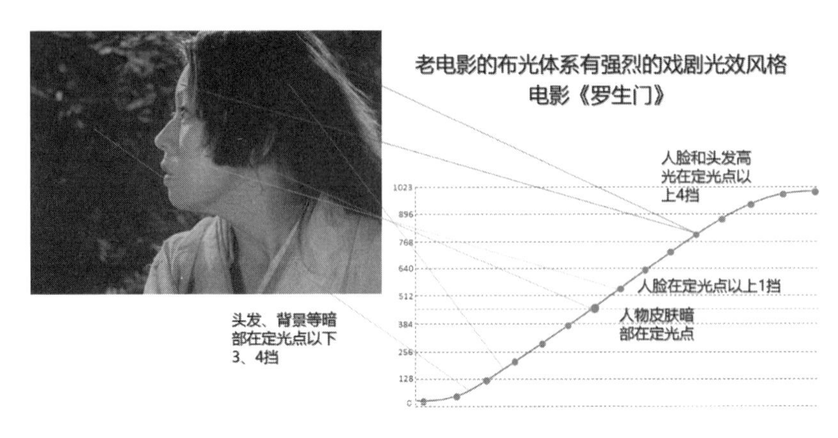

图 4-18 电影《罗生门》

表 4-2 A. 亚当斯的分区曝光影调说明(以黑白影像为例)

影调值	曝光区	说明
低调值	0 区	一片漆黑,对于胶片来说,除了片基本身的色调和灰雾外,没有任何可用的密度;对于数字影像来说,没有任何亮度输出
	1 区	影像上已非全部漆黑,略有影调,但没有影纹。这是有效的“临界曝光”
	2 区	影像上初步显出影纹。最暗部分影调深黑,缺乏纹理
	3 区	黑暗物体影调正常,阴暗部分显出了足够的影纹
中调值	4 区	深色的树叶、石块或景物阴影表现正常。在日光中拍摄人像,阴影部分影调正常
	5 区	呈中灰色(反射率为 18%)。北部天空影调较浅,皮肤影调较深,石块呈灰色,木头影调正常
	6 区	在日光、天空光或人造光中,皮肤的影调正常。石块、阳光下的雪景阴影以及用浅蓝滤镜拍摄的北部天空的影调都较浅
高调值	7 区	皮肤影调很浅,一般物体呈浅灰色,侧光照射的雪景影调正常
	8 区	明亮部分影调细腻,有适当的影纹;雪景影纹明显;人物皮肤上有高光
	9 区	明亮的部分没有影纹,接近于纯白色,与 1 区的略有影调而没有影纹颇为相似
	10 区	呈纯白色;画面明亮,有反光
高光	11 区	定向反射的半光滑表面
	12 区	发光物体,定向高光
	13 区	太阳

物体开始有影纹的最暗曝光区是2区,能表现出足够影纹的是3区。所以,物体重要的黑暗部分如果需要有最低限度的影纹,最好是将这部分的亮度置于2区;如需要有足够的影纹,则置于3区。

有人认为数字摄影机的曝光和胶片相反,学院派坚持"宁欠勿过",不过至今这种说法仍有争议。因为这条铁律是针对 Rec.709 线性模式说的,Log 对数模式下的曝光不足在后期处理时会放大噪讯,使影像质量下降,后果很严重。

数字时代铁的定律是:精准的曝光是质量控制的关键,任何试图通过后期手段放大电平和压缩电平来达到预期效果的做法,都是以损失图像质量为代价的(更详细的讨论参见第六章和第七章)。

三、典型场景的影调结构

影调结构是指影像所表现出的明暗层次结构,它是人物造型塑造、环境气氛传达、情绪渲染的重要手段。一部作品中,根据叙事需要在不同场景的创作中,综合考虑时间、环境、气氛的规定性,会设计多种阶调关系,以丰富的影调结构提升作品的艺术水平。

分析大师的作品是最高效的学习方式,以下部分选取了几部影片及笔者拍摄的一些典型场景,希望能通过分析其波形使大家进一步了解不同场景中的影调结构。选取的图片皆是从蓝光质量的视频中截取下来的,可能有人会质疑蓝光视频和真正的胶片或者4K数字影片之间的差异。很无奈,在任何著作中,包括在随书附带的光盘甚或是网盘上可供下载的高质量影片中,观众都无法看到真正的原片效果。除非家中配备了标准的放映设备,而且还能拿到在院线发行的拷贝,否则用电脑的显示器或者家里的液晶电视,都不可能真正消弭这种差距。蒂姆·斯蒂潘[①]曾谈道:"去电影院的时候,你会看到你花了几周心血完成的最终版在每家影院里看起来都不一样。因为每台放映机的亮度不一样,我们真正担心的改变画面的东西实际上是放映机,同时还有许多其他原因。"马丁·斯科塞斯[②]也曾说:"声音可大可小,演员的头能看见,也可能看不见(因为放出框了)。可能一盘胶片发蓝,另一盘发黄,这都是因为放映机。"在好莱坞著名影星基努·里维斯执导的纪录片 *Side*

---

① 蒂姆·斯蒂潘(Tim Stipan),DI配光师,代表作有《黑天鹅》《摔跤王》《切·格瓦拉》等。

② 马丁·斯科塞斯(Martin Scorsese),美国导演、编剧,20世纪80年代好莱坞的四大导演之一,代表作有《出租车司机》《愤怒的公牛》《无间行者》等。

By Side 中，摄影师和导演同样逃脱不了这种无奈。但看完这一部分，大家或许会明白，实际的情况也没有想象中的那么糟，严谨的蓝光制作并不是胶片的简单数字化或者 4K 数字影片的再压缩，而是在生产流程中根据蓝光的播放环境进行重新配光和调色后的产品。

（一）黎明·黄昏·夜

笔者选用的第一部片子是罗恩·弗里克的纪录影片《轮回》，该片使用潘那维申 IMAX 摄制。选用的每幅画面下都附带有示波器波形图。

如图 4-19 所示，清晨光照角度低，强度较弱，波形主要集中在示波器的下半部分。直方图上编码值 0—512 的部分密度均匀，编码值 512—1023 的

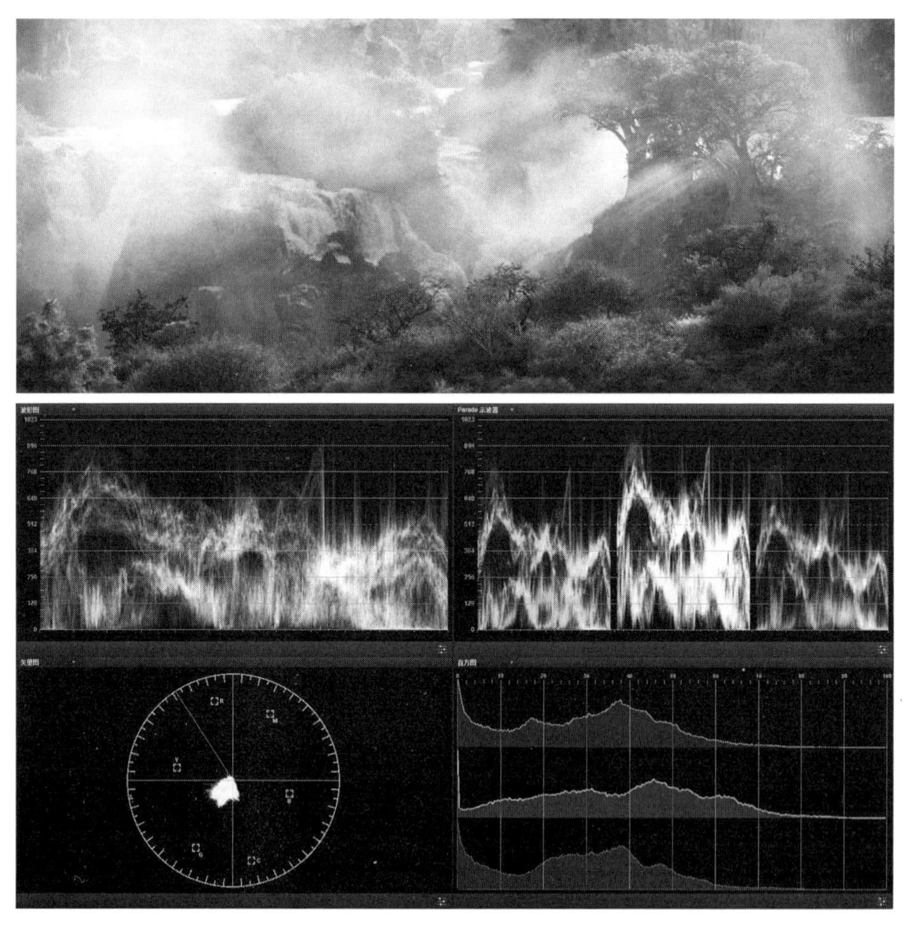

图 4-19 瀑布清晨及波形图

部分密度迅速下降，高光处甚至没有密度。由于空气中存在大量水汽和其他的介质，对光线的散射使得波形比较饱满。

如图 4-20 所示，黄昏的光照强度和清晨接近，但由于一天的日照蒸发掉了空气中的水汽，大气湿度低，透视感减弱，波形比较单薄。从矢量示波器上看，清晨和黄昏光线的光谱成分会有明显的“倾向性”，主要是由于色温较低，色调带有明显的风格特征。

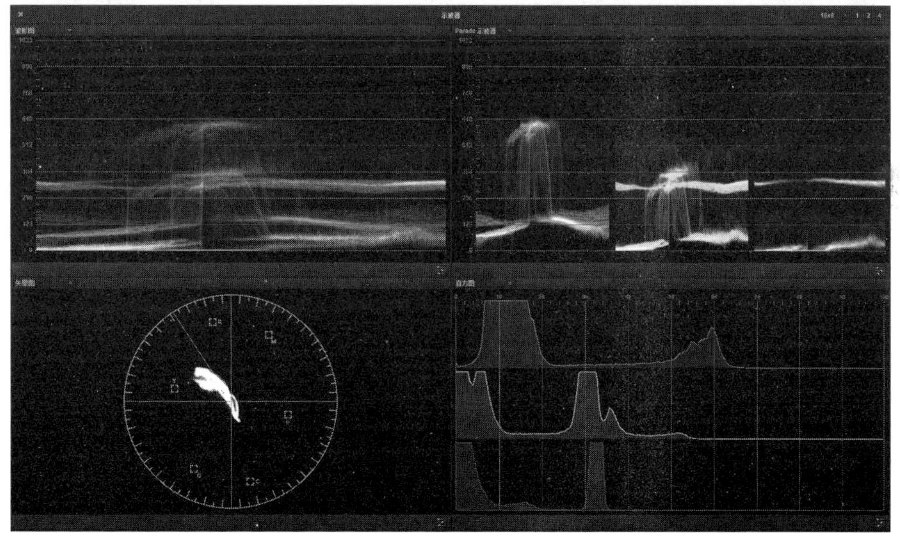

图 4-20　黄昏

科技的进步使得现代传感器的灵敏度都有了惊人的提高，月光皎洁的夜晚让观众联想到的已经不是 20 世纪五六十年代昏黑的电影画面，所以，图 4-21 中的波形集中在示波器的下 1/3 处，场景中的高光部分在波形示波器上的值有时会超过 512。

图 4-21　夜幕下的人类文化遗址

夜晚时，如果拍摄的场景是在明亮的室内，仍然会有“高挑”的波形。区别于 20 世纪昏暗的连续光源（像钨丝灯等），现代的办公、健身等场所普遍采用明亮的、非连续光谱的节能灯具。这些照明灯具的特点是带有明显的蓝绿倾向，所以矢量示波器的波形在蓝绿方向会有比较明显的表达（见图 4-22）。

21 世纪，大都市代表性的交通工具非地铁莫属，许多影片都会有部分故事情节和地铁相关，甚至会直接用地铁命名影片，像《开往春天的地铁》《地下铁》《最后一班地铁》等，地铁成为最富变化的视听造型手段之一。如图 4-

图 4-22　室内健身

23 所示，弗里克的纪录电影《轮回》中的地铁，相对于《天使艾米丽》中的地铁更客观、真实。

大量照明设备的使用让大都市都变成了不夜城，虽然在侧光表的读数上，夜晚的照度远远比不上白天，但是人眼的超级适应能力给我们的视觉记忆烙上了灯火辉煌的烙印。在表现夜幕下的都市时，摄影师在曝光上大多都追求被照明对象达到波形中部，而发光体则根据亮暗差别处于波形的顶部甚至超出编码值的最大值 1023，曝光白切割，如图 4-24 所示。

图 4-23 《轮回》中的地铁

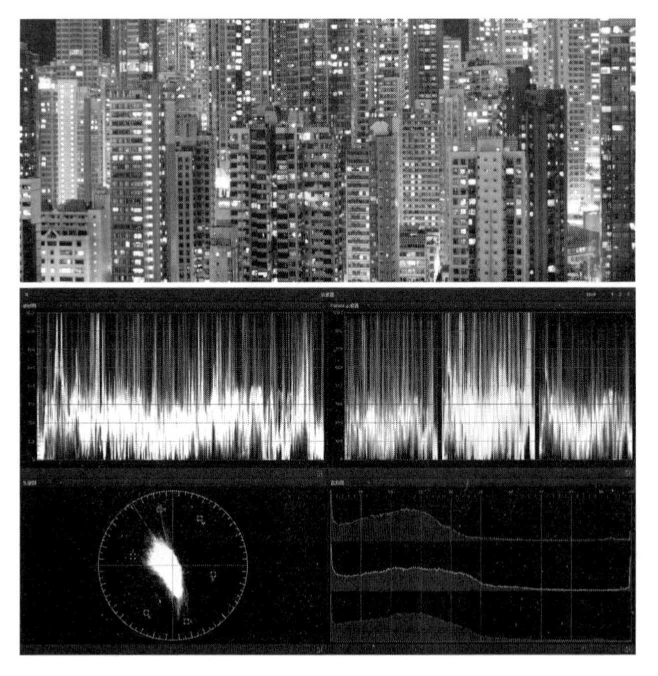

图 4-24 都市夜晚

（二）春·夏·秋·冬

春天的光线比较柔和，影调层次分布比较均匀。冬去春来，万物复苏，田野里的颜色更多的是娇嫩的黄绿色（见图 4-25）。

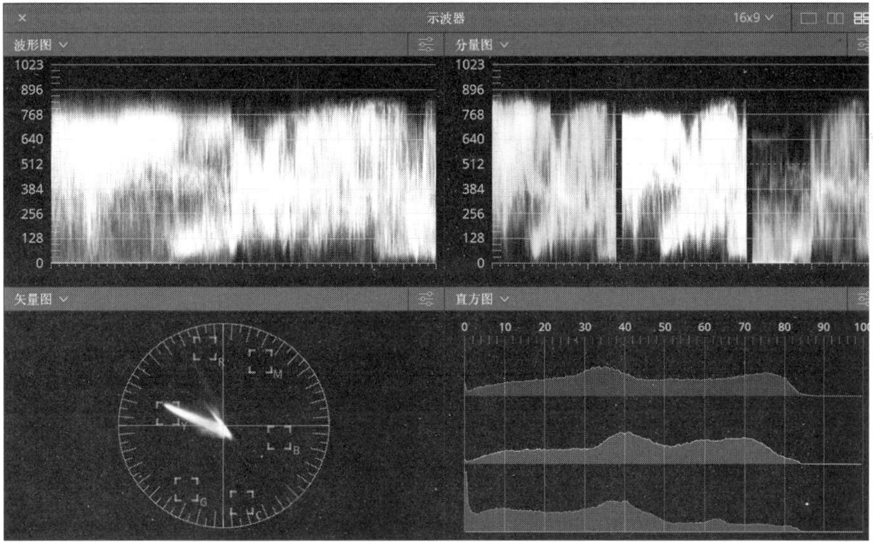

图 4-25　春

夏天，户外的明暗反差增大，直方图两侧的“像素”数量增多。植物枝繁叶茂，如果是草场和森林，分量示波器中绿色的分量一定占据优势（见图4-26）。

图 4-26　夏

秋天最容易制造色彩反差，黄叶和蓝天在矢量图上各自伸展，像两股对抗的力量牵动着观者的神经，制造出强烈的视觉兴奋（见图 4-27）。

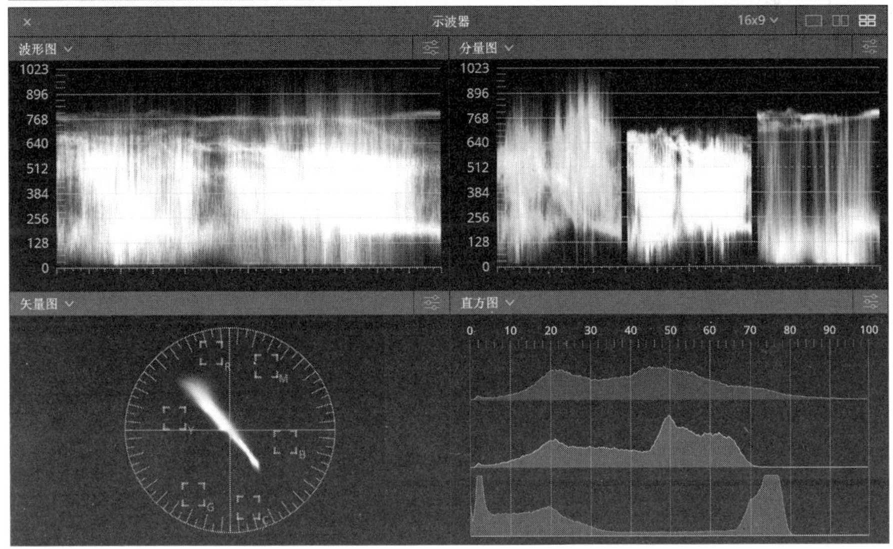

图 4-27　秋

冬天并非都是白雪皑皑，但白雪皑皑却一定是冬日的“代表作”。按照柯达三阶灰的影调值规范，白雪中夹杂的冰晶的反射率一定是最接近 100% 的白的自然对象（见图 4-28）。

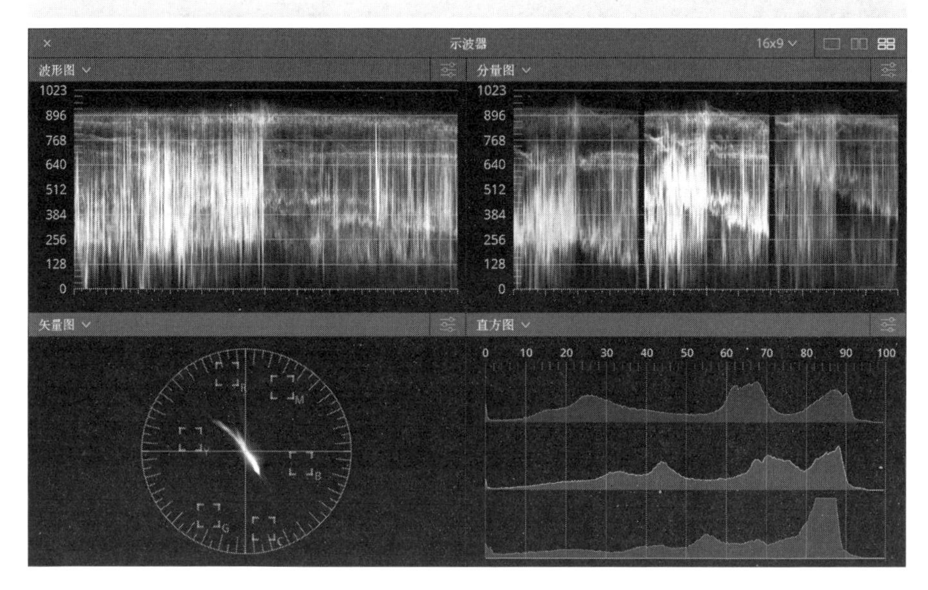

图 4-28　冬

(三)雨·雪·雾

如果追求场景还原的自然真实,就要尽量接近观众的日常生活经验,换种更准确的说法,是制造出符合观众"记忆"的观感。值得强调的是,乌云密布的白天可能比夜晚的都市更暗,乌云密布的上海外滩即是如此,如图 4-29 所示。

图 4-29 乌云密布的上海外滩

如图 4-30 所示，在《花与爱丽丝》的细雨天场景中，蒙蒙细雨像一块巨大的蝴蝶布，散射了所有的光线，极大地压缩了画面的反差。

学生作品《情书》[①]更是用同名微电影向岩井俊二的美学致敬。图 4-31 是调色后的画面和示波器波形。

学生作品《情书》放弃了室外场景大反差的常规追求，反而把正常反差的画面"压缩"，就像《花与爱丽丝》中的细雨天那样，灰色、朦胧、暧昧，格调淡雅清新。

---

① 微电影《情书》，导演：钟祖瑶，摄影：黄元达，主演：岳同忻、曹立栋。

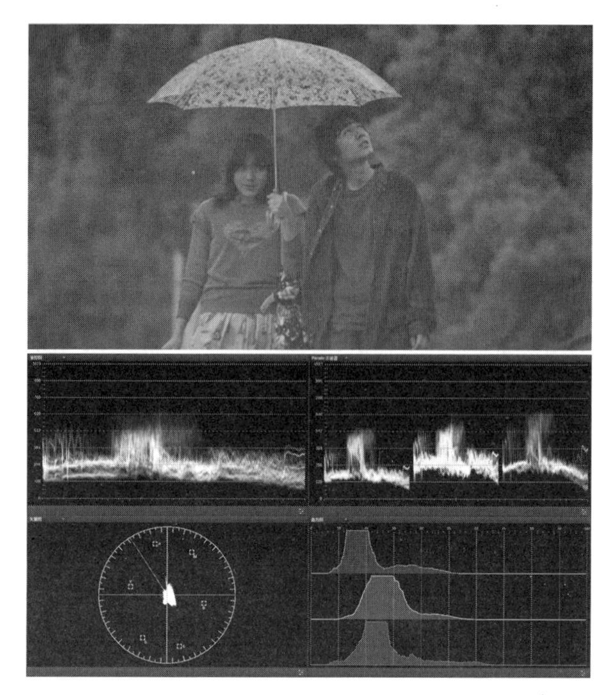

图 4-30 《花与爱丽丝》中的细雨天

图 4-31 《情书》中调色后的画面

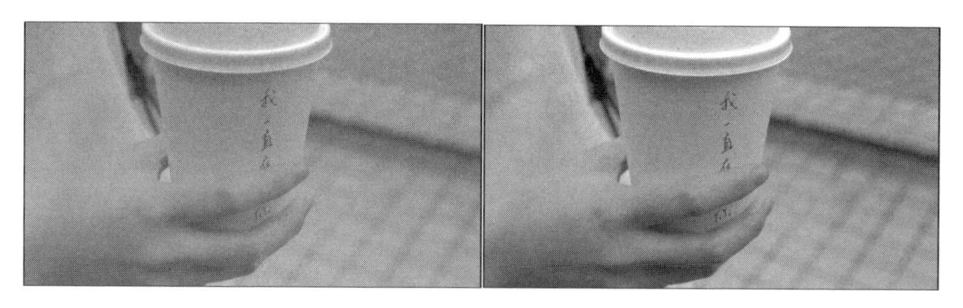

图 4-32　“压缩”后的反差和原始场景反差的对比

(四)日・夜

图 4-33 电影《选秀日》日景画面

图 4-34 电影《选秀日》夜景画面

四、为“故事”而创造的特殊影调

影调的种类可以根据画面中阶调明暗所占比例的多少划分为：高调、低调和常规影调，还可以按光比大小划分为硬调和软调等。

(一)高调·暗调

1. 高调

高调通常是指画面中以浅灰至白色，以及亮度等级偏高的色彩为主构成的画面影调。除了在场景、服装设计和道具等方面选择亮度较高的对象外，还要重点在布光上把光比控制在比较小的范围内。曝光方面，大部分被拍摄物都支配在定光点附近和定光点以上，利用数字摄影机传感器特性曲线直线部分的中上部（见图 4-35）。

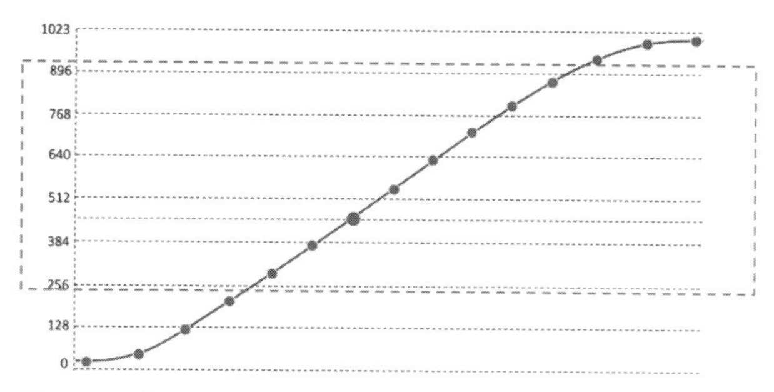

图 4-35　高调画面的影调值主要集中在曲线中间偏上的部分

高调画面的画面中没有特别突出的暗部，最暗部分不超出定光点以下 3—4 挡。黑色部分一般需要后期 DI 通过“黑阶”或者“阴影”等控制在基准黑位置，以抵消反差偏小对画面通透感的影响。虽然影调值偏高，但前期拍摄还是要避免过曝，以免丢失过多的高光细节。

图 4-36　高调画面示例

2. 暗调

和高调画面的轻松、抒情、单纯等情绪相反，暗调画面多表现沉重、庄严、紧张、恐怖等心理。暗调画面中，亮度层次疏密间隔不同，形成的最终影调风格也有差异。在场景布置和道具服装的选择上，应以由灰到黑及亮度等级偏低的色彩为主，充分利用摄影机传感器特性曲线的中间部分和趾部（见图 4-37）。画面中还要有少量的用于调节影调结构的白色，或亮度等级偏高的对象，正是这些高光才不至于使画面影调发灰、发闷。暗调画面（见图 4-38）中有死黑或者深暗的投影，最暗部低于定光点 5—6 挡，甚至触底。

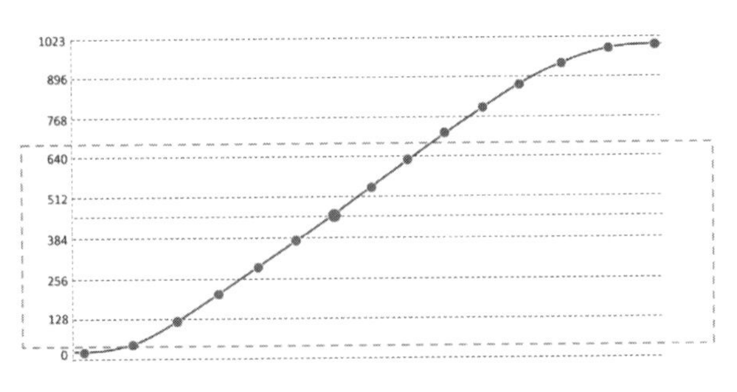

图 4-37 暗调画面的影调曲线特性

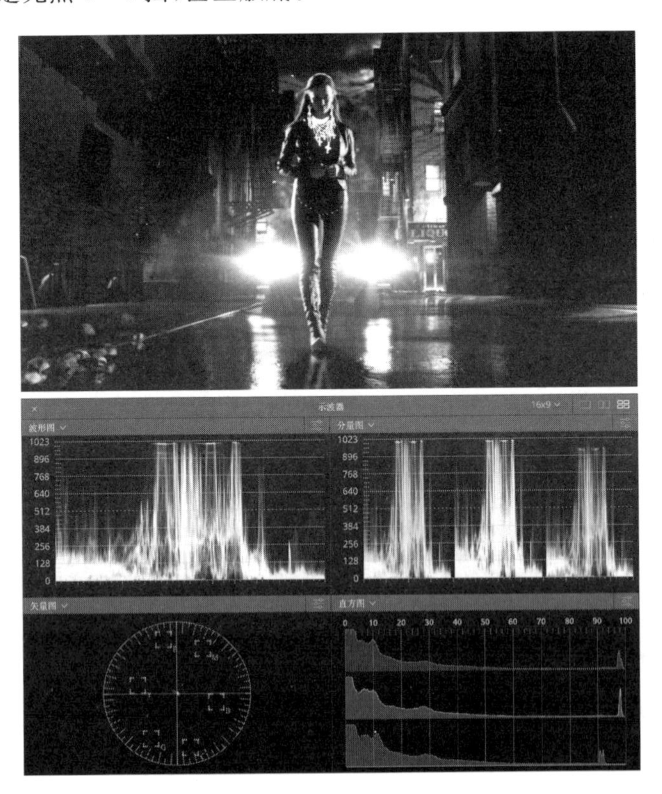

图 4-38 《罪恶之城》中的暗调示例

(二)硬调·软调

1. 硬调

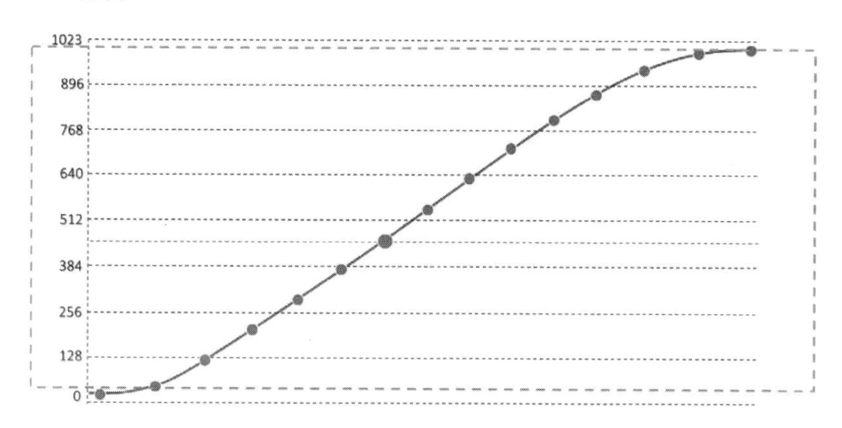

图 4-39　硬调的影调值间距比较大

硬调画面色彩反差或明暗对比强烈,两个相邻阶调间隔反差大,也可以理解为最亮灰阶和最暗灰阶间距大,中间灰阶数量少。画面的影调值基本填满整个示波器,整个光比跨越 11—13 挡,甚至超出摄影机传感器动态范围。

图 4-40　《南京!南京!》中的硬调画面

2. 软调

软调画面反差小,相邻阶调丰富,间隔小,明暗对比柔和,色彩一般多选

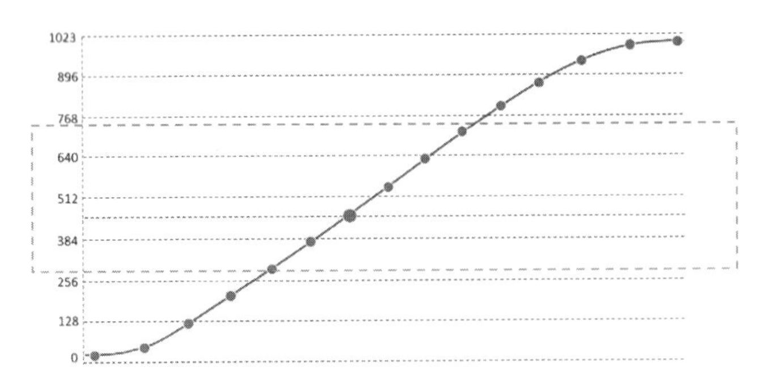

图 4-41 软调的影调值间距比较小

用过渡色。在前期拍摄中往往采用散射光照明,减少投影。软调画面中往往不出现最亮与最暗的层次,中间过渡层次丰富,级差小,物体质感表现细腻。

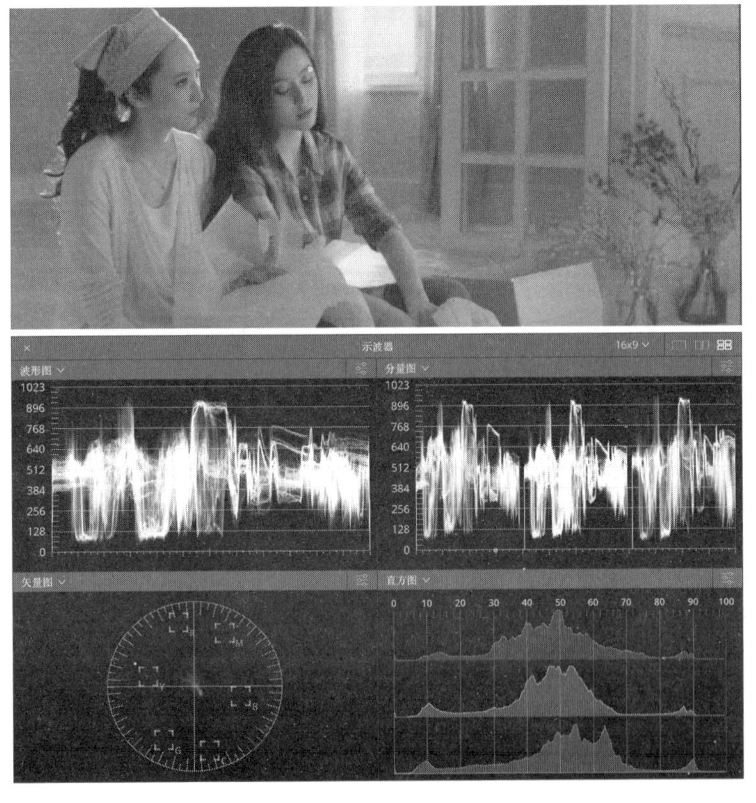

图 4-42 《一夜惊喜》中的软调画面

(三)大光比·逆光调

1. 大光比

季节、环境和角色造型的需要往往会给摄影师带来一些难题,创造性地运用分区的理论才是解决这些难题的关键。只要有根据,一切皆可行。从图 4-43 中我们可以看到电影《角斗士》中人物光比极致化控制的魅力。

图 4-43　《角斗士》中处于生死抉择的马克西姆斯——大光比的运用

主人公当时正处于生死抉择的境地,大光比的造型恰如其分。暗部处于第 2 区,而亮部超过了第 9 区(故事的地点是意大利半岛,炎热的夏季加上湿热的海洋性气候使人物脸上泛着的汗水反射出高光),光比之大有其根据,如图 4-44 所示。

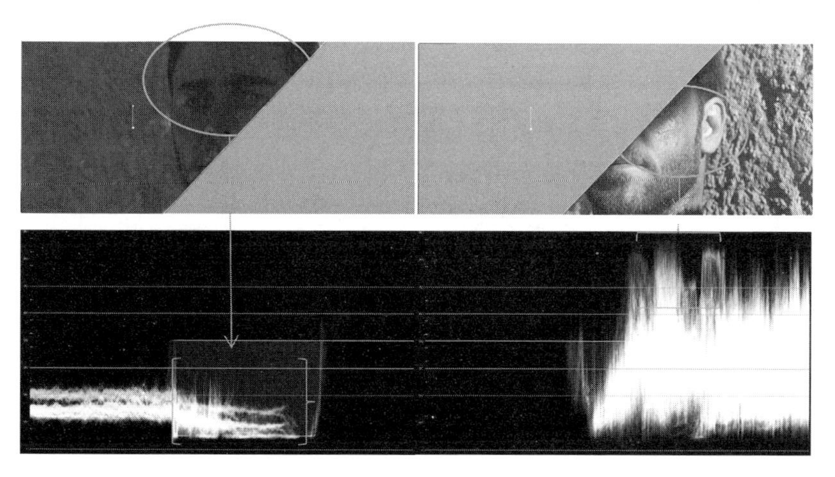

图 4-44　人物光比分析

如图 4-45 所示，逆光中的人物表现一般会控制在 3—4 区，这样既有比较丰富的细节和饱满的影调，又能准确地表现光线的逆光方位。

图 4-45 逆光中的人物表现、逆光脸部的波形

2. 逆光调

有时候故意“过曝”，恰恰是一种特殊的艺术追求。故意让画面“过曝”，提升暗部，缩小画面反差，这些“反常规”的处理方式恰是某些作品的艺术追求。被称作岩井美学的“逆光调”曾被认为是对传统摄影美学的一种背叛，从摄影的角度来看，所谓逆光摄影，是一种有别于正常摄影的技法，因为它所描绘的最终作品并不是人眼正常情况下看到的效果。一般来说，逆光摄影最明显的标志就是剪影，因为背景曝光级数大多高于前景，往往背景正常曝光，而缺少光线的前景就会漆黑一片。但人眼是看不见这一现象的，因为人眼会自动调节，保证注视区域的亮度信息。而岩井俊二所使用的逆光技巧，是在此基础上的延伸——统一提高曝光量，从而能够看清人物的面孔，同时让人物的轮廓融化在稍微曝光过度的背景中，这样的效果接近人眼的观察，而且是广泛存在于日常生活中的（见图 4-46）。

一般电影会在布光上下很大的功夫，通过多个角度的光线，塑造出十

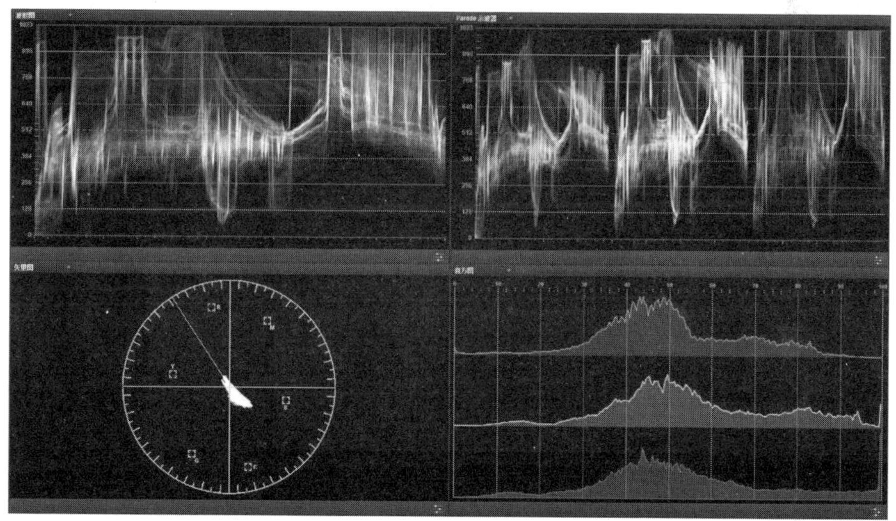

图 4-46 《花与爱丽丝》中的芭蕾舞片段

分突出的人物形象，但也因此丧失了真实性。而逆光可以很好地充当主光源，同时淡化背景因素，突出演员的存在，真实性也大大增强。不矫揉造作又体现淳朴的美感，是岩井俊二的电影普遍存在的风格倾向。[①] 以现代摄影器材的记录能力，结合照明控制，影片绝对有能力控制大部分场景的反

① 王一波.逆光下的生活：岩井俊二电影的美学特征[J].宁夏大学学报(人文社会科学版)，2010(1).

差。但是《花与爱丽丝》却舍弃设备的这种"能力",制造出了蕴含青春活力的"逆光调"。

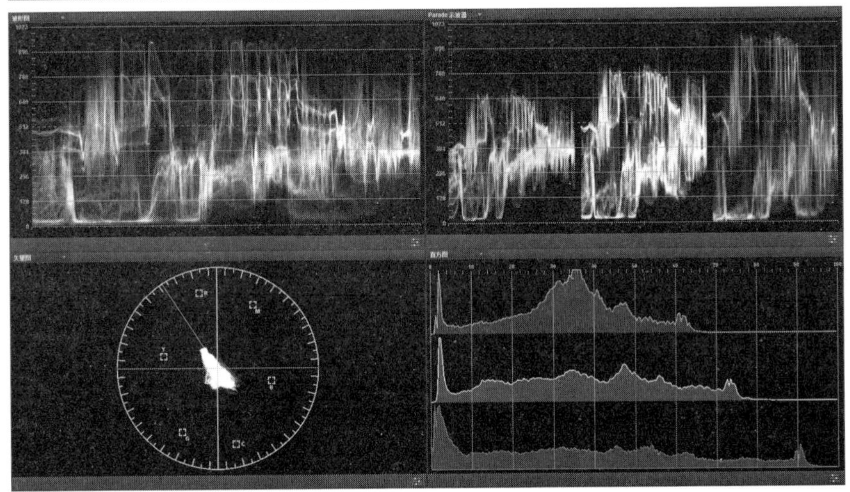

图 4-47　室内场景中的逆光调

如果单看这些镜头的波形图,其技术上可以说是失败的,因为没有利用好反差。若在视觉上图像反差小,暗部没有"触底"[1],亮部要么过曝,要么还不够亮。但是结合剧情后,这些特殊的反差立刻"化身成"一种十分内敛的

① 示波器的底部。

手段，观照在故事中的人物性格上，象征着人物内心的青春激情，“那种激情，化为闪烁的眼神光，在逆光的暗部闪烁”[1]。

岩井俊二的美学一度成为影视专业学生，甚至一些青春类型片（像《小时代》）模仿的对象。在学生作品《对鸟》[2]的一段闪回中，年老的主人公故地重游，忆起自己年轻时代时和恋人第一次相遇的这段戏就是一个很好的案例。

图 4-48　《对鸟》中的闪回

图 4-48 是《对鸟》当中女主人公年轻时的镜头最终效果，下面是调整过程的具体分析：原始画面是按照正常曝光拍摄的，很好地照顾了窗外的高光和室内阴影处的细节层次，充分利用了现代数字摄影机 Log 模式的高动态范围。但是在最后调色阶段，导演对这场闪回戏的气氛并不满意。因为留在人们心灵深处的美好回忆应该是明亮的、绚烂的，随着岁月的流逝，记忆的细节可能会逐渐模糊，但是那种触动心灵的情怀却是越来越浓。于是，摄影师借鉴岩井俊二逆光调的处理手法对画面进行了大胆的调整。图 4-49 是其示波器波形图，波形示波器、分量示波器和直方图都很好地说明了摄影师处理时的“大刀阔斧”，矢量图提示画面有明显的金黄色彩倾向。

---

① 王一波.逆光下的生活：岩井俊二电影的美学特征[J].宁夏大学学报（人文社会科学版），2010(1).

② 《对鸟》，导演：戴希帆，摄影：段春宇，主演：王小平、张一任、包曾子等。影片讲述的是一对相濡以沫的老夫妻在生死别离之际相互依偎的故事。

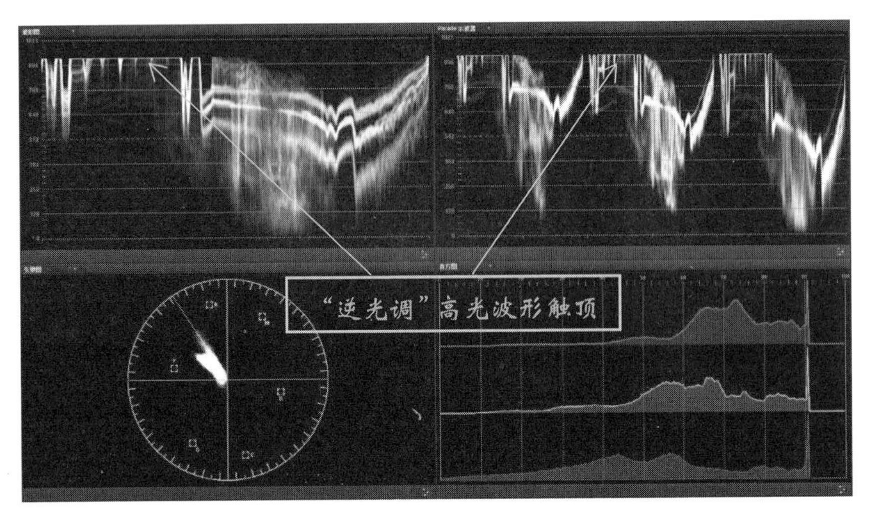

图 4-49　示波器波形图

第三节　“数字摄影工艺流程”中的影调传递

数字技术不断发展，各种技术标准层出不穷，数字影像从拍摄、后期处理到最终呈现，经历的工作流程越来越复杂。前期拍摄就涉及 Rec.709、Log 等不同的伽马，后期处理时为了匹配现有的监看设备又会应用多种 LUTs，最终投放还会发行 DCI 数字电影、高清电视、互联网视频等众多版本，影调在传递的过程中一定会被压缩、扩展或者重新映射。在影视作品开拍之前，摄影师必须了解所使用的数字摄影机的影调特性，掌握从前期拍摄到最终投放影调的传递过程，只有这样才能对影调进行严格精确的控制，达到预期的效果。

一、胶片的影调传递

回顾一下胶片的影调传递。从“景物影调”到“影像影调”，传统胶片电影要经历光学镜头成像—负片—翻正—翻底—拷贝—放映的过程。由“景物影调”传递至“影像影调”的总过程中，有多少个环节就有多少次影调变化。

胶片记录的影像来自摄影机镜头，光线通过玻璃等介质一定会发生反射和漫射，虽然镜头表面有多层镀膜，但仍不能完全消除眩光。对于高光部

图 4-50　胶片的影调传递过程

分，眩光所占总光量的比例非常小，可以忽略不计；对于影像的暗部，眩光的亮度大大超过了暗部原有的亮度，导致暗部的亮度明显提高。景物原有亮度越低，眩光的影响越大。在镜头成像阶段，暗部的亮度间距受到的压缩较大，致使整个影像的亮度间距也随之减小。

以典型的被摄对象户外景物为例，不计算高光部分，其亮度范围是160∶1，用光圈挡位表示约有7.3级光圈之差，转换成常用对数表示，亮度间距约为2.2(lg160/1)。经过光学镜头成像，其光学影像的亮度范围压缩为70∶1，亮度间距为1.85。

在负片阶段，从感光特性曲线看，由于负片反差较低，所以光学影像的亮度间距在这个阶段继续被压缩。景物的暗部处于特性曲线的趾部，与直线部分相比较，被压缩的程度更大。由光学影像到底片影像，光学影像的亮度范围转变成了负片的密度范围，受负片性能及显影条件的制约，综合所用的负片因冲洗条件的不同而有所不同，密度差一般在0.80—1.25之间，中间值为1.05。从1.85降低至1.05，意味着影调被大大压缩了。

在数字中间片阶段，胶片经扫描形成数字影像。在影像转换的过程中，由于胶片对暗部影调的压缩比较大，所以由胶片扫描成数字文件后，影像的暗部层次比直接由数字摄影机拍摄得到的影像的暗部层次要少，而在胶片输出后的印正片过程中，暗部又一次被压缩，所以影像暗部在整个转换过程中被压缩了两次。这种方式对于暗部的再现显然要劣于直接用数字摄影机拍摄。但是由于胶片亮部表现优异，我们一般会在拍摄时采取增加曝光的方法将暗部的影调适当提高，而亮部的影调又可以保留，这样就可以避免影像暗部过多的损失。

二、数字影像的影调传递

不同于胶片的密度计量，数字技术大大简化了影调传递过程中的分析。

借助于灰渐变辉箱、波形示波器和计算机分析软件,以数字摄影机为核心的影调记录、传递、再现过程能被非常直观地呈现出来,方便摄影师进行定量分析,让开拍前的测试工作更具有科学性,同时也更高效。

理想的灰渐变辉箱亮度从左至右呈线性均匀增长,亮度范围超过了 17 挡光圈,覆盖了目前宽容度最高的数字摄影机的记录能力。这个灰渐变在人眼看来却不是均匀的,因为人眼对亮度变化的反应呈现出非线性对数的特性。

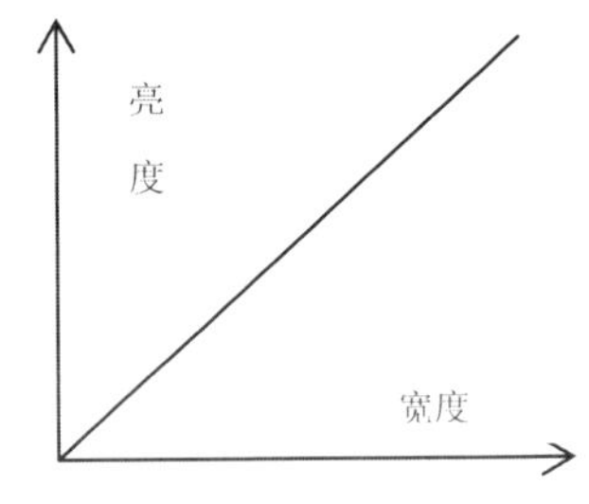

图 4-51　标准 17 挡灰渐变示意图

用数字摄影机拍摄灰渐变,将其送入整个影像制作系统中,可以得到不同阶段的灰渐变曲线。和研究胶片的感光特性曲线一样,灰渐变曲线是研究数字影像影调传递的重要工具。由于目前还没有厂商生产出合格的灰渐变辉箱,在进行影调传递分析时可以用灰阶替代,灰阶波形编码值之间的连线可以作为摄影机传感器在某一工作空间下的特性曲线。

(一)Rec.709 模式下影调传递曲线的特点

根据 CCD 和 CMOS 传感器感光特性的直线性特征我们可以得出,灰渐变曲线是一条直线。电压经过模数转换电路转换成 10 比特线性数字信号,这个线性并非直线,而是加载了 0.45 的伽马曲线。长期以来,电视行业约定俗成地把这条向上拱起的弧线称作线性,给当下的表述带来了一定的混乱。有专家为了区分这两种表述,用直线性表示一条直线,用线性表示符合 Rec. 709 标准 0.45 的伽马曲线。受这个标准的制约,传感器的动态范围被处理电路压缩到 8—10 挡光圈的亮度间距。

此后,10 比特线性数字信号被采集为数字文件,进入后期制作流程,与监视器的 2.5 伽马叠加得到 1.125 伽马,亮度间距略大于 CCD 模数转换后的影像影调,因为影调层次并没有增加,所以其影像看起来比实际的景物反差要大一些。此时的灰渐变曲线是一条略微向下弯曲的曲线,其影像在家庭观看环境下更接近于原始景物的反差(见图 4-52)。

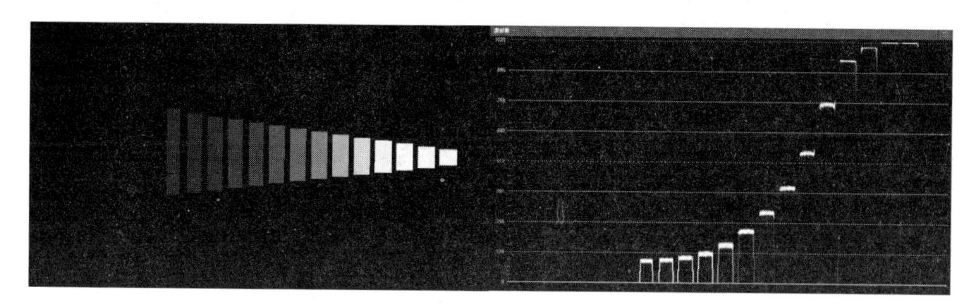

图 4-52　对数亮度阶和它在 Rec.709 空间下构成的亮度波形曲线

虽然接近原始景物的反差,但区域细节却有所不同。从曲线上分析,Rec.709"吃掉"了暗部大量的细节,在标准中灰也就是景物平均亮度以上又急剧拉伸了亮度间距。所谓的电视画面"层次少、反差大"的主观评价大致来源于此。

(二)Log 模式下影调传递曲线的特点

按下来介绍使用对数方式的数字摄影机拍摄影像的转换过程。CCD 或 CMOS 感光后将景物亮度转化成电压,由于 CCD 或 CMOS 的感光特性是线性的,所以此时的灰渐变曲线为一条直线。和 Rec.709 模式不同,电压经过模数转换电路转换为 12 比特(或 14 比特)的直线性数字信号后,此时的灰渐变曲线仍为一条直线。对数影像获取方式实际上是一种压缩过程,在将 12 比特数字信号转换成 10 比特数字信号的同时完成了从线性到对数的转换过程,所以摄影机的输出信号是 10 比特对数信号。该 10 比特对数信号被计算机采集下来之后转换成数字影像文件,此时的灰渐变曲线就是对数曲线。如果数字摄影机采用 Cineon 标准,这条对数曲线就是 Cineon 曲线(见图 4-53)。

Log 模式在暗部分配了更多的资源,暗部细节较 Rec.709 空间下更为丰富。标准中灰及以上部分亮度间距"匀称",有利于场景中关键拍摄对象的影调表现。

如果是用于广播电视和蓝光 DVD 出版发行,由于对数影像在普通的 CRT 监视器上不能得到正常的影调还原,所以在 DI 阶段必须对影调进行重新构造,使用技术 LUT。LUT 在这里包含了监看监视器的信息,同时也包含了目标放映媒介的信息。如果目标放映媒介是胶片,那么此 LUT 包含的

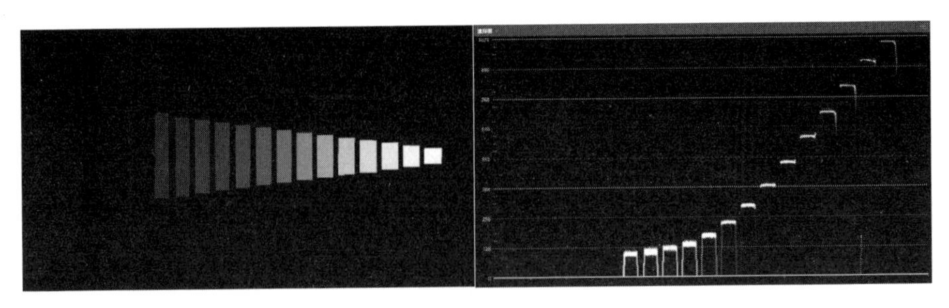

图 4-53　对数亮度阶和它在对数空间下构成的亮度波形曲线(S-Log 2)

就是胶片的信息;如果目标放映媒介是数字投影,那么此 LUT 包含的就是数字投影的信息。DI 调色时,我们在监视器上看到的影像是 LUT 进行色彩空间转换后得到的画面,其灰渐变曲线的形状很有特点。如果目标放映媒介是胶片,获得的灰渐变曲线非常类似于胶片的 S 形感光特性曲线。此时的灰渐变曲线也具有与胶片感光特性曲线相同形状的趾部和肩部。趾部形状完全是为了模拟胶片效果而产生的。实际上,数字影像的暗部表现得比胶片影像好,但是为了在调色时获得最终的胶片效果, LUT 压缩了数字影像暗部的影调,使其"梯度"减少,从而达到与胶片相同的质量。但是,一般来讲,胶片亮部处理后的效果要比数字影像的亮部好,特别是视频影像的亮部就更不尽如人意,所以灰渐变曲线的亮部应尽量去迎合胶片的肩部,但是不可能完全获得肩部的形状。如果目标放映媒介是数字投影,此时的灰渐变曲线是一条含有数字投影信息的对数曲线。[①]

结　语

影调结构、影调传递是摄影技术中的核心内容,也是曝光控制的进阶。2015 年是影像 HDR 的元年,不管是影视工业设备厂商、电视机制造商出于整个行业可持续发展的需要,还是观众对影像质量的主动追求,HDR 的时代已经到来。HDR 的加入使原本就"不轻松"的影调结构和影调传递又拓展了新内容。或许对于普通消费者来说,和影像相关的硬件产品越来越"傻瓜"和智能化,获取合格的影像越来越容易。但对于专业摄影师来说,对影像的质量控制反而变得越来越复杂。

不管我们是否愿意,这就是影像的未来。

---

① 孙略.现代影视制作系统中的影调传递[J].现代电影技术,2008(4).

第五章 "忠实"还是"悦目"?
——色彩科学和色彩管理

大多数数字成像应用的核心过程是捕获一个原始场景,然后通过编码将影像转化成数据,而后这些数据将经过解码还原回影像,让观众有身临其境的观感。

虽然在影视作品中,大部分情况下主要依靠摄影师良好地表达剧作的意图,但摄影师还是希望数字影像系统设计者能对影像科学有较好的理解以防非刻意变动的出现。因为忠实地还原是一个困难的问题,一旦这个问题解决了,为了满足艺术要求的"悦目"表现才更好处理,毕竟系统中存在一个变量比存在两个变量处理起来要简单得多。

我们可以轻易地变动数字影像数据,使得场景不能得到忠实的还原。但变动可能不是故意而为之,数字摄影机的新功能和技术参数太多,各种标准之间的转换又太复杂,难免会出一些纰漏。另外,出于艺术的目的,我们可能会做一些刻意的变动,以更好地满足作品本身表达的需要。如何才能避免本不该出现的纰漏?如何在艺术处理时既满足"悦目",又不会浪费掉摄影机"忠实"记录下来的海量信息,用最高质量的影像去撼动观众?

本章将阐述对数字影像的"生产"至关重要的色彩科学和影像色彩重现的基本原理,前期拍摄、后期制作实践中的色彩控制应用,以及保证影像质量无损传递的色彩管理。

第一节 光与色

一、光谱

光,是一种物质,是人类社会及自然界不可缺的物质。因为有了光,人类才能认识世界。光是摄影的基本条件，在英文中，摄影的本意为“光画”，即用光作画。光谱是复色光经过色散系统分光后，被色散开的单色光按波长大小而依次排列的图案。

光本质上是一种电磁波，其中，波长范围在380nm[①]—780nm之间的电磁波能够引起视觉反应，称为可见光。波长在780nm—1000nm之间的红外线，和波长在40nm—380nm之间的紫外线虽不能引起视觉反应，但可以用光学仪器或摄影器材来发现发射这种光线的物体，所以在光学上光也包括这两种光线。

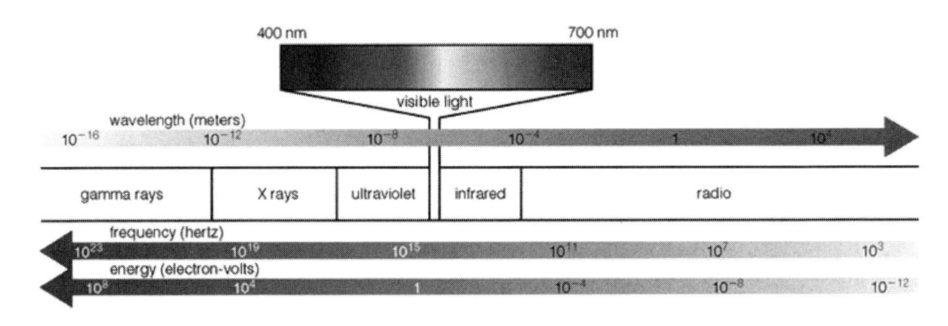

图5-1 电磁波谱和可见光谱

在可见光范围内，不同波长的光，可使人的眼睛产生不同的颜色感觉。当可见光的波长由780nm变化至380nm时，人眼会依次产生红、橙、黄、绿、青、蓝、紫的色彩感觉。不同波长的光所对应的视觉颜色如表5-1所示。

理论上，只含单一波长成分的光称为单色光；由不同单色光混合而成的光称为复色光。

表5-1 不同波长的光所对应的视觉颜色

波长范围(nm)	颜色	波长范围(nm)	颜色
650—780	深红	495—550	绿
620—650	红	485—495	青
590—620	橙	450—485	蓝
570—590	黄	430—450	靛蓝
550—570	黄绿	380—430	紫

① nm为长度单位纳米的英文缩写。

二、色彩三属性

色彩的三个基本属性为色相、饱和度和明度，用这三个基本属性可以描述人眼能够看到的任何一种色光。色相英文为 Hue，简写为 H；饱和度英文为 Saturation，简写为 S；明度英文为 Value，简写为 V。

色相，又称色别，是色与色之间的主要区别，反映的是色光的色彩。单色光的色相取决于波长，复色光的色相可用具有相应视觉颜色的单色光的波长来表示。物体的色相由反射特性和光源的性质共同决定。

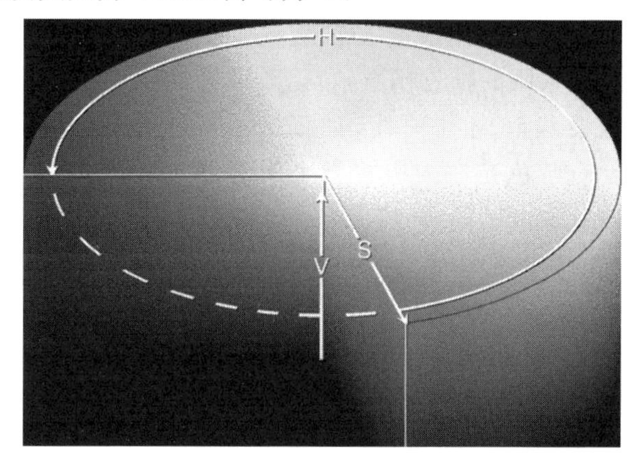

图 5-2 色彩的色相、饱和度和明度

饱和度，又称纯度，是指一种颜色与相同明度的消色(即白、灰、黑色)之间差别的程度。一种色彩与消色对比差别越大，则饱和度越高，颜色越鲜艳。反之，饱和度越低，颜色越不鲜艳。在所有的色光中，最饱和的色是光谱色，饱和度为零的色是消色，又称为中性色，不具有任何色相。

明度，又称亮度，是指色光作用于人眼时引起的明亮程度的感觉。明度还取决于物体的反光率。相同色相的物体，反光率高的明度大，反光率低的明度小。在所有的颜色中，消色中的白色明度最大，黑色明度最小。数字摄影机中的彩条：白、黄、青、绿、品红、红、蓝、黑，明度从高到低依次排列，去掉饱和度则转换成白和六种不同反光率的灰、黑(见图 5-3)。

图 5-3 彩条的明度

(一)色谱中各色光的明度

光谱色中的各种色光作用于人的视觉时,存在着明显的明暗差别。黄绿显得最亮,其他依次是黄、橙、绿、红、蓝,紫色显得最暗。如果将人眼对不同色光的视觉敏感度相对亮度定为100%,则同功率的其他色光在视觉中的相对亮度百分数,即为该色光的视见函数。

根据不同波长光波的视觉颜色对人眼的视见函数,可以绘成明视曲线和暗视曲线,如图5-4所示。各色光在人眼视觉上引起的视见程度不同,环境亮度大于3坎特拉[①]的视觉称为“明视觉”,小于0.053坎特拉的视觉称为“暗视觉”。在明亮环境下,人眼对波长为555nm的黄绿光最敏感,将它视为100%,即视见函数为1。而对红光和紫光的敏感度最低。在阴暗环境下,人眼对波长约为510nm的绿光最敏感,对红光和紫光的敏感度最低。图5-4中的视见函数曲线形象地表示出人眼对不同波长光波的敏感程度,为摄影中将色光表现为明暗影调对比提供了客观依据。

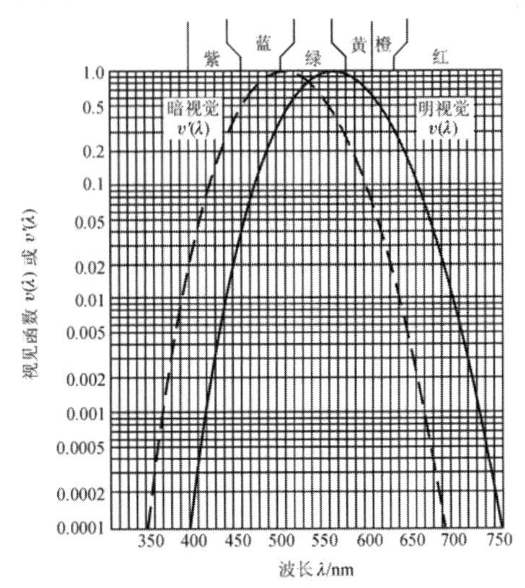

图 5-4 视见函数曲线

(二)复色光的饱和度和色彩的丰富性

摄影中所用的光源种类繁多,如太阳、荧光灯、钨丝灯和LED灯等,每一种光源都是不同波长光波的组合。通过专业实验,我们可以准确地测定每一种光源发出的可见光的波长数量,并称之为“光谱功率分布曲线”。物体的颜色受照明光源光谱功率分布的直接影响,除此之外,通过综合数字摄影机成像器件分色系统染料的光谱感应特性[②],我们便可得出被拍摄物体的色调效果。

① 坎特拉,发光强度的单位,国际单位制(SI)的7个基本单位之一,简称“坎”,符号cd,是一个光源在给定方向上的发光强度。

② 参见本章第三节中的“滤光片阵”部分。

图 5-5 中第一条曲线（实际上是一条直线）是标准的光源光谱功率分布，是由国际照明委员（CIE）定义的，叫做 CIE E。所有可见光波长等量分布，代表了一种理论上的理想光源，常被用来与实际照明设备进行比较。第二条曲线叫作 CIE D55，代表色温为 5500K 的日光的光谱分布。第三条曲线叫作“ISO Studio Tungsten”，是由国际标准化组织定义的，代表演播室和电影制片厂用来照明的钨丝灯的光谱分布。

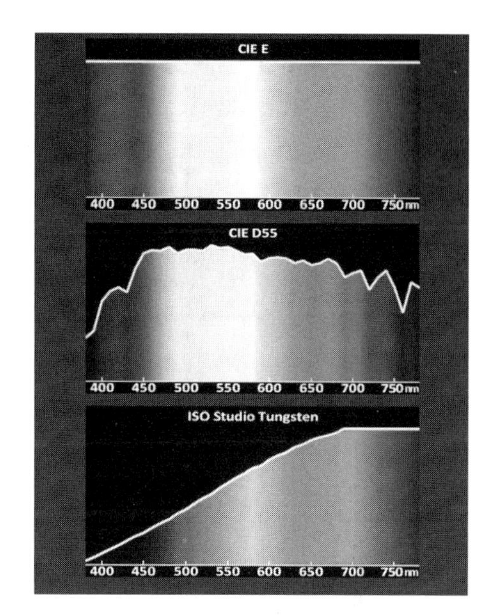

图 5-5　光源光谱功率分布曲线

目前比较流行的 LED 照明光源的白光看起来很纯正，实际上它的发光原理是利用一束窄波段的蓝光激发宽波段的黄色荧光剂混合出的白光（见图 5-6）。

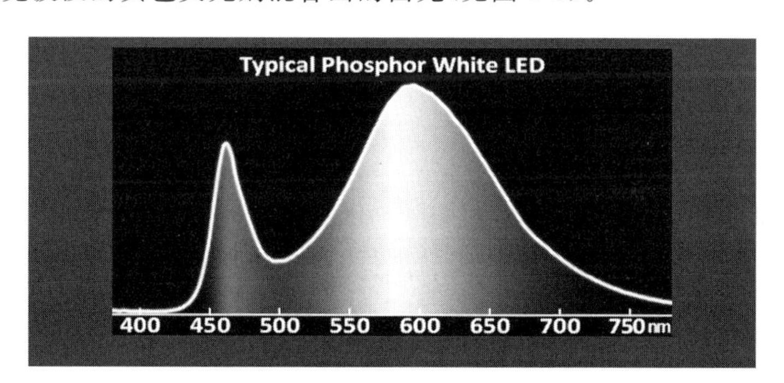

图 5-6　典型荧光白 LED 的光谱功率分布曲线

对于人眼来说，这种复色光有不错的显色性。但对于数字摄影机成像器件的分色系统来说，由于“观看”方式的不同，最终呈现出来的色彩会有很大的差异。[①] 图 5-7 是钨光源和 LED 光源色彩还原的比较，麦克白色彩还原测试卡（split Macbeth charts）上半部分是钨光源的拍摄结果，下半部分是典型的荧光白 LED 光源的拍摄结果。前期拍摄时，了解光源的光谱分布能更好地控制色彩的还原。

① 参见本章第三节中的“滤光片阵”部分。

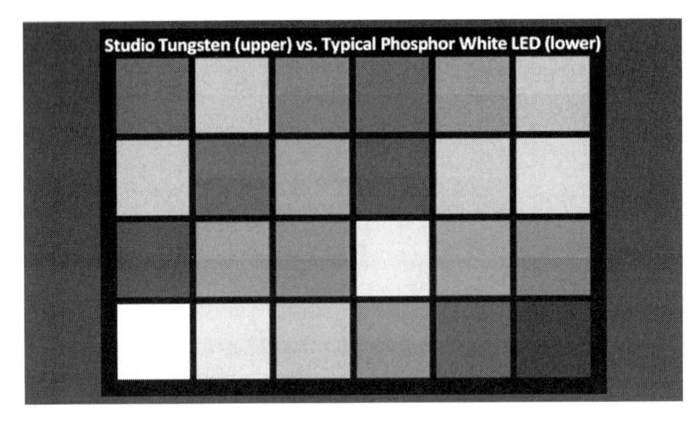

图 5-7　钨光源和 LED 光源的色彩还原比较

色光光谱分布的范围直接决定了色相的单纯程度和饱和度的高低。在图 5-8 三种色光光谱分布示意图中,A 图色光的光谱分布范围最窄,其饱和度也最高;B 图色光的光谱分布范围居中,饱和度相对 A 低一些;而 C 图色光的光谱分布范围最广,饱和度最低。

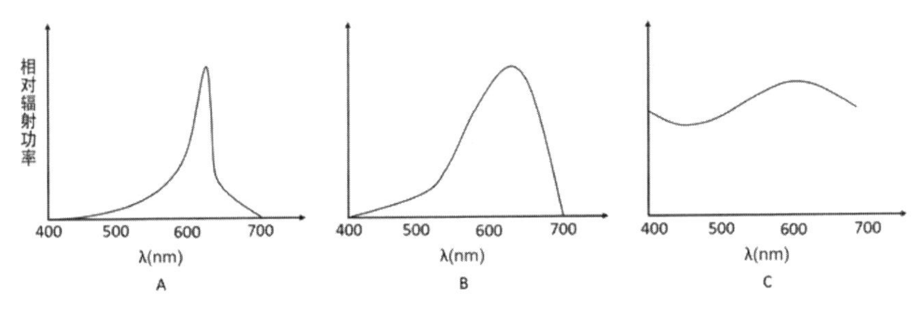

图 5-8　光谱分布与饱和度

这些数据的实际意义在于:在实际的摄影创作中,并不是饱和度越高越好,饱和度是以牺牲色彩的丰富性为代价的。在后期的数字影像处理中,要根据叙事的需要合理提升或降低饱和度。

第二节　色度学认知

为了科学地研究色彩,早在 1915 年,美国的美术教师孟赛尔就出版了孟赛尔图册。经过 1929 年和 1943 年美国国家标准局和光学学会的修订,孟赛尔颜色系统成为色彩界公认的标准色系之一。但孟赛尔颜色系统是一个依据反射光建立的色彩系统，缺少对光线本身的研究。1931 年，国际照明委员会成立，公布了 CIE 1931 XYZ 系统，奠定了现代色度学的基础，成为第一个真正意义上的混色系统。数字影像的出现使孟赛尔建立在反射光基础上的色彩学与建立在光色本身基础上的光度学深度融合，把抽象的色彩变成了具体的数据，把偏重于心理研究的色彩学提升到物理性研究的色度学，以色彩模型、色彩空间解读色彩语言，形成了丰富的技术标准。

一、RGB 计色制和色度图

人眼的色彩感受依赖于视网膜上的感光锥，其中感红锥对波长较长的可见光更为敏感，感色波段为 600nm—700nm；感绿锥对中等波长的可见光较为敏感，感色波段为 500nm—600nm；感蓝锥对波长较短的可见光敏感，感色波段集中在 400nm—500nm。眼睛对色彩的感受就是色光对这三种感光锥综合刺激的结果，几乎自然界所有的色光都可以用红绿蓝三种基本色彩混合而成，因此，红绿蓝又被称为三基色或三原色。

理论上说，最精确地描述色光的方法是将其光谱完整地记录下来，再通过显示设备按照光谱分布进行还原，然而这在实际应用中却无法实现。即使在科学实验中，分光光度计在对光谱进行采样时也只能精确到 5nm，最终由 80 个左右的数字描述一种色光。但是对于视频图像来说，这个数据量太大，而且没有一种记录和显示技术可以使用如此众多波长的光源来混合一种色彩。[①] 所以三基色可以说是对人眼的仿生，同时又是一种最高效的色彩合成手段。CIE 规定的三基色分别为：700nm 的红色光、546.1nm 的绿色光和 435.8nm 的蓝色光。

图 5-9 三基色简单混色示意图

（一）配色实验

确定了波长之后，要通过配色实验确定三个基色的单位数量。在配色

① 要达到人眼的色彩保真度，需要设备能够达到上千万种色彩，所以记录和显示设备必须具备 8 亿个数据来描述这些色彩，而且需要 80 个基色滤镜或光源，这显然是“不可能完成的任务”。

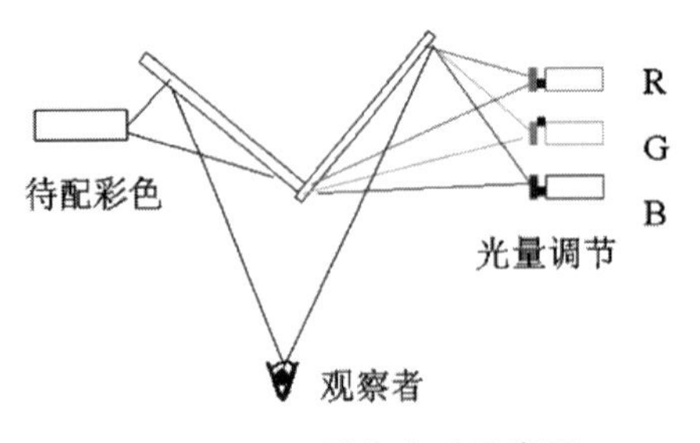

图 5-10 配色实验示意图

试验中，有两块互成直角的屏幕，屏幕对各个波长的可见光的反射率都接近 100%。两块屏幕根据人眼的视场分为两等份，在左半个视场屏幕上投射待配彩色光，在右半个视场屏幕上投射红绿蓝三基色光。分别调节三基色光的强度，直到混合后产生的彩色与待配色的色度和亮度完全一致为止，这时便可以从基色调节装置上得到混合比例和各个基色的数值（三刺激值 $\widetilde{r}$、$\widetilde{g}$、$\widetilde{b}$）（见图 5-10）。

表 5-2 用三基色在 2°视场下匹配出等能光谱的 RGB 数量（$\widetilde{r}$、$\widetilde{g}$、$\widetilde{b}$）

波长（nm）	$\widetilde{r}(\lambda)$	$\widetilde{g}(\lambda)$	$\widetilde{b}(\lambda)$
380	0.00 003	−0.00 001	0.00 117
390	0.00 010	−0.00 004	0.00 359
……	……	……	……
500	−0.07 173	0.08 536	0.04 776
……	……	……	……
780	0.00 000	0.00 000	0.00 000

以波长为横坐标，光谱三刺激值为纵坐标，将表 5-2 中各波长光谱色度坐标在图中描点，然后将各点连接，即成为 CIE RGB 混色曲线（见图 5-11）。

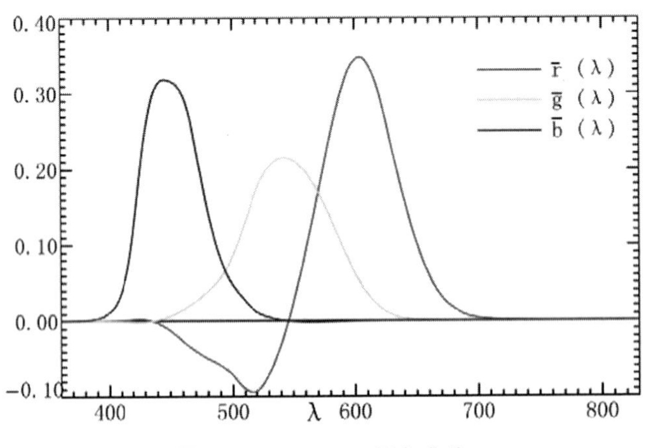

图 5-11 CIE RGB 混色曲线

CIE 1931 RGB 混色曲线也称作颜色匹配函数，是匹配水平刻度标示波长的单色测试颜色所需要的原色数量。

(二)RGB 计色制

从基色调节装置上分别读出各个基色的数值，由此就可写出配色方程式。

配色方程式：

$$F = R(R) + G(G) + B(B) \quad \text{（公式 2.1）}$$

公式中 F 表示待配色的彩色光的彩色量；(R)、(G)、(B)分别为红（波长 700nm）、绿（波长 546.1nm）、蓝（波长 435.8nm）三基色的单位量，其中，1(R)= 1cd，1(G)= 4.5907cd，1(B)= 0.0601cd；R、G、B 分别为三基色的调节器的读数，也称为三基色系数。

公式 2.1 的配色方程式适合于配置一切彩色，只不过对于不同的彩色三色系数不同而已。

对于等能白光，R =G=B= 1，即：

$$F(E_{白}) = 1(R) + 1(G) + 1(B) \quad \text{（公式 2.2）}$$

其光通量为：

$$F(E_{白}) = 1 \times 1 + 1 \times 4.5907 + 1 \times 0.0601 = 5.6508\ cd \quad \text{（公式 2.3）}$$

以(R)、(G)、(B)为单位量，用配色方程进行彩色量度和计算的系统称为 RGB 计色制。实际中，彩色质的区别决定于色调和饱和度，即色度。色度与三基色系数的比例有关。为此，引入三基色相对系数 r、g、b。

设 m=R+G+B，则 r、g、b 分别为：

$$r = R/m \quad g = G/m \quad b = B/m \quad \text{（公式 2.4）}$$

因为 R、G、B 三个色系数的比例关系与 r、g、b 的比例关系相同，所以它们都可以表示同一彩色的色度，且：

$$r + g + b = 1 \quad \text{（公式 2.5）}$$

由于 r、g、b 三者之和为 1，所以只要知道其中两个的值，就可以确定第三个的值。因此，只要选两个三基色相对系数，就可用二维坐标来表示各种彩色光的色度。RGB 色度图就是在 r—g 直角坐标系数中表示各种彩色光的平面图。

(三)RGB 色度图

三原色各自在 R+G+B 总量中的相对比例记为 r，g，b，计算公式分别为：

$$\begin{cases} r=\dfrac{R}{R+G+B} \\ g=\dfrac{G}{R+G+B} \\ b=\dfrac{B}{R+G+B}=1-r-g \end{cases} \qquad (公式 2.6)$$

以色度坐标值 r 和 g 绘制的平面图称为色度图,亦称麦克斯韦[1]颜色三角形(见图 5-12)。

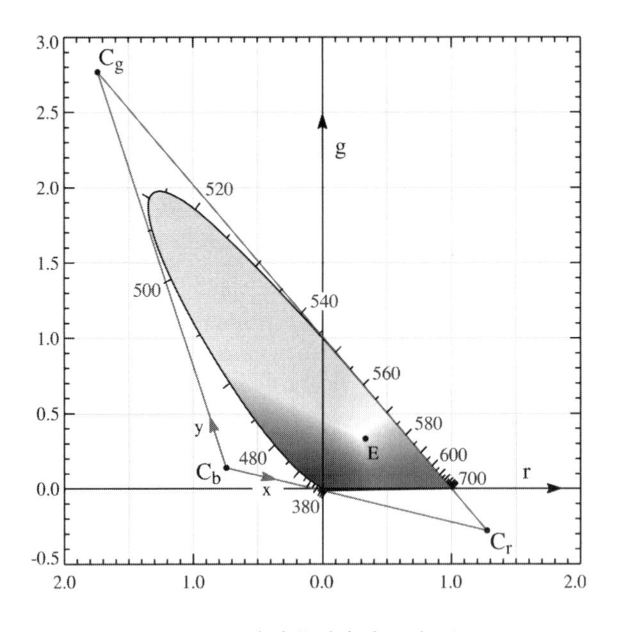

图 5-12 麦克斯韦颜色三角形

图 5-12 中的舌形曲线称为谱色轨迹,曲线刻度旁边标有相应的色波长数值。坐标的位置越靠近谱色轨迹,所对应的颜色饱和度越高;越靠近 E 白点的位置,饱和度越低;E 白点位置的饱和度为零。

麦克斯韦颜色三角形系统包含三个分量,给颜色创造了一个象征空间,将三色分量值与三维空间坐标联系起来。在不同颜色组成的三维彩色空间中,以三维空间的位置来描述色彩值,色彩的差异精确对应距离上的差异,可以用"距离"来计算。

① 詹姆斯·克拉克·麦克斯韦(James Clerk Maxwell,1831—1879),出生于苏格兰爱丁堡,英国物理学家、数学家。

三色分量和三维空间之间的这种对应催生了色彩空间（color space）的概念，它不但包括可见光构成的颜色空间，还包括人眼看不到的，但在实际颜色测量中需要的理论颜色空间。

色彩空间又常被称为色彩科学（color science），有些适合影像编码，如RGB、R'G'B'、Y'C_BC_R、CMY；有些适合色彩测量，如XYZ、xyY、u'v'Y、$L^*a^*b^*$、$L^*u^*v^*$。

目前的显示技术还不能重现类似人眼能看到的色彩范围。影像的采集、记录和显示系统能包含的最大色彩范围被称为色域（color gamut），不同的摄影机和显示设备有不同的色域。

二、XYZ 计色制和 CIE 色度图

RGB 计色制采用物理三基色，物理意义清晰便于理解。但是 RGB 计色制不能清晰地体现亮度信息，而且在配色实验中存在负值①，容易出现错误。为了进行科学的色度学分析，CIE 制定了 XYZ 计色制，即 1931CIE XYZ 系统。该系统就是在 RGB 系统的基础上，用数学方法选用三个理想的原色来代替实际的三原色，从而将 CIE RGB 系统中的光谱三刺激值和色度坐标 r、g、b 均变为正值。

（一）CIE RGB 系统与 CIE XYZ 系统的转换关系

选择三个理想的原色（三刺激值）X、Y、Z（也叫作“大 X、Y、Z”），X 代表红原色，Y 代表绿原色，Z 代表蓝原色，这三个原色不是物理上的真实色，而是虚构的假想色。它们在图 5-13 中的色度坐标值如表 5-3 所示。

表 5-3 X、Y、Z 的坐标

	r	g	b
X	1.275	-0.278	0.003
Y	-1.739	2.767	-0.028
Z	-0.743	0.141	1.602

从图 5-13 中我们可以看到，由 X、Y、Z 形成的虚线三角形将整个光谱轨

① 在进行颜色匹配时，有时必须要把其中一种原色与被匹配的颜色混合，才能实现较好的匹配，所以出现了负值。

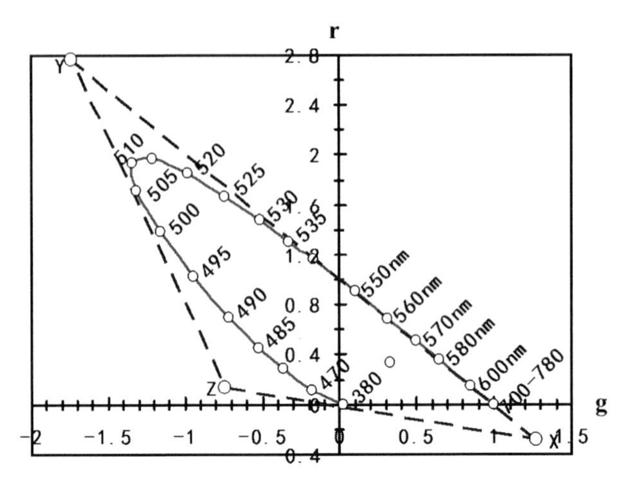

图 5-13 麦克斯韦颜色三角形中 X、Y、Z 的坐标

迹包含在内。因此整个光谱色变成了以 XYZ 三角形作为色域的域内色。在 XYZ 系统中所得到的光谱三刺激值 $\bar{x}(\lambda)$、$\bar{y}(\lambda)$、$\bar{z}(\lambda)$和色度坐标 x、y、z 将完全变成正值。经数学变换，两组颜色空间的三刺激值有以下关系：

$$
\begin{aligned}
X &= 0.490R + 0.310G + 0.200B \\
Y &= 0.177R + 0.812G + 0.011B \\
Z &= 0.010G + 0.990B
\end{aligned}
\qquad \text{（公式 2.7）}
$$

两组颜色空间色度坐标相互转换关系为：

$$
\begin{cases}
X = \dfrac{0.490r + 0.310g + 0.200b}{0.667r + 1.132g + 1.200b} \\
Y = \dfrac{0.177r + 0.812g + 0.010b}{0.667r + 1.132g + 1.200b} \\
Z = \dfrac{0.000r + 0.010g + 0.990b}{0.667r ++ 1.132g + 1.200b}
\end{cases}
\qquad \text{（公式 2.8）}
$$

这就是通常用来进行 3×3 线性变换的关系式。所以，只要知道某一颜色的色度坐标 r、g、b，即可以求出它们在新设想的三原色 X、Y、Z 颜色空间中的色度坐标 x、y、z。对光谱色或一切自然界的色彩而言，通过公式 2.8 变换后的色度坐标均为正值，而且等能白光的色度坐标仍然是(0.33，0.33)，没有改变。根据 CIE RGB 系统按 RGB 配色实验的数据，通过公式 2.8 可计算出结果，如表 5-4 所示。从表 5-4 中我们可以看到所有光谱色度坐标 x(l)，y(l)，z(l)的数值均为正值。

表 5-4 线性变换后所有光谱色度坐标均为正值

波长 l(nm)	光谱色度坐标			光谱三刺激值		
	x(λ)	y(λ)	z(λ)	$\bar{x}$(λ)	$\bar{y}$(λ)	$\bar{z}$(λ)
380	0.1741	0.0050	0.8209	0.00 145	0.0000	0.0065
385	0.1740	0.0050	0.8210	0.0022	0.0001	0.0105
390	0.1738	0.0049	0.8213	0.0042	0.0001	0.0201
395	0.1736	0.0049	0.8215	0.0076	0.0002	0.0362
400	0.1733	0.0048	0.8219	0.0143	0.0004	0.0679
……	……	……	……	……	……	……

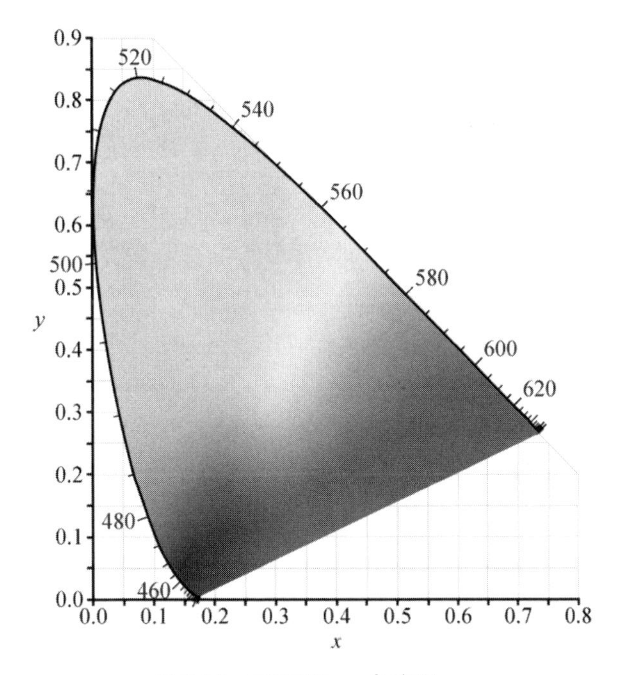

图 5-14 CIE1931 xy 色度图

为了使用方便，图5-13中的XYZ三角形经转换变为直角三角形(如图5-14所示)，其色度坐标为x、y。用表5-4中各波长光谱色度坐标在图中的描点，然后将各点连接，即成为CIE1931 xy色度图的光谱轨迹。我们可以看到，该光谱轨迹曲线落在第一象限之内，所以肯定为正值，这就是目前国际通用的CIE1931 xy色度图。

假想三原色不能在物理上实现，但是组成的三角形包围了RGB系统的整个马蹄形区域，使三刺激值和色品坐标都为正值，给色度计算带来了方便。[①]

① 过去，色彩测量空间的计算能力有限，阻碍了其在影像编码中的应用。2000年后，随着计算性能的提高，直接应用色彩测量空间进行影像编码成为可能。在平面设计领域，Adobe就能够直接使用LAB色彩空间；在数字影像领域，DCI为数字电影规定的X'Y'Z'编码也能由设备直接处理。

三、RGB色彩空间和CIE XYZ色彩空间比较分析

RGB是一种物理上能实现的色彩空间,CIE XYZ则便于计算而且兼容RGB,两者共同奠定了现代色度学的基石。

(一)RGB色彩空间

RGB模型虽和眼睛不完全相同,但这种和人类视觉工作方式极其相似的色彩空间非常适用于计算机图形领域。在激光技术广泛应用之前,CIE规定的三基色的波长只能说是个具有指导意义的参考,实际红绿蓝三色光的选择受到了材料科学、处理电路的运算能力、功耗等多方面的制约。输入设备有扫描仪、照相机、数字摄影机等,输出设备有彩色电视机、计算机显示器、手机屏幕、数字投影机等,它们的三基色色度值因为材料、工艺和成本的差异而各不相同。拿CRT结构的电视机来说,三基色就是显像管三种荧光粉发出的三原色,必须考虑荧光粉的发光效率。一般来说,颜色饱和度越高,荧光粉发光效率越低。发光效率将会影响图像的亮度和对比度,因此,必须兼顾颜色的饱和度和亮度。在实际生活中,鲜艳的红、橙、黄、绿是常见的并可以引起美感的颜色,而饱和的蓝、绿颜色则不常见。700nm的红光,435.8nm的蓝光相对视见函数值很小,这说明要获得足够亮度的红、蓝谱色光,所需要的能量相当大。综合以上因素,在确定显像管三原色色度值时,通过牺牲一些重现的颜色,换来较高的彩色亮度就成了必然的选择。也就是说在实际应用中,三基色不一定是纯度最高的光

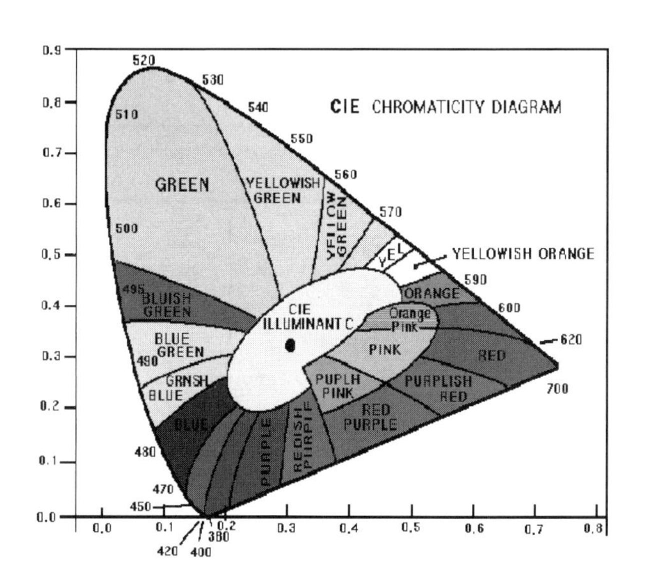

图5-15 等色调波长线和等饱和度线[1]

① 刘恩御.色彩科学与影视艺术[M].北京:北京广播学院出版社,2002:169.

谱色，而是混杂了白光的等色调波长原色。

表 5-5　显像三基色的色度坐标

制式		NTSC				PAL			
基色与光源		R	G	B	$C_{白}$	R	G	B	D_{65}
色坐标	x	0.67	0.21	0.14	0.310	0.064	0.29	0.15	0.313
	y	0.33	0.71	0.08	0.316	0.33	0.60	0.06	0.329

可以说，RGB 色彩系统的种类很多，RGB 是一种依赖设备的色彩空间，是一种非常笼统的表示方法。

（二）CIE1931 xy 色度图

在 CIE1931 xy 坐标系中，马蹄状的区域是人眼睛所能见到的所有色彩。色度图的中心为白点，光谱轨迹上的点代表不同波长的光谱色，是饱和度最高的颜色；越接近中心，饱和度越低。围绕白点的不同角度，表示不同的色相。马蹄形的底边代表紫色，由波长较长的红色光和波长较短的蓝色光混合而成（见图 5-14）。

由于覆盖了全部的可见光，xy 色度图非常适合表达和比较不同设备的色域。色域就是指某种设备所能表达的颜色数量所构成的范围区域，即各种记录设备如胶片、数字摄影机等，和不同的放映设备、显示设备所能表现的颜色范围。简单地理解，色域越宽色彩越丰富，效果也就越突出，最终可以获得更加接近人眼、更加真实的色彩还原。

如图 5-16 所示，各种记录、显示设备能表现的色域范围用 RGB 三点连线组成的三角形区域来表示，三角形的面积越大，就表示这种设备的色域范围越大。到目前为止，还没有哪种设备的色域能够覆盖人眼所能看到的所有色彩。

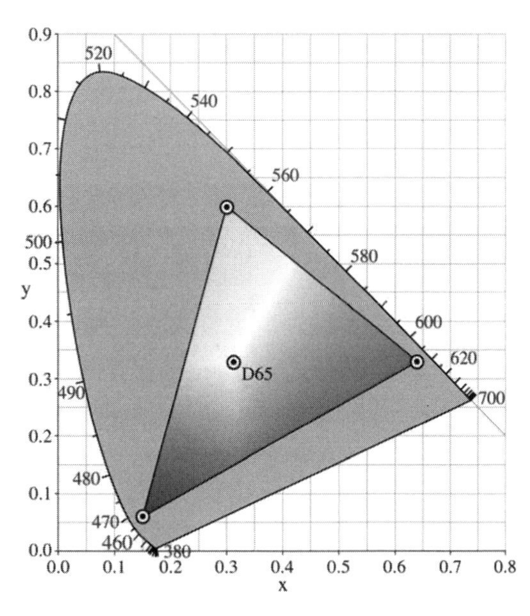

图 5-16　sRGB 的色域范围

超出三角形范围的色彩,会由三角形里面的色彩替代。

前面提到,综合考虑材料、发光效率等因素,不同的设备、系统会使用不同的三原色,也就是说,RGB 色域的种类很多,最常用的是 sRGB 和 Adobe RGB。其中 sRGB 是惠普和微软在 1996 年联合制定的色域,目前被消费级数码相机、高清视频摄像头和基于 Windows 平台的个人电脑系统广泛采用。国际电信联盟 ITU 根据高清电视的特点制定了 Rec.709 RGB 规范,对 RGB 三基色和白点的具体色度值做了明确规定(见表 5-6)。

表 5-6 Rec.709 规范中三基色和白点的具体色度值

	R	G	B	W(白,D_{65})
X	0.640	0.300	0.150	0.3127
Y	0.330	0.600	0.060	0.3290
Z	0.030	0.100	0.790	0.3582

实际上 sRGB 和 Rec.709 RGB 具有相同的基色和白点,在色度图中具有相同的色域范围(见图 5-17),sRGB 色域被大多数消费级产品所应用。但是,sRGB 色域保留了许多高度饱和的颜色,这对于一些高质量的应用程序和系统来说不太理想,为此,Adobe 开发出了更大的色域模型 Adobe RGB,更加适合于专业的图形艺术创作。

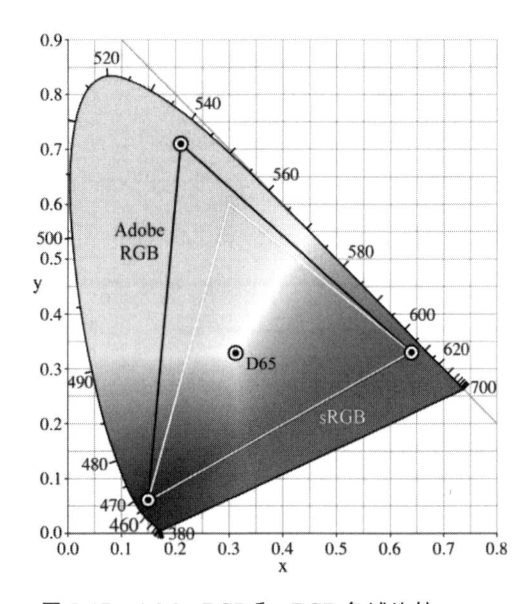

图 5-17 Adobe RGB 和 sRGB 色域比较

对于特定的应用来说,并不是色域越大越好,最终的显示设备的色域制约着整个制作流程,摄影师和制作人员的最终目标是匹配流程中的各个环节,使显示设备的色彩再现能力最大化,最大限度地接近原始景物的色彩或创作人员的创作诉求。

四、常用色域

如图 5-18 所示，不同的记录媒介有不同的色域。没有任何两种色域是完全相同的，所以从绝对意义上讲，不同的记录媒介和显示设备在处理同一种色彩时肯定会有差异。

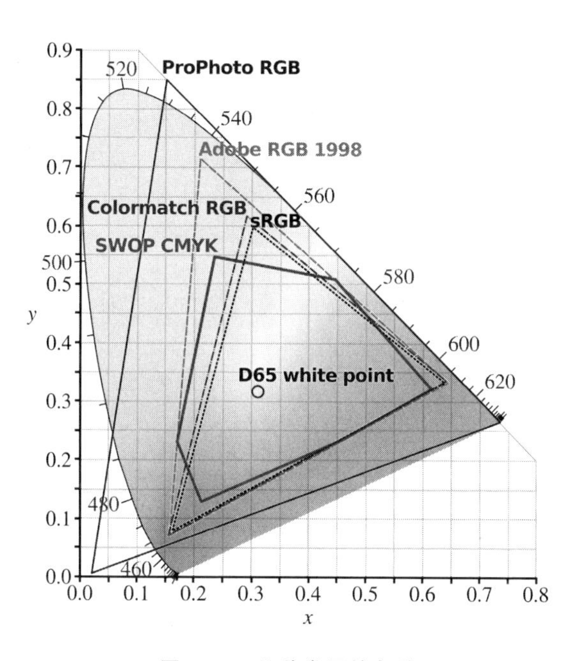

图 5-18 几种常见的色域

表 5-7 RGB 色彩空间中常见色域的 RGB 基色和白点的参数

<table>
<tr><th rowspan="3">Color Space</th><th rowspan="3">Gamut</th><th rowspan="3">White Point</th><th colspan="6">Primaries</th></tr>
<tr><th colspan="2">Red</th><th colspan="2">Green</th><th colspan="2">Blue</th></tr>
<tr><th>x_R</th><th>y_R</th><th>x_G</th><th>y_G</th><th>x_B</th><th>y_B</th></tr>
<tr><td>ISO RGB</td><td>Limited</td><td>Floating</td><td colspan="6">Floating</td></tr>
<tr><td>Extended ISO RGB</td><td>Unlimited (signed)</td><td>Floating</td><td colspan="6">Floating</td></tr>
<tr><td>scRGB</td><td>Unlimited (signed)</td><td>D65</td><td>0.64</td><td>0.33</td><td>0.30</td><td>0.60</td><td>0.15</td><td>0.06</td></tr>
</table>

续表

Color Space	Gamut	White Point	Primaries					
			Red		Green		Blue	
			x_R	y_R	x_G	y_G	x_B	y_B
sRGB，HDTV (ITU-R BT. 709)	CRT	D65	0. 64	0. 33	0. 30	0. 60	0. 15	0. 06
Adobe RGB 98	CRT	D65	0. 64	0. 33	0. 21	0. 71	0. 15	0. 06
PAL/SECAM (1970)(EBU Tech. 3213，TIU-R BT. 470 System B，G)	CRT	D65	0. 64	0. 33	0. 29	0. 60	0. 15	0. 06
NTSC(1987) (SMPTE RP145 "SMPTE C"，SMPTE 170M)	CRT	D65	0. 63	0. 34	0. 31	0. 595	0. 155	0. 07
Japanese NTSC (1987)	CRT	D93	0. 63	0. 34	0. 31	0. 595	0. 155	0. 07
Apple RGB	CRT	D65	0. 625	0. 34	0. 28	0. 595	0. 155	0. 07
NTSC(1953)(FCC 1953，ITU-R BT. 470 System M)	CRT	C	0. 67	0. 33	0. 21	0. 71	0. 14	0. 08
UHDTV(ITU-R BT. 2020)	Wide	D65	0. 708	0. 292	0. 170	0. 797	0. 131	0. 046
Adobe Wide Gamut RGB	Wide	D50	0. 735	0. 265	0. 115	0. 826	0. 157	0. 018
ROMM RGB ProPhoto RGB	Wide	D50	0. 7347	0. 2653	0. 1596	0. 8404	0. 0366	0. 0001
CIE(1931)RGB	Wide	E	0. 7347	0. 2653	0. 2738	0. 7174	0. 1666	0. 0089
CIE XYZ (not RGB)	Unlimited	E	1	0	0	1	0	0

数字摄影机崛起后，设备厂商借助这些丰富的技术标准开展“军备竞赛”，纷纷推出自己的色彩空间。而大量新设备、新色彩空间、新编码的出现，导致

不同的设备、编码格式、色彩的表示法之间的对应和转换越来越复杂。运用LUT[①]进行色彩管理，尽量缩小影像在不同媒介和显示设备上的差异，可以使画面在传递过程中看起来更接近。对摄影师来说，科学认识色彩空间和了解色彩管理的规范迫在眉睫。详细内容参见本章第五节和第六节的内容。

第三节　数字摄影机的色彩再现

胶片时代的色彩还原取决于胶片感光乳剂的光谱特性和后期冲印时的配光工艺，电影拍摄常用的5219/7219等彩色负片的光谱特性非常接近，生产厂家会为每种型号的胶片测定光谱感应曲线和染料密度曲线，摄影师可以根据官方的这些资料了解胶片的色彩还原特性。

这些曲线类似于CIE的混色曲线，它描述了负片对光谱的敏感度，蓝色的曲线是黄色染料成像层的敏感度，绿色曲线是品红色染料成像层的敏感度，红色曲线是青色染料成像层的敏感度。但是光谱感应曲线不能直观地表达胶片的色域，只有把光谱感应曲线转换成CIE色度图，摄影师才能较直观地判断胶片的彩色特性。

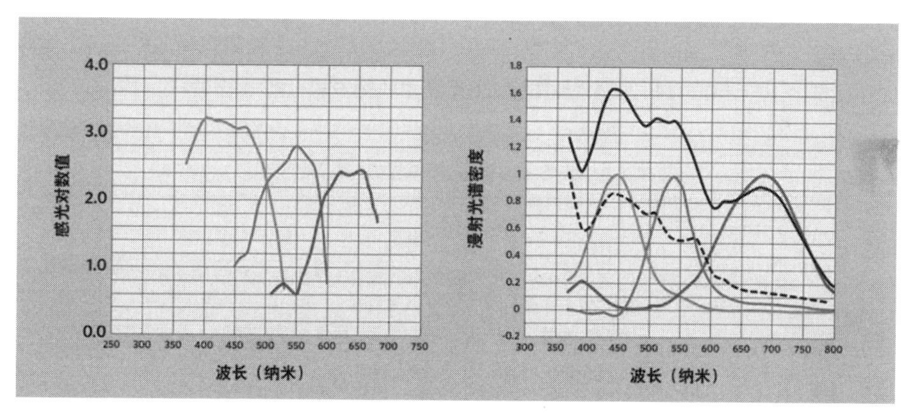

图5-19　光谱感应曲线和光谱染料密度曲线

一、滤光片阵

数字摄影机和胶片不同，它的色域是由分色系统确定的。采用棱镜分

① LUT一般翻译为“像素灰度值映射表”，具体定义和分析详见本章第四节的内容。

色系统时其色域取决于分色棱镜和介质镜的光谱特性(见图 2-17)。

单片彩色成像器件的分色系统就是成像器件表面覆盖的滤色片,实际上这些滤色片只是由涂布在感光单元上的染料构成,因此其色域取决于滤色片的光谱特性。

因为单芯片上的每一个像素只能记录某一特定原色光的强度,所以要通过滤色片的排列组合结合插值运算来记录色彩,其最常用的排列方式为拜耳模式(Bayer Pattern)[①],我们称之为 RGGB(见图 2-19)。拜耳同时还提出了 CMY 片阵排列方式,但受当时染料技术的限制并没有得到应用。随着技术的进步,现在的传感器上已经开始应用 CMY,像 Kodak 的 DSC 620x,这种片阵具有更高的光谱吸收特性。光谱吸收特性也叫作量子效率(Quantum Efficiency),通过图 5-20 的对比我们可以看出 CMY 和 RGB 两种片阵光谱吸收特性的差异。

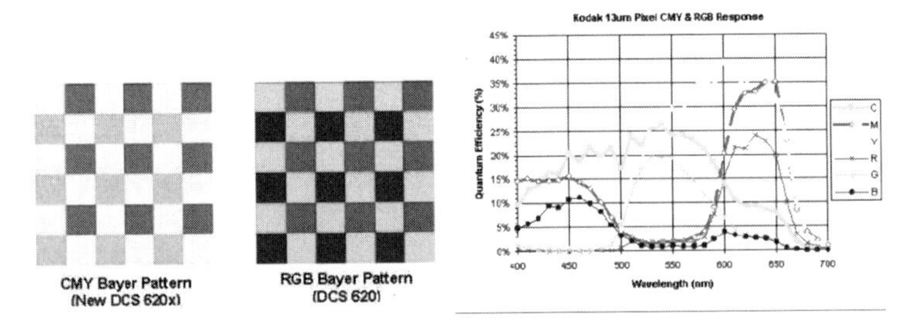

图 5-20 CMY 片阵和 RGB 片阵的光谱吸收特性比较

表 5-8 滤光片阵的种类

排列方式	名称	特性	片阵尺寸(像素数量)
	拜耳	最常见的排列方式,每个像素由一个蓝滤色片、一个红滤色片和两个绿滤色片组成	2×2
	RGBE Filter	仿拜耳的排列方式,但是把一个绿滤色片替换成了翡翠色滤色片。SONY 的一些影像产品使用这种片阵	2×2

① 拜耳模式的发明者布莱斯·拜耳(Bryce E. Bayer)工作于柯达公司,他于 1976 年提出了自己的理论。在日光条件下,人眼对绿光的敏感性要高于红光和蓝光,所以模拟人眼的这种特性,滤光片在电子传感器上的排列中,绿色占到了所有滤色片的一半。

续表

<table>
<tr><th>排列方式</th><th>名称</th><th>特性</th><th>片阵尺寸（像素数量）</th></tr>
<tr><td></td><td>CMY filter</td><td>一个青滤色片、两个黄滤色片和一个品红滤色片，应用在少数柯达的产品中</td><td>2×2</td></tr>
<tr><td></td><td>CYGM Filter</td><td>一个青滤色片、一个黄滤色片、一个绿滤色片和一个品红滤色片，应用范围小</td><td>2×2</td></tr>
<tr><td></td><td>RGBW Bayer</td><td>同样是一种仿拜耳阵列，其中的一个绿滤色片被替换成了白滤色片</td><td>2×2</td></tr>
<tr><td></td><td>RGBW ＃1</td><td rowspan="3">柯达公司的三种 RGBW 阵列，白滤色片占滤色片总数的一半</td><td rowspan="2">4×4</td></tr>
<tr><td></td><td>RGBW ＃2</td></tr>
<tr><td></td><td>RGBW ＃3</td><td>2×4</td></tr>
</table>

色域的宽窄根本上取决于滤光片的光谱特性，也就是几个原色的色彩纯度，比如典型的拜耳阵列，RGB 滤光片在 CIE 色度图上的坐标之间的连线就构成了它所能记录的色彩范围。从图 5-21 中可以看到，色域从大到小的排列顺序依次为 F65、彩色负片、DCI 数字影院发行母版和高清电视。

二、色域转换

一部高品质的数字影像作品，不论用何种设备拍摄、记录，不论在何种显示设备上观看，都能够实现创作者的意图和确保高质量的放映。这是影像从捕获到呈现整个流程的终极目标。遗憾的是，目前的技术还不能够提供一套大家都能够接受的、统一的生产工艺，比如数字摄影机采用统一的伽马和色域、DI 工艺流程标准化、规范的母版制作系统、一样的显示设备等。另外，商业上的竞争也不会允许绝对大一统的局面出现。

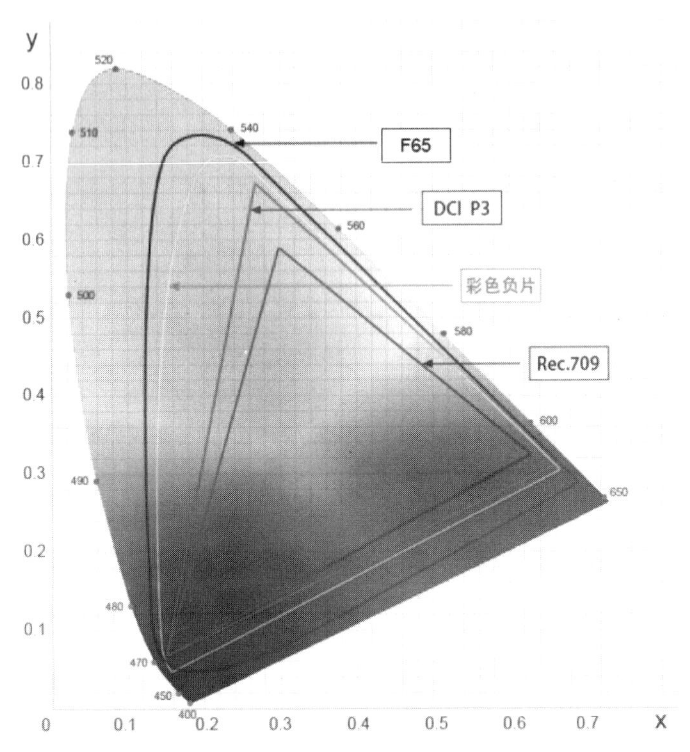

图 5-21　F65、DCI 数字影院发行母版和高清电视的色域比较

色域差异最大的是电影和电视。长期以来，两大影像技术体系平行发展，在色彩的表示方法上，电视一直沿用 RGB 计色制，而电影全面数字化后采用的是 XYZ 计色制。电视、计算机显示器、平板电脑和手机之间虽然色域也不尽相同，但主要还是饱和度和明度的差异。而它们和数字电影的差别则是色相的根本不同。如果说前者还能“凑合”着看，那么后者是“没法”看。图 5-22A 是中国电影科学技术研究所制作的 RGB 色彩空间 4K 数字放映测试图，在液晶显示设备上色彩再现正确；图 5-22B 是中国电影科学技术研究所制作的 DCI P3 色彩空间 4K 数字放映测试图，无法在液晶显示设备上正常观看。

影视技术的发展既需要不断创新，又要平衡地发展通用的标准。数字影像技术十年时间积累了大量的新技术、新数字思维，急需一个独立的、能够兼容各家的统一标准。目前比较公认的数字影像生产和归档的规范是 ACES，这套规范能准确地进行伽马和色彩匹配，确保不同的摄影机拍摄的影像在最终放映时显示的色彩带给观众的感受高度一致。

ACES 是 Academy Color Encoding Specification（学院色彩编码规范）

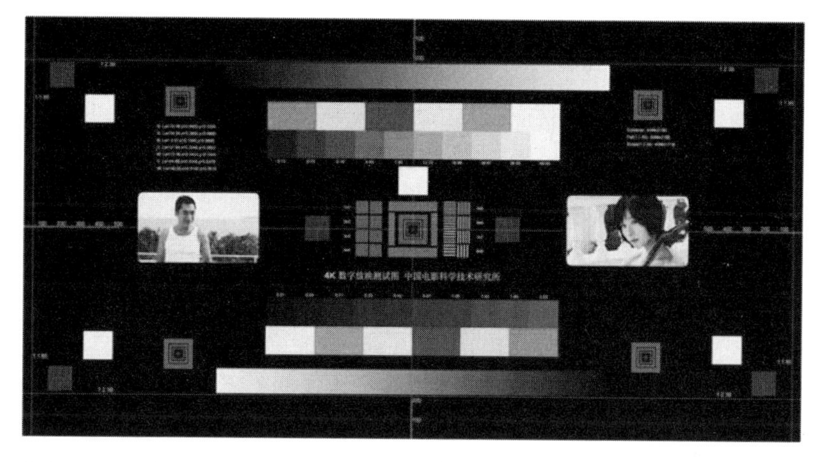

图 5-22A 中国电影科学技术研究所制作的 RGB 色彩空间 4K 数字放映测试图

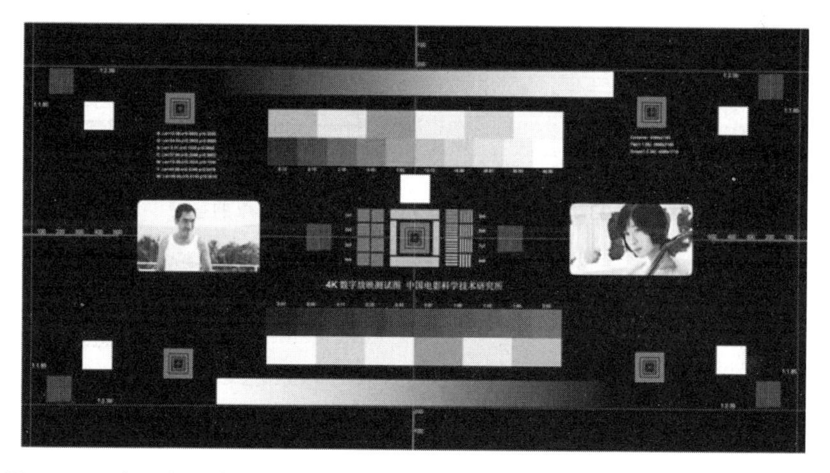

图 5-22B 中国电影科学技术研究所制作的 DCI P3 色彩空间 4K 数字放映测试图

的缩写，是由美国电影艺术与科学学院（AMPAS）制定的色彩管理标准，其目的是通过在视频制作工作流程中，采用一个标准化色彩空间来简化复杂的色彩管理工作流程，提高效率。它是美国电影艺术与科学学院召集科学家、工程师和电影制作人组成的专家组开发制定的一个免费的、开放的、独立于设备的色彩管理和图像交换系统，可应用于几乎任何当前或未来的工作流程中。它是由业界顶尖的数百名科学家、工程师和用户参与制定的，耗时十年时间，经过了大量试验和现场测试，兼顾了胶片和数字的生产流程，涵盖了摄制、调色、视觉特效、动画和影片存档等专业领域。

相比较十年前，今天的电影和电视节目制作涉及更为庞大的专业协作，

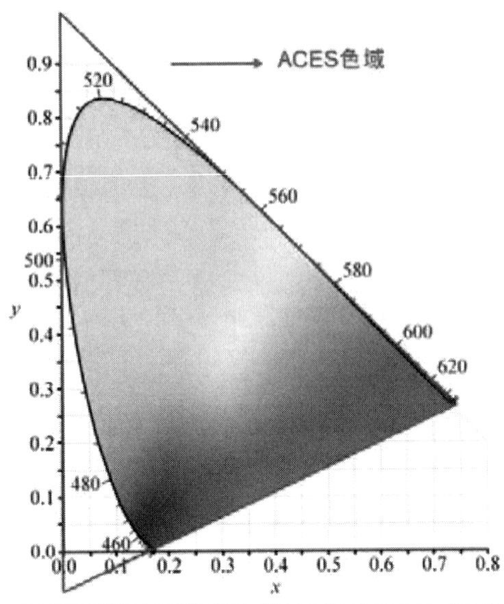

	ITU-R709 (高清)		DCI-P3 (电影)		ITU-R2020(超高清)		S-Gamut3.cine		S-Gamut		ACES		XYZ	
	x	y	x	y	x	y	x	y	x	y	x	y	x	y
R	0.640	0.330	0.680	0.320	0.708	0.292	0.766	0.275	0.730	0.280	0.7347	0.2653	1	0
G	0.300	0.600	0.265	0.690	0.170	0.797	0.225	0.800	0.140	0.855	0.0000	1.0000	0	1
B	0.150	0.060	0.150	0.060	0.131	0.046	0.089	-0.087	0.100	-0.050	0.0001	-0.0770	0	0
W	0.3127	0.3290	0.314	0.351	0.3127	0.3290	0.3127	0.3290	0.3127	0.3290	0.32168	0.33767	0.314	0.351

图 5-23 ACES 色域和各色域三原色、白点的坐标

对专业工作流程的整合也相对困难得多。在前期拍摄阶段，一般会使用三、四种以上不同型号的摄影机，并使用不同的数据记录格式。在后期制作期间，又会涉及剪辑、视觉效果调整等。元数据的缺乏导致色彩在传递中错位、损耗，不同色域之间的转换效果不可预见，最终会拖延生产周期。美国电影艺术与科学学院引入 ACES 的目的是用更高的精度整合胶片与数字拍摄资源，消除不同图像格式转换时的彩色误差，在不同设备的流程之间提供改善的彩色管理，以高精度母版为基准支持胶片和数字电影、电视等多种发行方式。

最早支持 ACES 的是索尼 F65，随后其他的主要数字摄影机生产厂商也陆续支持 ACES。由于其范围涵盖了所有可见光，所有制作设备的色域都成为它的子集。美国电影艺术与科学学院向所有人开放了源代码，所以，可以说，利用 ACES 做色域转换几乎是无损的。

在日常的拍摄中，刚接触 Log 伽马的摄影师都会有一个疑问：为什么 Log 的素材都比较灰？实际上这是拍摄和显示色域不匹配的结果，拍摄和显示的色域范围相同是正确再现彩色的基础。拍摄色域比显示色域范围大时，直接的表现就是显示的彩色饱和度比实际景物彩色饱和度低；拍摄色域比显示色域范围小时，显示的彩色饱和度比实际景物彩色饱和度高。只有拍摄色域与显示色域范围相同时，显示的彩色饱和度才与实际景物的彩色饱和度相同（见图 5-24）。

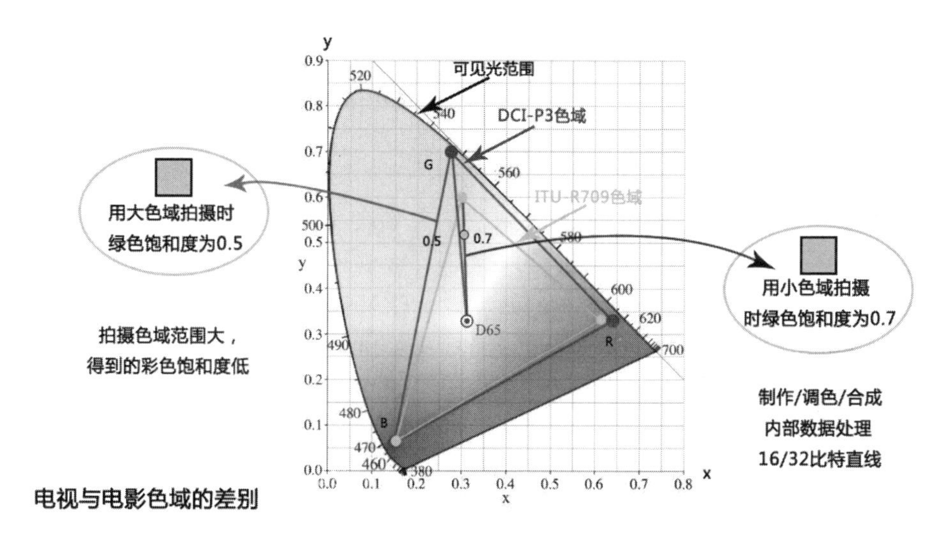

图 5-24 不同色域表现相同彩色时饱和度的差别(SONY 中国 王亚明)

实际上，色域范围相当于度量的标尺，只有在拍摄和显示时使用相同的标尺度量彩色饱和度，才能得到相同的数值。相同的饱和度用不同刻度的标尺度量时得到的数值是不同的。因此，当拍摄设备与显示设备的色域不同时，必须对图像的色域进行校正。图 5-25 显示了高清电视在应用数字摄影机进行高质量创作时必须采用的制作流程。

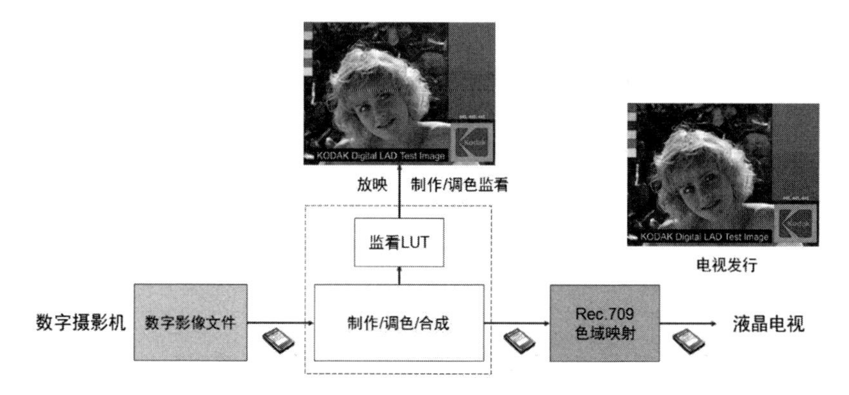

图 5-25 高清电视制作流程

胶片电影、数字电影、高清视频之间的影调和色彩转换虽然有了比较成熟的算法映射，但仍需要摄影师和DI共同做出干预和审美判断，减少色域压缩(很少情况下是扩展)带来的损伤，映射方法最终在某种程度上必须依赖于手工技艺。[①]

三、编码格式与色彩还原

在数字摄影技术中，经常用4∶4∶4、4∶2∶2、4∶2∶0等方式表达数字视频分量信号的取样结构，这种表示法的原始含义是亮度与色度信号的取样频率之比。例如，在4∶2∶2中，4表示亮度信号的取样频率，两个2分别表示红色负亮度R-Y、蓝色负亮度B-Y色差信号的取样频率。4的原始含义是亮度信号的取样频率是彩色副载波的4倍，即13.5MHz(NTSC的副载波频率是3.58MHz)，2的含义是色差信号的取样频率是彩色副载波的2倍，即6.75MHz。

不过，近年来，这种表示法已经被大大扩展，目前取样结构的表示法不光代表了亮度与色度信号的取样频率之比，还用于表示亮度与色度的清晰度，也就是取样点数量的比例。高清数字分量信号的4∶2∶2表示每行亮度信号的取样点数量是1920个，带宽为30MHz；色度信号的取样点数量是亮度信号的一半，即960个，带宽为15MHz。

图5-26展示了4∶4∶4的取样结构，它是最理想的取样结构。为了降低数字视频信号源的码率，高质量的拍摄采用4∶4∶4的RGB全带宽取样结构，进入后期制作后则采用代理方式，实际使用的大多是Y/B-Y/R-Y取样[②]，并对B-Y/R-Y色度信号采用了亚取样处理，使其取样点数量少于亮度信号。图5-27表示4∶2∶2的取样结构，色度信号在水平方向上的取样点数量是亮度信号的1/2。图5-28

图5-26 4∶4∶4 RGB取样结构

---

① 思沃茨.数字电影解析[M].刘戈三，译.北京：中国电影出版社，2012.

② 经过色度编码，三原色RGB变成了亮度信号Y和两个色差信号R-Y、B-Y。G色信号通过计算处理得出：Y= 0.3R+0.59G+0.11B，R-Y= 0.7R－0.59G－0.11B，B-Y=－0.3R－0.59G+0.89B，G-Y=－0.3R+0.41G－0.11B；所以G-Y=－0.51(R-Y)－0.19(B-Y)。

表示 4：1：1 的取样结构，色度信号在水平方向上的取样点数量是亮度信号的 1/4。

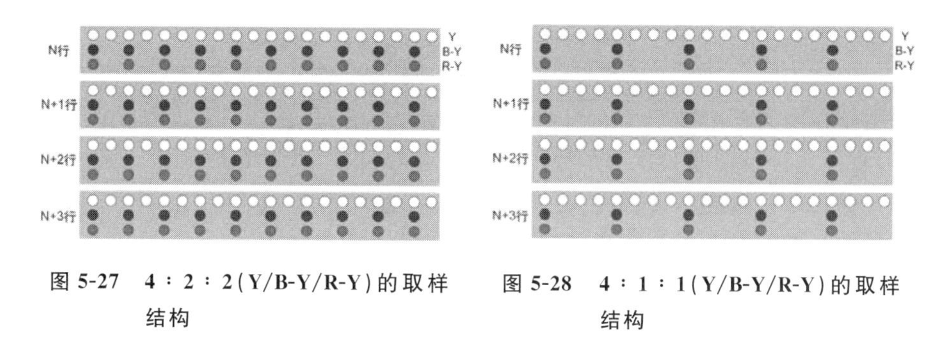

图 5-27 4：2：2(Y/B-Y/R-Y)的取样结构

图 5-28 4：1：1(Y/B-Y/R-Y)的取样结构

中低质量的拍摄通常采用 4：2：0 的取样结构，表示色度信号的取样点数量在水平和垂直方向上都是亮度信号的 1/2。不过在不同的技术标准中，4：2：0的色度信号取样结构是不一样的，如图 5-29、5-30 所示。

色度信号亚取样处理虽然降低了色彩还原的保真度，但却换来了数据记录的高压缩比。对于直接采用播出目标伽马、色域记录的格式，而且不做过多的后期 DI 处理的节目，应该优选 4：2：2 的亚取样结构，例如新闻节目、纪录片等。对于需要进行伽马和色域映射的高质量节目，像电影、电视剧、广告等，需要后期 DI 大幅度地改变影调和色调，应该优选 4：4：4 的全带宽取样结构。事实上，RAW 格式也是全带宽的，虽然这种表述不太科学。

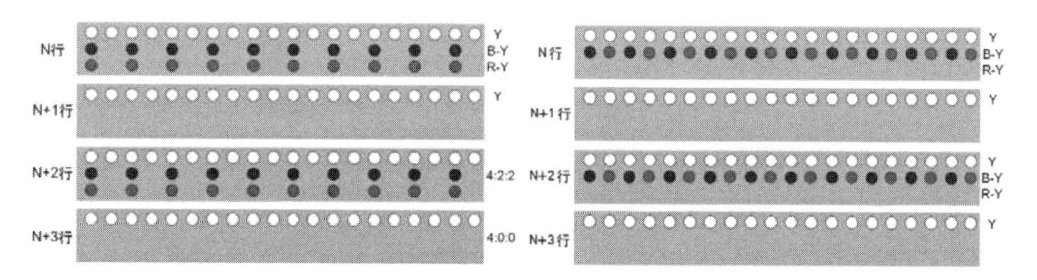

图 5-29 4：2：0(Y/B-Y/R-Y)的取样结构(MPEG-2)

图 5-30 4：2：0(Y/B-Y/R-Y)的取样结构(MPEG-1)

4：1：1 和 4：2：0 的亚取样结构现在已经用得很少了，在样片剪辑阶段会用它做代理文件，在 24 小时不间断的拍摄中也会用到这种格式，像“奴隶摄像机”。

第四节 LUT应用和数字摄影机色域设置

色域不同，意味着表述颜色的方式存在巨大差异。如果包括前期拍摄和制作在内的整个工艺流程都采用相同的色彩空间、色域，使用统一的监视器，而且节目的投放和显示也使用相同色域的设备，就没有必要介入色彩管理。但大部分情况下，不同的摄影机之间、摄影机和显示设备之间的色域并不相同。在实际的摄制工作流程中，必须利用LUT来统一色域。

一、什么是LUT

LUT是Look Up Table的缩写，也就是“像素灰度值映射表”。LUT起源于传统的胶片冲印工艺，在数字影像时代又成为精确地再现色彩最常用的工具。

LUT本质上是一种函数，是用来改变系统设备伽马的一种方法。但是LUT本身不进行任何运算，只是表明输入和输出之间一系列的对应关系，系统设备按照此对应关系为每一个输入值查找到与其对应的输出值，并完成转换。

二、LUT的结构

LUT从结构上分为两种，1D LUT和3D LUT，1D LUT的输入和输出公式为：

Rout＝LUT(Rin)

Gout＝LUT(Gin)

Bout＝LUT(Bin)

例如，一个1D LUT的开端：

R|G|B

3，0，0

5，2，1

7，5，3

9，9，9

它的意思是：

在R、G、B的输入值为0时，输出值为R＝3，G＝0，B＝0；

在 R、G、B 的输入值为 1 时，输出值为 R=5，G=2，B=1；

在 R、G、B 的输入值为 2 时，输出值为 R=7，G=5，B=3；

在 R、G、B 的输入值为 3 时，输出值为 R=9，G=9，B=9；

每个特定的 R、G、B 输入值都有特定的输出值。所以，如果某个像素的 R、G、B 输入值是 3，1，0，它的输出值将为 9，2，0。如果 R 的输入值变成了 2，但是 G 和 B 保持不变，那么只有 R 的输出值会改变，这时候像素的输出值为 7，2，0。

1D LUT 又称作一维映射表，它输出的 RGB 分量仅与自身分量的输入有关，这种分量间的一一对应关系对于 10 比特系统来说包含 30Kbit(1024×3×10bit)的数据量，所以 1D LUT 的文件都相当小，系统在对其进行运算时占用的资源少，速度快(见图 5-31)。

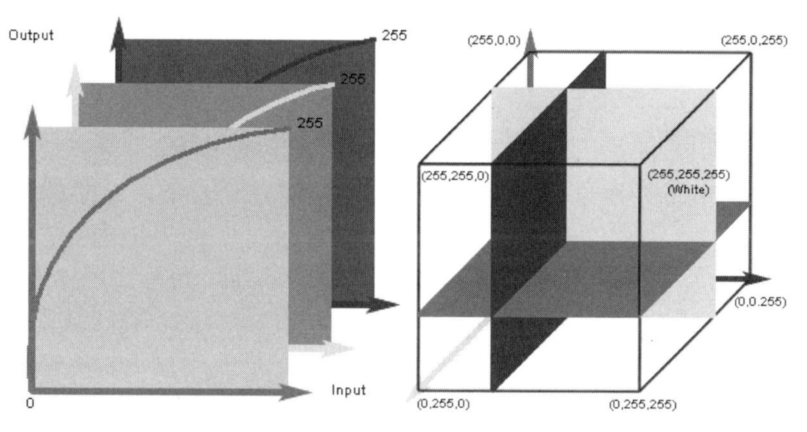

图 5-31　1D LUT 原理示意图　　**图 5-32　3D LUT 原理示意图**

因为 1D LUT 和模型组合的色彩控制功能还是会有一些局限，因此在精确的色彩控制当中通常会偏向使用 3D LUT，即三维映射表，因为 3D LUT 能够实现全立体色彩空间的控制(见图 5-32)。3D LUT 的输入和输出的公式为：

$$Rout = LUT(Rin, Gin, Bin)$$

$$Gout = LUT(Rin, Gin, Bin)$$

$$Bout = LUT(Rin, Gin, Bin)$$

1D LUT 为每一个输入和输出值提供对应的数值，所以这些取值在 1D 转换的范围内是非常准确的。如果 3D LUT 要做到为每个输入和输出值提供对应的数值组合的话，那么这个 LUT 将会变得非常庞大，一个能够为 10 比特系统提供所有输入和输出值的 3D LUT 数据量将会达到 $1024^3 \times 3 \times$

10bit=30Gbit,目前的计算和存储技术还不能够直接使用这种精确的LUT。所以在应用中,大部分的3D LUT使用节点的概念,针对每一个色彩分量每间隔一定距离做一次列举,列举出来的对应值叫作节点,节点的数目成为衡量3D LUT精度的重要标志。通常的3D LUT在每个色彩分量上取17到64个节点,RGB三个分量总节点最多高达64^3=262 144个,以17个节点为例,它的数据量为17^3×3×10bit=147.39Kbit。

3D LUT中某个输入颜色的改变都会对三个颜色值造成影响,也就是说,任何一个颜色的改变都会导致其他颜色的改变,3D LUT非常适合用于精确的颜色管理工作。

在Kodak数字印片密度测试图上施加1D LUT和3D LUT,得到如图5-33所示的结果。

图5-33 1D LUT和3D LUT的效果对比

我们可以看到,这两者之间的区别主要在于饱和度,因为1D LUT不能在不改变亮度的前提下改变饱和度。值得注意的是,同样一个3D LUT在不同的系统中可能产生不一样的结果。因为节点间的色彩值需要以差值的方式计算,不同的系统在处理这些插值时算法和精度不同,会产生不同的结果,减少差异的办法是增加节点。

三、LUT的种类

根据应用目的的不同,LUT分为校准LUT、技术LUT和创意LUT。

(一)校准LUT

校准LUT一方面用来校准不同的数字摄影机,匹配它们的影调结构和色彩还原；另一方面，用来“修正”显示器中不准确的地方，它能够确保经过校准的显示器可以显示尽可能准确的图像。这是非常重要的一种 LUT，因为它们的生成过程需要非常高的准确度，不然所有在“已校准”的显示器上显示的图像都将是不准确的，这会使整个工作的准确度大打折扣。具体校准的方法请参考本章第五节第二部分“白平衡和色彩还原”中的图 5-45。

（二）技术 LUT

不同的应用领域会有不同的标准，需要一种转换不同色域的技术 LUT。理论上说，依靠准确的数学计算，如果转换的颜色是在两个不同色彩属性设备的共同色域内，那么这种转换比较容易实现，而且对应关系准确。但是如果某个特定设备色域之外的颜色简单地被切割成与其接近的色彩，就会导致可以看见的损伤。同时由于数据量的问题，3D LUT 不可能为每个输入和输出值提供对应的数值组合。大部分的 3D LUT 使用的节点都在 173 个到 643 个的范围之内，而在这些点之间的数值需要差值计算生成。不同的系统会以不同的算法和精度减少色域改变带来的损伤，会以不同的精度处理需要插入的差值，因此，即使两个不同的系统使用了同一个 3D LUT，它们都有可能生成不同的结果。

在这种情况下，ACES 是一个不错的选择，前提是两个色域系统都要提供和 ACES 的转换协议。

（三）创意 LUT

创意 LUT 通常会被称为“Look LUT”，因为它们通常都被 DIT 部门用于电影现场拍摄的外观设置，也会被用于给图像应用特定的外观模拟，例如某种传统的胶片效果。

摄影机的官方网站会提供生成 Look LUT 的工具，许多 DI 调色软件也有这部分功能，包括从 DI 系统中提取创意分级、使用 Photoshop 建立风格、使用软件内置的创意工具等。

四、数字摄影机的色域设置

前面谈过摄影机的滤光片阵，受染料技术的制约，从传感器生产组装完成的那一刻起色域就固定了下来。知名厂商的技术白皮书（White Paper）中的标称色域虽不能完全代表每一台摄影机的色彩再现性能，但也不会有太大的误差。既然已经固定，为什么还要设置？

数字摄影涉及采集、记录、监看、技术分析等诸多环节，并不是一句“按最大色域录制”那么简单。以 ARRI ALEXA Studio 为例，考虑到摄制的工作流程的需要，ARRI ALEXA Studio 在 COLOR 的菜单设置中提供了多种色域映射的方式(见图 5-34)。

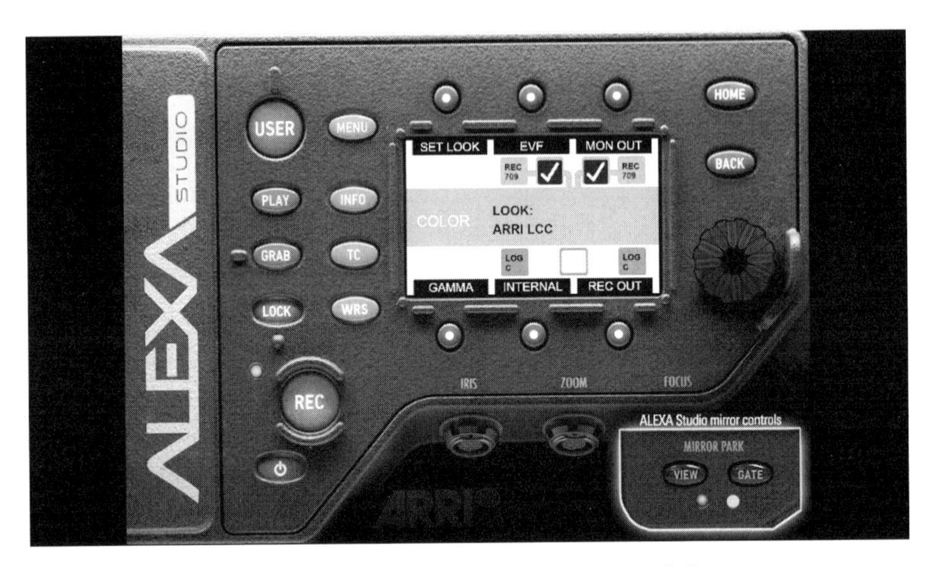

图 5-34　ARRI ALEXA 摄影机的色域设置菜单

严格来说，规范的表示方法应该是，COLOR GAMUT 是色域，属于色彩空间范畴；而 GAMMA 是伽马，是亮度函数；Log C、Rec.709 指代工作空间，工作空间包含亮度空间(GAMMA)和色彩空间(COLOR GAMUT)。这些概念及其之间的关系请参见本书第六章的内容。在 ARRI 的摄影机 ALEXA 的色域设置菜单中，可给 EVF(Electronic View Finder)电子取景器、MON OUT 监看输出、INTERNAL 内录、REC OUT 录制输出指定不同的色域，当然同时一起指定了伽马。

还可以通过勾选“COLOR LOOK”以 LUT 的方式为正在拍摄的画面赋予特定的影像风格。

阿莱公司在它的艾米拉系列数字摄影机中首次提供了 CDL(色彩决策控制)，把胶片时代摄影师对影调色彩风格的控制权归还给了数字时代的摄影师，而且更加直观和方便，具体的内容也请参见本书第六章。

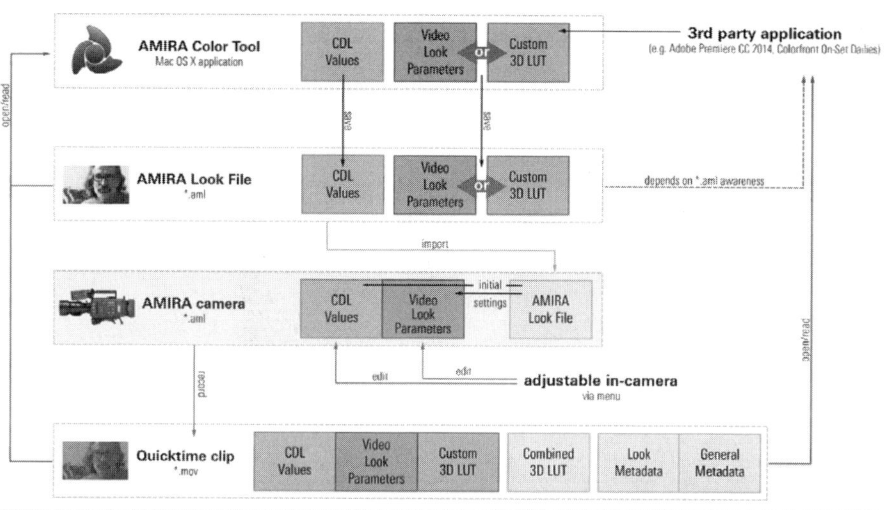

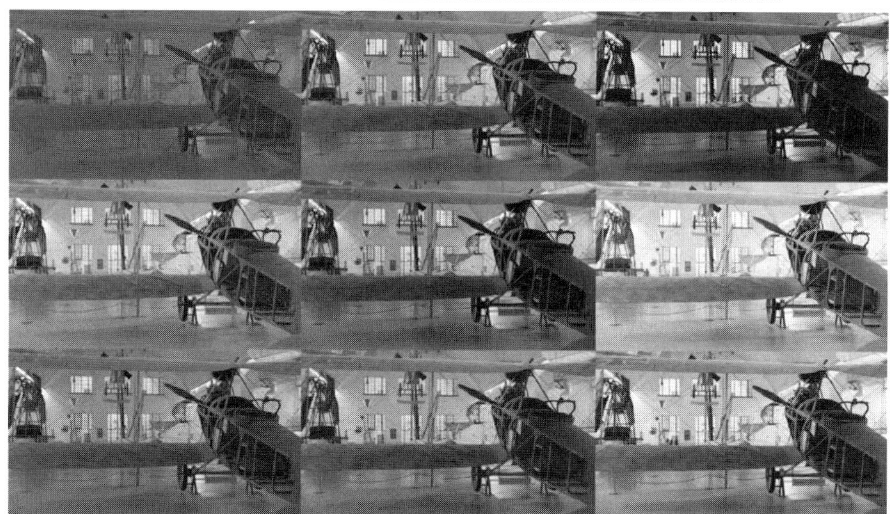

图 5-35 ARRI 给它的数字摄影机设计的 Look LUT 系列

第五节 拍摄现场的色彩控制

一、光源的色温和显色性

通常人眼所见到的光线，是由 7 种色光的光谱叠加组成的，但其中有些光线偏蓝，有些则偏红。色温专门用来量度和计算光线的颜色成分。19 世纪末，英国物理学家洛德·开尔文创立了一整套色温计算法，具体确定的标准是基于一个黑体辐射器所发出来的波长。黑体呈现的色温是随黑体温度的变化而变化的，每一个色温值都会在 CIE 色度图中找到一个坐标，这种连续的变化形成了一条连续曲线，我们称之为黑体曲线，这条线上的不同点代表了不同的色温。

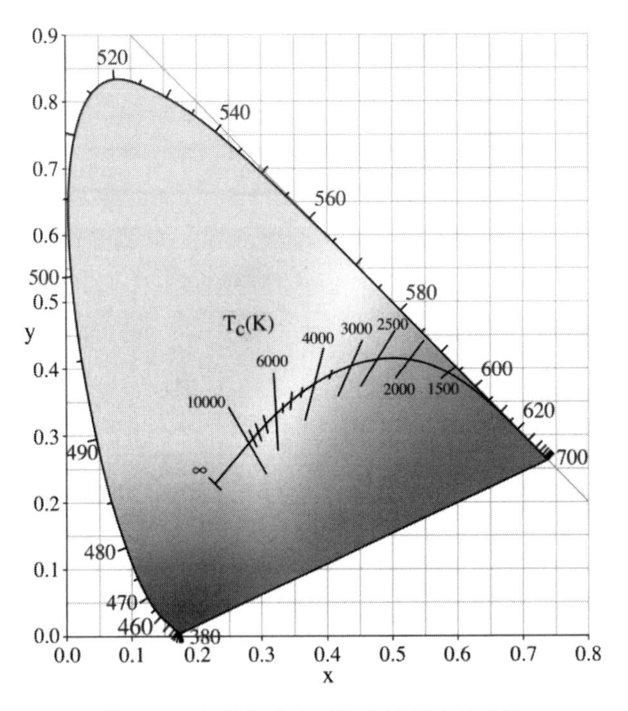

图 5-36　色温曲线在 CIE 色度图中的坐标

除去黑体和标准光源，并不是所有的白光的色度坐标都位于黑体曲线之上，此时的色温等于白光的色度坐标距离黑体曲线上最近的点所代表的色温，又叫作相关色温。低色温光源的特征是在能量分布中，红辐射相对要多一些，通常称为“暖光”或“暖色”；色温提高后，在能量分布中，蓝辐射的比例增加，通常称为“冷光”或“冷色”（见图 5-37）。

“暖色”与“冷色”，是人眼的色觉与温度感觉联结的一种色彩感受现象。红、橙、黄等色，可使人联想到阳光、火焰、灼热的金属、炎热干燥的土地等，因而被称为暖色；青、蓝、蓝绿、蓝紫等色，可使人联想到水、冰、寒冷的夜空、凉爽的浓荫等，因而被称为冷色。有些色如绿、紫、淡玫瑰红等，不易确定其冷暖，被称为中性色（温色）。色的冷暖虽然来自色觉与肌体温度体验的联想，但在实际使用中，含义要比温度的意义广泛得多。暖色易引起兴奋，使人产生活跃、扩散、突出的感受；冷色则趋向于抑制，使人感到收缩、退避、宁静、低沉。在色彩感受中，人们对色的冷暖的体验最为鲜明，因此在数字摄影的色彩处理中，利用色的冷暖特性构成特定的情绪色调，并与其他造型因素相结合，能表现出更为复杂的情绪色彩。

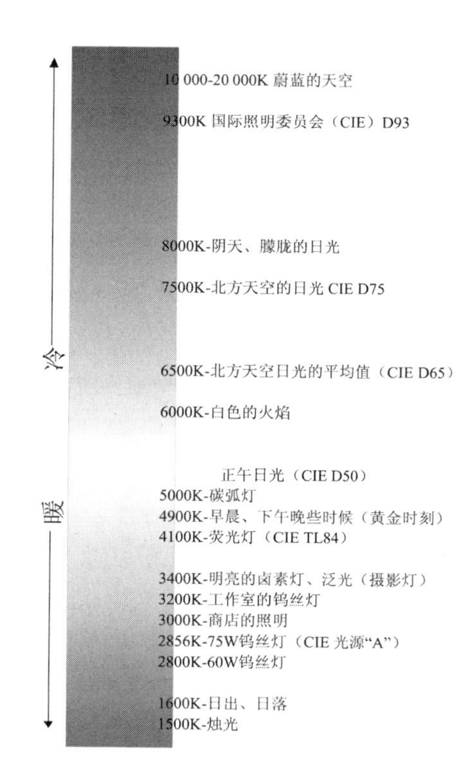

图 5-37　色温对比图

图 5-38　《关于施密特》中冷色调的办公室

二、白平衡和色彩还原

(一)白平衡校准

在数字影像"垄断"之前,胶片是高质量的影像的代名词,胶片分为日光型和灯光型两大类,需要匹配不同光源的色温从而获得色彩平衡。因为胶片一旦生产出来,色彩表现就已经确定,所以色温匹配要通过摄影用的滤色片来精确校正色彩平衡,通常需要精确到以百为单位。常用的滤色片包括升色温滤色片雷登 85B、85、85C、81EF、81D、81C、81A、81 型。85 系列为色温转换滤光片,81 系列为色温平衡滤光片。

还有一种常用的精确匹配色温的方法——采用灯光用滤光纸。

运用滤光片和滤光纸可以预见最终效果的色温平衡,每一种滤光片或滤光纸都有自己的密度曲线和透光曲线,综合光源的光谱能量分布曲线可以精确地评估最终到达胶片或者是被摄体上的光谱组成。当然也可以根据创作的特殊需求,采用特定的光源和滤光片(纸)组合,强化某种特定色调的表达。

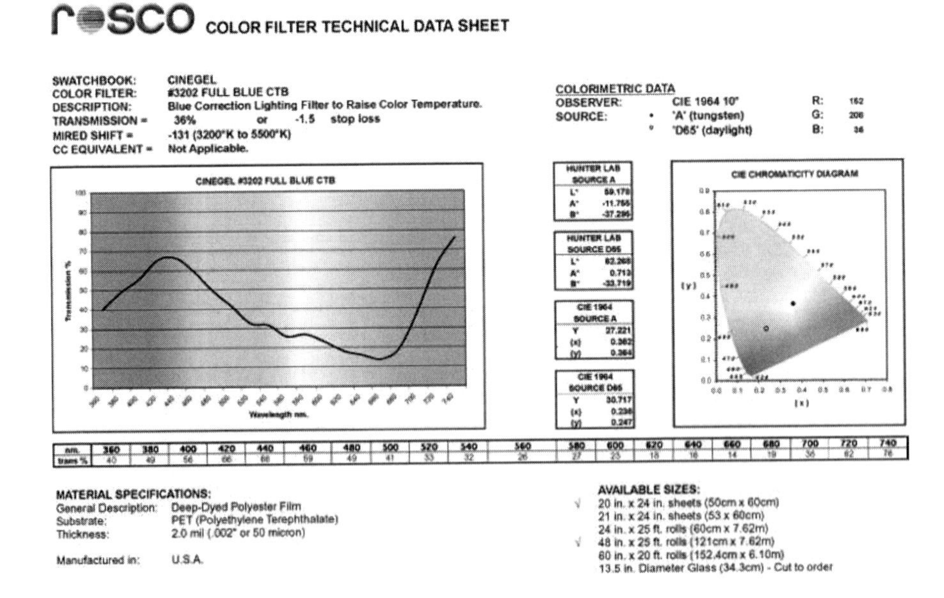

rosco COLOR FILTER TECHNICAL DATA SHEET

SWATCHBOOK: CINEGEL
COLOR FILTER: #3202 FULL BLUE CTB
DESCRIPTION: Blue Correction Lighting Filter to Raise Color Temperature.
TRANSMISSION = 36% or -1.5 stop loss
MIRED SHIFT = -131 (3200°K to 5500°K)
CC EQUIVALENT = Not Applicable.

COLORIMETRIC DATA
OBSERVER: CIE 1964 10°
SOURCE: • 'A' (tungsten) ° 'D65' (daylight)
R: 152
G: 206
B: 36

HUNTER LAB SOURCE A	
L*	59.178
A*	-11.755
B*	-37.296

HUNTER LAB SOURCE D65	
L*	62.268
A*	0.713
B*	-33.719

CIE 1964 SOURCE A	
Y	27.221
(x)	0.362
(y)	0.364

CIE 1964 SOURCE D65	
Y	30.717
(x)	0.236
(y)	0.247

nm.	360	380	400	420	440	460	480	500	520	540	560	580	600	620	640	660	680	700	720	740
trans %	40	49	56	66	68	59	49	41	33	32	26	27	23	18	16	14	19	36	62	76

MATERIAL SPECIFICATIONS:
General Description: Deep-Dyed Polyester Film
Substrate: PET (Polyethylene Terephthalate)
Thickness: 2.0 mil (.002" or 50 micron)

Manufactured in: U.S.A.

AVAILABLE SIZES:
√ 20 in. x 24 in. sheets (50cm x 60cm)
21 in. x 24 in. sheets (53 x 60cm)
24 in. x 25 ft. rolls (60cm x 7.62m)
√ 48 in. x 25 ft. rolls (121cm x 7.62m)
60 in. x 20 ft. rolls (152.4cm x 6.10m)
13.5 in. Diameter Glass (34.3cm) - Cut to order

图 5-39 #3202 CTB 滤光纸特性数据

数字摄影机较少使用滤光片，大多数情况下，我们通过调整感光单元灵敏度的方式实现色温匹配，这便是白平衡调整。

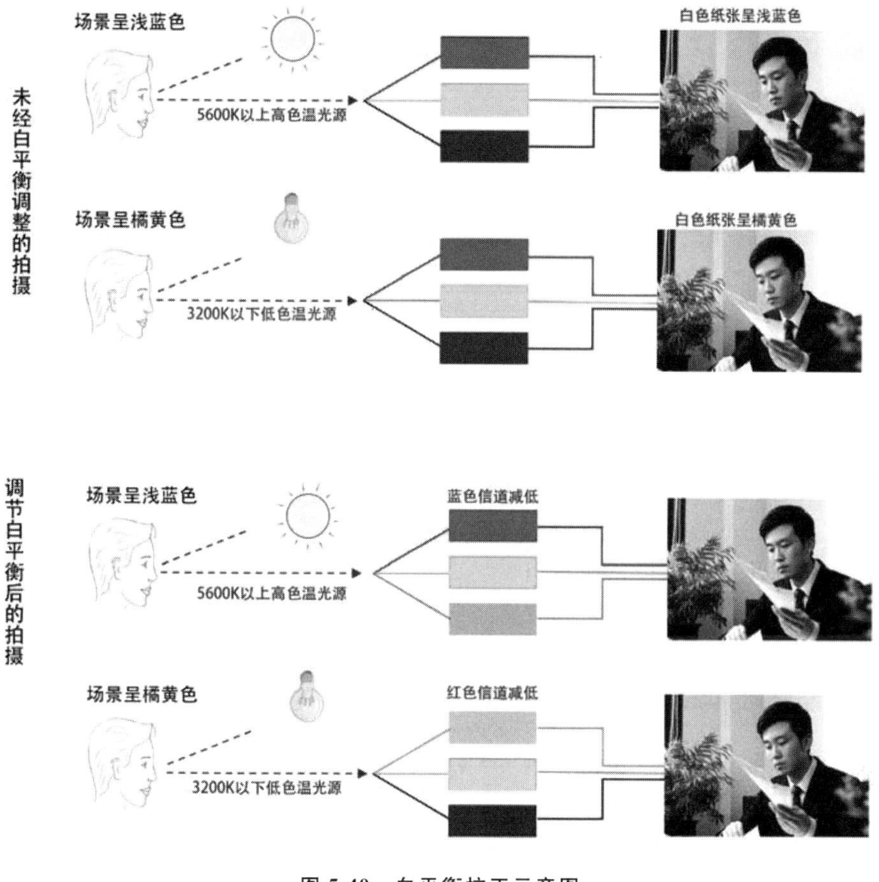

图 5-40 白平衡校正示意图

白平衡调整是将既定照明场景中的白色物体还原成白色，数字摄影机的处理电路会自动调整三基色信号，使彼此互相平衡，理论上说，RGB 的单位强度之比约为 1∶4.59∶0.06。为了便于理解，图 5-40 只是改变了某一个基色信号的强度，而实际的调整中三基色信号都会进行微调以适应复杂的光

图 5-41 爱色丽白平衡卡

谱分布。

白平衡调整需要使用标准的白平衡卡(如图5-41所示),用白纸替代的方法并不可靠。用RAW格式拍摄时只是把白平衡的数据存储在元数据中,并不改变实际影像。从这个角度看的确不用调整白平衡,但是这样对精确曝光有影响。

白平衡调整虽然能比较准确地还原场景中的白色,但却不能保证其他所有的色彩都能得到正确的还原。

(二)自动色板的颜色平衡

电影胶片摄影最重要的一项工作就是开机前的试片,标准色板、典型场景等是主要的拍摄内容。底片送洗印厂后还要进行配光、冲印,比对完以后生成LUT给后期制作套用。虽然有胶片生产厂家提供的特性参数,但是考虑到不同的照明和冲印环境,试片工作必不可少。

数字摄影虽然不涉及冲印环节,但精确的色温、色彩匹配的"工艺"要求和重要性并不亚于胶片摄影。除了要校准白平衡,还要运用色板为后期调色流程的色彩匹配提供数据支持。类似于胶片的感色性测试,传感器的感色性是指感光单元对不同波长的光谱的敏感程度。色板常用来分析比较不同数字摄影机传感器对色彩的再现能力,当对同一个场景的拍摄用到了多台摄影机,尤其是不同型号的摄影机时,拍摄色板并在DI环节匹配成为统一色彩的唯一选择。

图5-42 ASC摄影师在进行摄影机测试

以DaVinci Resolve的DI调色系统为例,它提供DSC、x-rite Color-

Checker、Datacolor Spyder Checkr 三种色板数据，适用于电影、电视剧、电视节目等各类数字视频素材。色彩匹配的工作原理是分析不同照明条件下拍摄的具有不同曝光值和色温的含有标准色板的镜头，运用色彩映射的方式修正色板上贴片的各种色值，完成包括白平衡在内的色彩平衡。

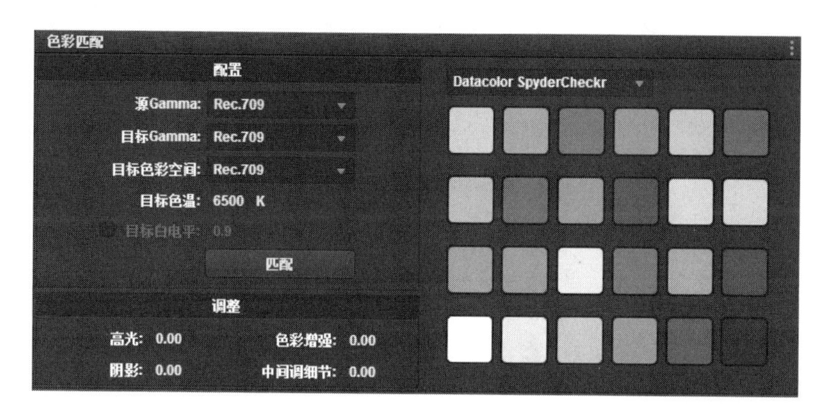

图 5-43 DI 系统中的色彩匹配(Color Match)

理论上，在拍摄场景中放置标准色板，通过后期软件的颜色匹配算法就能得到颜色平衡的画面。但是到目前为止，还没有一种工具能够匹配色板中的所有贴片，每个贴片的颜色偏差百分比会出现在贴片下方。偏差一般是明度和纯度上的差别，而它们在色相上是相同的。也就是说，视觉上会有深浅之分，但色调相同。如图 5-44 所示，图中的黑白灰消色经过后期 DI 环节的色彩匹配，都被匹配回原来的中性色彩，尤其是白电平偏差最小，被精确匹配。场景整体的色彩还原比单一的白平衡调整更准确，能为后续的影调色调处理提供更好的起点。

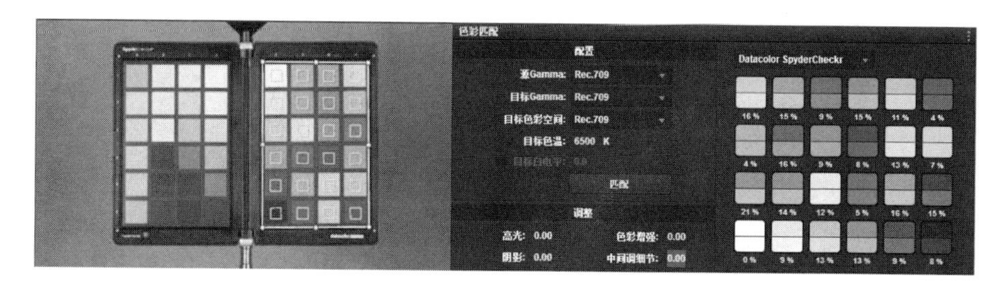

图 5-44 用 Datacolor Spyder Checkr 色卡在后期 DI 环节进行色彩匹配

理论上说，厂商提供的官方 LUT 能够精准地进行影调和色调的转换。

但是出于种种考虑，比如，若为了讨好观众当下的审美偏好，则不要准确地还原影调和色调。下面的案例是 SONY A7s 在 S-Log3 对数空间下拍摄的镜头，官方 LUT 和爱色丽标准 24 色麦克白匹配后的结果差异巨大(见图 5-45)。

图 5-45 SONY A7s S-Log3 和爱色丽色卡匹配对比

作为一种工业产品，电影和电视节目的制作离不开庞大的专业协作。为应对复杂的拍摄要求，在前期拍摄阶段一般会使用三到四种摄影机，并使用不同的数据记录格式。不同的滤光片阵技术产生的不同的色域处理，导致了不同设备之间的色彩还原处理存在细微的差异，即使精确地匹配白平衡也无法消除差异。尤其是当同一个场景中包含了多个这样的画面，色彩的不一致会影响观众入戏。

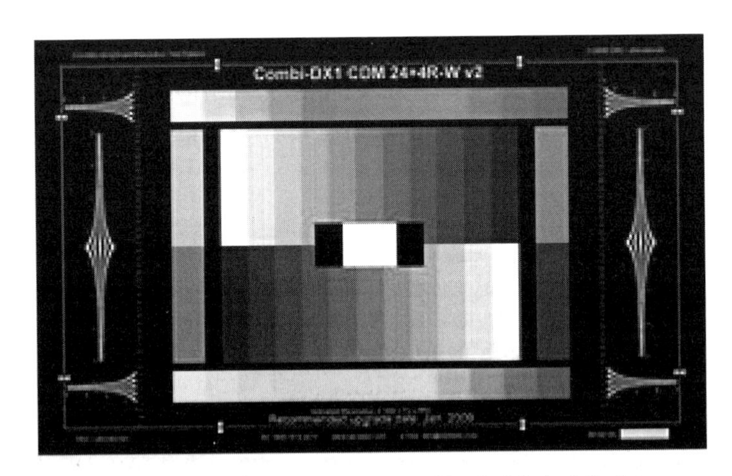

图 5-46 DSC Combi DX-1 ChromaDuMonde 24 ＋ 4 flesh tones

透射式色卡用于多台摄影机色彩匹配管理，标准背照灯箱提供标准光源，高精度的色卡能帮助摄影师创建技术 LUT，统一多台摄影机的色彩色调。现场转播、多机位同步拍摄时多采用这种方法(见图 5-46)。

三、现场监看

监视器（显示器）是拍摄现场预览和评估影像的关键工具，设置监视器要借助信号发生器生成的彩条图案。大部分数字摄影机内部嵌入了彩条发生器，可以通过菜单设置把信号指定到 Monitor OUT 输出端口。

大多数的校准都使用 SMPTE[①]75％的彩条图，75％指的是色彩饱和度，它比 100％的饱和度测量起来更准确。整个彩条图由三部分组成，上面七道竖放的大彩条分别是白色、黄色、青色、绿色、品红色、红色、蓝色。中间是七道横放的小彩条：蓝色、黑色、品红色、黑色、青色、黑色和白色。下面一组是蓝、白、蓝、黑、PLUGE（包含三个竖放的亮度不等的黑）、黑（见图 5-47 中的 A）。

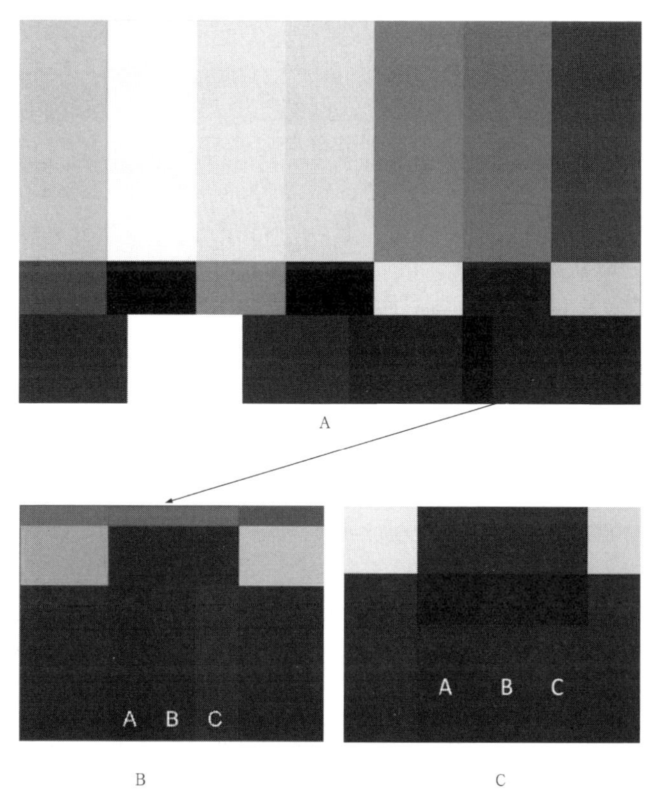

图 5-47　SMPTE 彩条图右下方的 PLUGE 图

① SMPTE，即 Society of Motion Picture and Television Engineers，是美国电影与电视工程师学会的英文缩写。

具体的操作步骤分为亮度校准和色度校准两方面。

(一)亮度校准

监视器充分预热,调整对比度到中间值,将色彩饱和度调至最低,在黑白模式下用PLUGE图校准监视器的亮度。

在彩条图的右下方有三个色块,分别代表3.5IRE、7.5IRE和11.5IRE。这就是图像校准信号发生器,英文为Picture Lineup Generating Equipment,简称PLUGE。这种校准信号是由英国广播公司发明的,用于把所有设备都校准到同一水平。

中间的黑色色块B有7.5IRE,对应10Bit数字图像的数值16、16、16。左边第一个色块A是超纯黑,比纯黑还低4个IRE,第三个色块C是黑灰色,比纯黑高4个IRE。通过三个色块之间的关系,可以把监视器调整到标准状态(见图5-47中的B)。

向左逆时针调整亮度,直到最右边最亮的色块能勉强看得见。如果看不见,向右或顺时针调整亮度,直到能分辨这个色块。

中间的色块代表7.5IRE,是监视器黑色的极限。理想的状态是左边的第一个色块和中间的色块融合在一起,看不到两者之间的分界线,就像图5-47中的C显示的那样。

最后一步是调整对比度到正常水平,首先是把对比度调高,彩色图左下角第二个色块,即白色色块100IRE会变得非常亮,没有任何细节。然后把对比度调低,以白色色块能看得出变化为宜。

(二)色度校准

图5-48 显示不正确的蓝条图

蓝条图校准(BLUE ONLY):专业监视器设有蓝色通道开关,打开这个开关将关闭红色和绿色通道。校准的目标是,彩条图像显示为强度相同的交错色条,这时表示色彩饱和度显示正确。

调整色相,让最左边的灰色色块和最右边的蓝色色块亮度相等,也就是A=D。调整饱和度,直到青色和品红的色块也达到相等的亮度,也就是B=C。黄色、绿色、红色色块显示为纯黑（见图 5-49）。

也可以理解为，在 BLUE ONLY 状态下，用色度旋钮将上边的 A、B、C、D 和下面的 D、C、B、A 调整成上下基本看不出的色度就可以了，如图 5-49A 的下半部分所示。

图 5-50 是正确校准和错误校准的对比图。左边图像中的色度/相位设置不正确，便有一个可辨别的相差较大的蓝色的小矩形。在右边的图像中，色度和相位被正确地调整，两个矩形融合成一个蓝色的矩形。

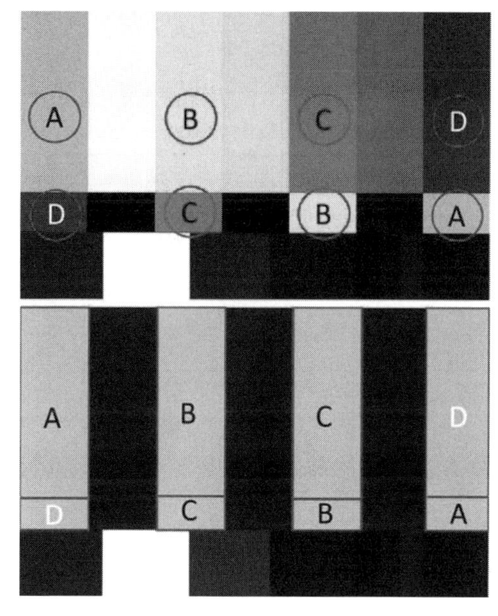

图 5-49

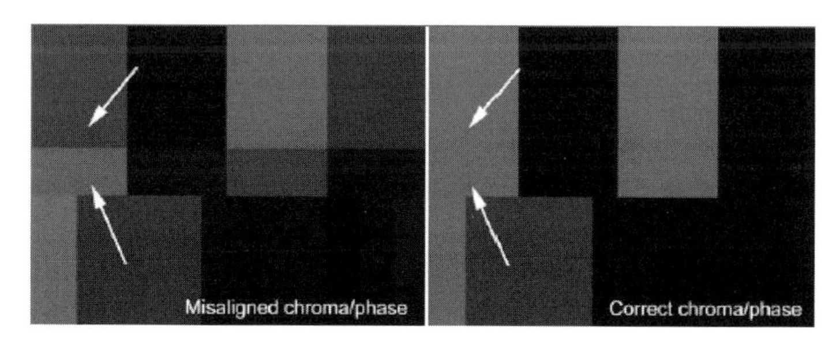

图 5-50

四、色调（整个画面的色彩倾向）

色调是色彩的主要特征，同一色调是指色彩中组成彩色成分的三原色光组合比例相同的一系列色彩，能表现出一种鲜明的色彩倾向。如紫色（2B+R）、浅紫色（2B+G+1.5R）、深紫色（B+0.5R）和灰紫色（1.5B+0.5G+R），当把呈现这几个颜色的物体反射的白色成分去掉后，所剩下的彩色成分的三原色光组合比例是相同的，都是蓝光和红光以 2∶1 的比例混合，分别为 2B+R、B+0.5R、B+0.5R 和 B+0.5R。所以这些紫色就属于同一色调，它们的差别仅仅是明度和纯度不同。因此,色调相同的色彩组合在一起,会给人一种和谐的感觉。

表 5-9 色调及所对应的波长

色调	波长(nm)	色调	波长(nm)
橙色	610	青绿	511
橙黄	589	翠绿	505
黄色	578	青色	498
绿黄	568	天蓝	492
草绿	554	青蓝	486

或出于年代感的设计,或限定在特定的类型中,几乎所有的影视题材都或多或少地改变了整体的色调。值得注意的是,整体色调多数是在后期配光调色阶段才做出改变的。绿色是大自然的色彩,带给人安宁、平和、生机盎然的感受,象征着生命的美好与希望。但在影片《黑客帝国》中,绿色却是一种看不到希望的颜色。《黑客帝国》之后,绿色成为数字世界的代名词。

有影迷问《黑客帝国》的导演:"是什么使你们决定在影片'矩阵'(Matrix)里使用绿色调?"导演回答说:"是旧 PC 机的鳞状绿色块给我们的灵感。"其实,比《黑客帝国》稍早的一部电影《十三度凶间》(见图 5-51)最早使用绿色表现虚拟的数字世界。影片中,主人公抱着一探究竟的目的来到了"世界尽头",发现了这个世界真正的秘密:那是一片虚拟的还未完成的山脉数字模型。主人公本以为仅有自己的研究课题是虚拟的,万万没想到自己生活的世界也是虚拟出来的。笼罩一切的绿色数字信息几何图案与泛着蓝色光的"现实空间"形成了鲜明的对比。

图 5-51 《十三度凶间》中的虚拟世界

《黑客帝国》的贡献在于它进一步发展了绿色的应用范围，使“人类世界”[①]整体都呈现绿色调。片中用绿色系来表示数字网络，为以后相关题材的创作提供了“行业标准”。绿色也让矩阵中的人显得脸色苍白，整个世界都有种虚假感。“矩阵”这个虚拟现实的概念也成为影史上的经典。

影片的绿色调拉开了和蓝色调现实之间的距离，帮助故事创造出了一个完整的科幻世界。创作人员并没有在前期拍摄阶段进行蓝绿色调的照明设计，而是在配光时才做主色调的调整，下面我们来还原两个镜头的调色处理。每一个镜头调色案例都由三张截图组成，第一张是影片最终呈现出的效果，第二张是超 35mm 的原始素材，第三张是用 DaVinci Resolve 处理后的效果。

《黑客帝国》案例一：

影片的最终效果

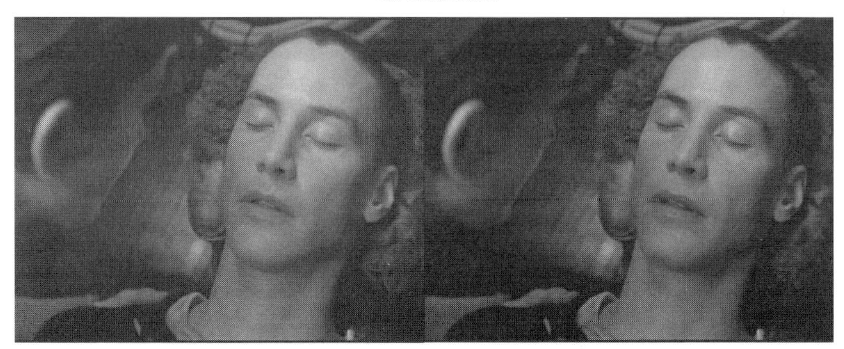

超 35mm 胶片　　调色后

图 5-52 《黑客帝国》镜头一

① 影片故事的时间假定在机器统治地球的未来世界，人类作为生物电池为机器提供能源。为了防止这些“电池”大面积死亡，机器把人类的大脑全部接入 Matrix(矩阵)，制造出了虚拟的社会。

《黑客帝国》案例二：

影片的最终效果

超35mm胶片

调色后

图 5-53 《黑客帝国》镜头二

《黑客帝国》仅仅是在整体的色调上“偏移”，当下的许多电影作品则借助LUT进行更加复杂的色彩矩阵处理。《九层妖塔》中应用的色彩风格就是现在最流行的青橙撞色设计(见图5-54)。

(一)白平衡偏移调整色调

利用手动功能偏调色温，创造特殊的色调；使用补色调色卡偏调白平衡，也能方便地创造出特殊的色调。

出于特殊的创作目的，可以用“错误的白色基准”来调节白平衡。之所以称之为“错误的”，是因为它本身并非白色，而是和要获得的色调相反的补色。如要让整个画面看起来色调“温暖”，可以使用青色系列调色卡调整白平衡；要想让整个画面看起来色调“寒冷”，可以使用黄色系列调色卡调整白平衡(见图5-55)。调色卡的纯度越高，拍摄出来的画面色彩倾向越明显。

图 5-54 《九层妖塔》中的青橙撞色设计

图 5-55 高色温和低色温效果对比图

(二)RAW+后期调色

RAW 英文译为原料。理解 RAW 格式,首先需要明白传感器的实际成像过程。光线通过镜头照射到传感器的感光单元上,感光单元将其转换为形成影像数据的电子信号。简而言之,这些电子信号就是组成 RAW 文件的主要原料。

RAW 格式又被称为数字负片,它是摄影机记录的所有格式中对图像处理最少的一种。它和 Proress 等去拜耳格式的关键差异就是电子信号收集之后的处理过程不同。RAW 文件由感光元件记录的原始电子信号和与之相关的基本信息组成,这些内容不经过任何压缩和处理就被直接保存到存储卡上。而去拜耳格式文件在保存到存储卡上之前,感光元件记录的原始电子信号已经根据摄影机的白平衡设定、LOOKS 风格等设置由摄影机内部的处理器进行了相应的处理,处理结果被转换后写入存储卡。

RAW 格式并没有一个统一的标准。各大厂商各行其是,使用的 RAW 文件格式各不相同,甚至同一厂商不同型号相机之间使用的标准也不一样。DI 软件大都兼容各种摄影机格式,像 DaVinci Resolve 可以直接调 ARRI ALEXA 的 RAW.ari 文件,支持 RED color3 和 RED gamma3 以及高质量 De-bayer 的 RED ONE R3D 文件,以及 5K 和 HDRx 图像合成的 RED EPIC R3D 文件。还支持 PHANTOM、GoPro、CANON C300 和 5D、SONY 等摄影机记录的 RAW 文件。

和传统的胶片负片一样,RAW 格式一定比最终放映的图像有更大的动态范围和更广的色域。在 DaVinci Resolve 调色页面的摄影机 Master Set-

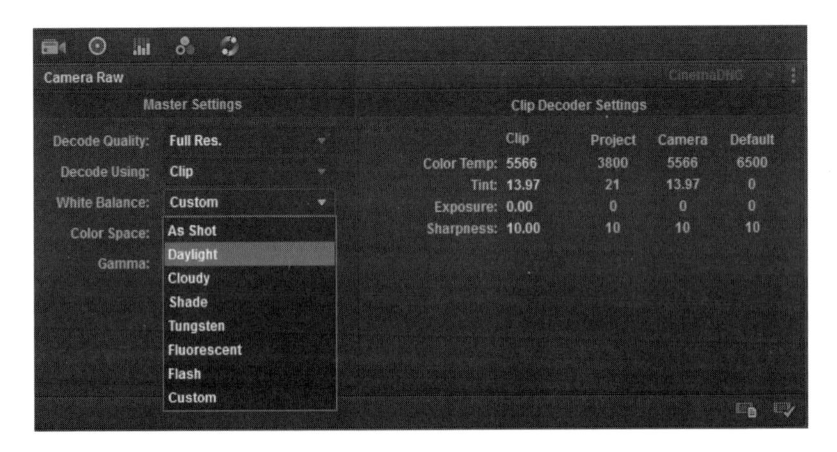

图 5-56 DaVinci Resolve 中的 Camera Raw 设置面板

tings 中提供了包括白平衡、色彩空间和 Gamma 的设置。对 RAW 格式进行反拜耳操作时会用到这些参数。

五、现场调色(on set grade)

越来越多的数字摄影机支持机内调色，像 ARRI 的 AMIRA 和后来的 ALEXA Mini 都可以在摄影机中直接进行 CDL(色彩决策列表，具体参见第七章)设置。结合官方提供的相关工具软件，比如阿莱的摄影机配合 ARRI Color Tool，可以用来创作独特的画面，并且通过 U 盘就能够快速地加载到摄影机的 Look 菜单中。

对于不支持机内调色的数字摄影机，就只能借助第三方的现场调色软件进行前期色彩的处理。下面以 POMFORT 公司的 Live Grade 为例来说明现场工作的路径(见图 5-57)。

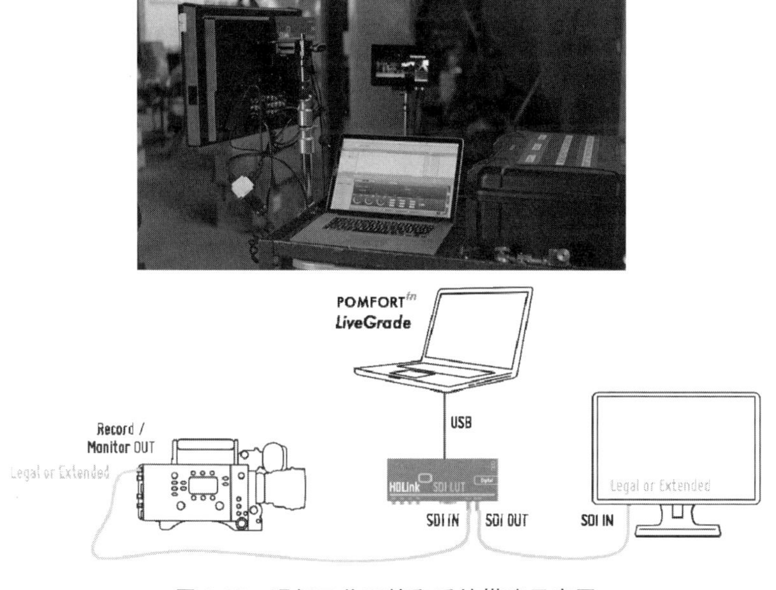

图 5-57 现场工作环境和系统搭建示意图

Live Grade 的工作流程是实时采集数字摄影机输出的视频信号，通常是用 Log 对数空间的格式，通过软件内部处理后再将带有色彩风格的画面输出到监视器上。Live Grade 支持 CDL，通过高光、中间调、阴影、饱和度等来为现场信号进行色彩控制(见图 5-58)。

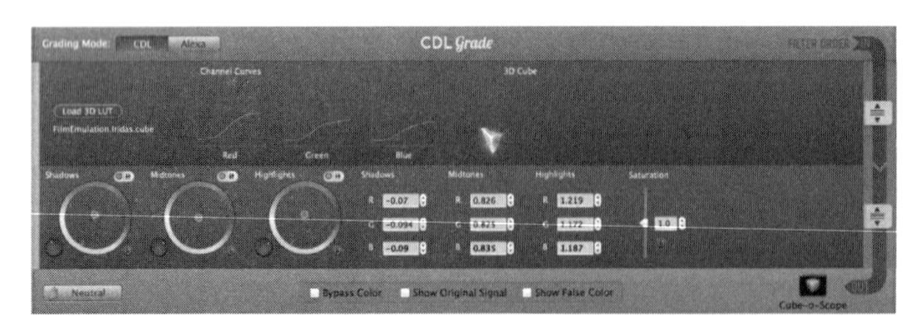

图 5-58 Live Grade 中的色彩控制界面

现场调色工作不会影响原始拍摄的素材，调整后的参数可以导出 LUTs，通过 DIT 部门交给后期 DI 做最终的处理。

第六节 DI 工作流程中的 ACES 色彩管理

色彩管理是数字影像摄制工作流程中最具工业化特点的部分。色彩的一致性和可预测性一直是困扰影视艺术创作的难题，如何在不同的创作阶段和不同的环境中精确地模拟画面视觉感受，并有效地传递给观众，一直是影视工业生产追求的目标。随着数字技术的进步、制作工具的更新，色彩管理工作已经从视觉特效领域全面拓展到了从拍摄到放映的整个过程。前期的预制作，拍摄期间的工作样片、剪辑、配光调色，一直到物料制作，创造性的视觉色彩和视觉决策数据都可以被记录、跟踪、传递。

当然，目前的创作还有相当一部分没有被规范到这样的程度。我们只能说，色彩管理流程介入得越早，画面质量才会越有保障。就现在的发展来看，融通各种新技术的 ACES 很有可能成为业界公认的色彩管理标准。

ARRI、SONY、BMD 等诸多数字摄影机设备的生产厂商都加入了对 ACES 的支持，所有的主流 DI 平台也融合了 ACES 的规范流程。

无论影像数据怎样千变万化，终极目的是要匹配人眼的色域。这个过程离不开软件对这些数据的定义和还原，这就是 DI 软件对色彩空间的设置。数字影像的制作环境如此丰富，导致不同的设备、编码格式、各种色彩的表示法之间的对应和转换越来越复杂。前期摄影机如何选择拍摄时的色彩空间，后期需要如何转换？是用广播级的标准监视器还是数字放映机？最后成片输出到什么平台，需不需要再进行色彩空间的转换？……这的确都是些让人头疼的问题。

面对这种现状，DI 设备和软件都提供了相应的工艺流程。通过 DI 系统，比如 DaVinci Resolve，不同的色彩空间可以转换为 ACES 的统一标准，因为 ACES 广泛的色彩和高动态范围不会损失任何细节。[①] ACES 还可以在使用不同的颜色特性的输入和输出设备上制造出相同的色彩显示。图 5-59 是 DaVinci resolve 中的 ACES 色彩管理流程。

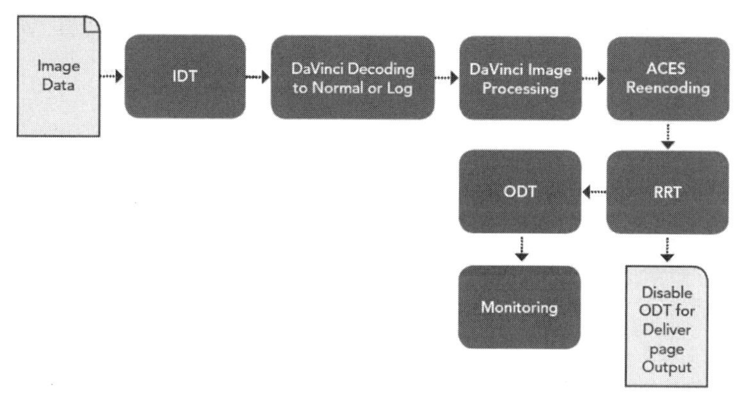

图 5-59　ACES 色彩管理工作流

具体到不同的前期拍摄设备和 DI 的衔接时，我们以 SONY F65 为例，比较胶片时期的 DI 到数字时期的 DI 的变化。

F65 的工作流程为 8K CMOS 传感器的图像信号经 16 比特直线量化后输出，经过无损浅压缩后记录在 SR 存储卡内。这些原始数据就像胶片上记录的影像一样，可称为“数字负片”，除了无损浅压缩编码外没有经过任何处理，它包括传感器产生的所有原始影像信息。不过，这些原始数据还不能直接用于制作，必须转换成某种格式的图像文件。

采用直线空间的 ACES 制作流程时，需要用 IDT(Input Device Transform，输入设备转换)[②]把数字负片转换成 16 比特直线伽马的 ACES 文件。由于原始数据本身就是 16 比特直线伽马文件，因此 IDT 只需要解码、De-Bayer 以及色域变换三个步骤就可以把原始数据转换成 ACES 文件了(见图 5-60)。

使用 ACES 是为了在调色中维持色彩保真度，在不同的摄影机上实现颜色的标准化。它包括以下四个环节：

---

① ACES 的色域设计大到足以涵盖所有可见光，有惊人的 25 挡光圈的曝光宽容度。它是一种面向未来，兼顾图像采集和发布的色彩空间。

② 将摄影机传感器采集到的数据转换成真实世界的亮度值。

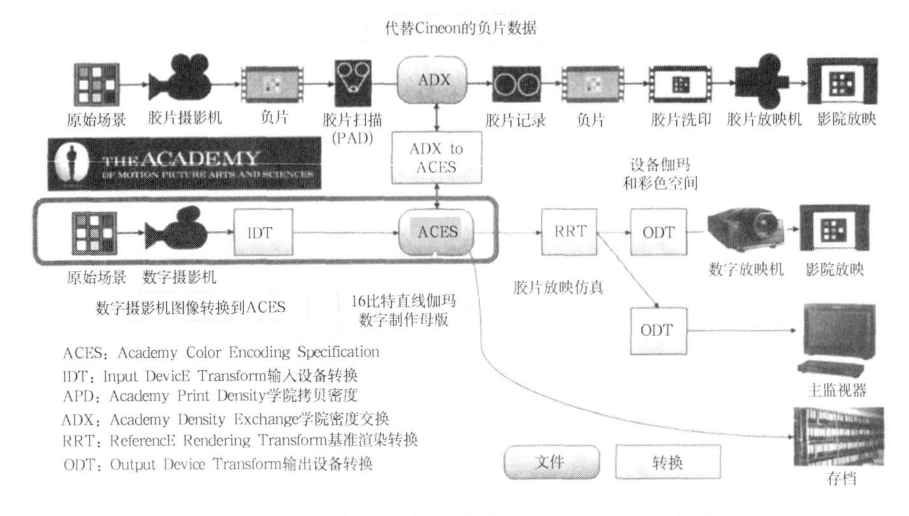

图 5-60　ACES 标准制作工作流程(SONY 中国 王亚明)

第一环——IDT,由数字摄影机拍摄、胶片扫描或者是从录像机采集到的 IAS(Image Acquisition Source,图像元数据),经过 IDT 输入设备转换,转换为 ACES 色彩空间。每一种数字摄影机都有各自的 IDT,比如 ALEXA 只能用自己的 IDT 转换为 ACES 色彩空间。转换完成后应用各种特效进行调色。目前,DaVinci Resolve 支持 RED、ALEXA、CANON 1D/5D/7D、SONY F65 和 Rec. 709①、ADX②、Cinema DNG③——ACES 的色彩空间转换(见图 5-61、图 5-62)。

第二环——RRT(Reference Rendering Transform),参考渲染转换把每个数字摄影机或者图像输入设备提供的 IDT 转换成标准的、高精度的、宽动态范围的图像数据,再从 ACES 数据中"还原"图像,把机器语言变成人类感官能接受的最赏心悦目的图像,把转换过的 ACES 素材进行优化输出到最终的显示设备上。

第三环——DaVinci Reslove 色彩校正调色。

第四环——ODT(Output Device Transform),输出设备转换准确地将 ACES 素材转换至任何色彩空间,优化后输出到最终的设备上。不同的

---

① 支持从 Final Cut Pro 导入的 ProRes 格式、从 Media Composer 导入的 DNxHD 格式或者是从录像带采集的素材。

② 如果使用数字中间片(胶片扫描,film scan)进行 10 位或 16 位整数胶片密度编码转换,则 ACES 工作流编码能保留不同胶片之间的差异。

③ Blackmagic 数字摄影机记录的格式。

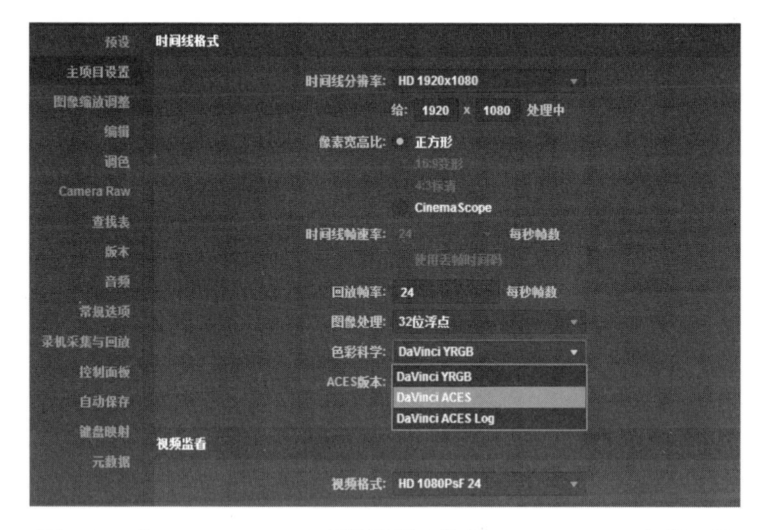

图 5-61　在 DaVinci Resolve 项目设置中选择 DaVinci ACES 色彩空间

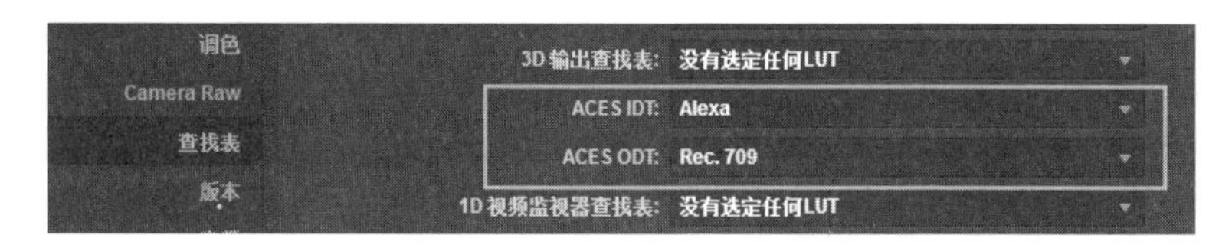

图 5-62　在 LUTs 中设置 ACES IDT 和 ODT

ODT 设置对应不同标准的监看和输出，比如在高清显示器上使用 Rec.709，电脑上使用 sRGB，在数字投影机上使用 DCI P3 等。目前 DaVinci Resolve 支持 Rec.709[①]、DCDM[②]、P3 D60[③]、ADX[④]、sRGB[⑤]、P3 DCI[⑥]。

利用 ACES 色彩空间和特定的 IDT-ODT 流程，可以从任何采集设备获取图像，在校准过的显示器监看下调色，最后把它输出成任何格式。ACES 能最大限度地利用输出媒介的色彩空间和动态范围，使“观感”最大化，最大限度地保留色彩的丰富性。

---

① 用于标准监视器和电视节目制作。

② 输出 Gamma 值为 2.6、X'Y'Z'编码的媒体，用来传递给下一个应用程序重新编码制作 DCP (Digital Cinema Package，数字电影包)用于数字电影发行。这个数字电影包只能用能解析 XYZ 色彩空间的投影机播放。

③ 输出 RGB 模式编码的图像数据，白点定义在 D60，用于能兼容 P3 的显示器监看。

④ 标准的 ODT 设计，用于输出胶片，不适合用于监看。

⑤ 用于电脑显示器作为监看设备的调色环境，制作的节目投放目标是网络。

⑥ 标准的 ODT 设计，白点 D61，RGB 模式编码，输出媒体用于 DCI 工艺流程。

第七节 DI工作流程中的RCM色彩管理

RCM是Resolve Color Management的英文缩写，是DaVinci Resolve DI系统自己研发的色彩管理流程。运用DaVinci的YRGB色彩管理，旨在摆脱硬件的限制，在“大屏”“小屏”之间保持色彩的一致性，在整个摄制工艺中保证色彩的丰富性。

对于所有的DI系统而言，色彩管理都可以划分为三大块内容：输入色彩空间、DI本身的色彩空间和输出色彩空间。

输入色彩空间指的是数字摄影机拍摄或CG部门的合成素材自身的色彩空间设定，在进行处理时，匹配源素材色彩空间是最为规范的做法。DI本身的色彩空间即时间线色彩空间，是指在进行色彩运算时所采用的运算规则。要选对大类——RGB或XYZ，这个很关键。另外，色域只能比输入的色彩空间大，或者匹配输出色彩空间。输出色彩空间是最后要输出的空间，要和播出平台或放映设备匹配。只是如果没有相应的监看系统（709用标监，P3用标放），DaVinci的监视器要使用Mac Display色彩方案。

在处理图像的过程中还要注意选用数据级（Data Level）的处理方式。不同的媒体格式使用不同的数值范围来表示图像数据。由于这些数据格式往往对应不同的输出工作流程，像广播电视或者是电影，数据级能帮助制作人员了解不同数据格式的数据范围，保证媒体素材数据的完整性。

结语

第一次看到COLOR SCIENCE是在DI系统的软件菜单中，当时并不太理解为什么要叫作色彩科学，直到从头梳理色彩管理的相关知识才真正理解——色彩首先是一门科学。近几年，色彩科学的新发展点燃了新一轮的技术革新，接近人眼色域的记录和显示设备已经出现并将迅速普及。这一方面提升了观众的观影体验，另一方面将助力整个影视工业的升级换代，对“供需”双方都有益。

但同时我们也需要看到，新技术在“定型”之前都有一段混沌期，各家都有各家的标准，甚至有自己专有的管理流程。应对这种现状，更应该系统地了解色彩科学的相关理论。只有从根本上解决“色彩是什么”“为什么这么用”等问题才能更好地把握技术发展的脉络，并在实际的创作中知道该怎么做。

第六章　数字摄影机的工作“空间”
——兼论制作空间的转换和应用

工作空间的概念早已有之，但是系统化的梳理鲜见。2000 年之前，电影和电视都有各自的工作空间，制作流程清晰，工艺完备。之后，随着采用对数空间的数字摄影机迅速普及，电影、电视之间的工作空间分隔被打破，不同空间的相互转换成为影响摄制进度，甚至影响最终输出质量的关键。

为什么现阶段不能统一“摄制标准”，把各种工作空间归一化？这是技术发展的不均衡性使然。这其中不单单是因为电影和电视的媒体形式差异，还有摄制和投放的不均衡。以高品质的电视节目为例，尤其是电视剧，用对数空间拍摄和制作，然后再转换成适合观众观看的线性空间模式是目前最好的选择，既保证了产品质量，又最经济实惠。

随着材料科学和计算机技术的进步，Rec.2020 有可能在未来十年“一统天下”，但在当下这个阶段，我们还需要熟悉各种工作空间的特性，制定科学规范的摄制工艺流程，确保影像质量最佳。

工作空间是影视系统工程里的一个非常重要的概念，它主要是指协调整个系统摄制流程的行业规范。SONY HDW-F900 高清摄像机出现之前，除了从事广播电视工程的专业人员，其他专业人员基本没有了解这方面专业知识的必要。传统电影和电视的记录载体，也就是胶片和录像带，因为两者完全不同的工艺和技术，各自运行在自己相对封闭的环境中，整个流程独立清晰。数字摄影时代的到来打破了这种自给自足的生态，一方面，电影创作越来越多地依赖数字设备；另一方面，电影创作的多元性和复杂性彻底颠覆了延续几十年的电视技术框架，刺激生产厂商不断挖掘材料科学的潜能，不断提高数字摄影机的性能，影像质量正朝着全面超越胶片的目标迈进。在这个过程中，产生了许多新的技术框架和规范，给原来的影视工业流程提出了严峻的挑战。其中最关键的变化是数字摄影机的工作空间。

工作空间也叫工作域，是伽马[①]和色域[②]的统称，这个概念是SONY中国的技术总监王亚明先生提出的。[③] 伽马代表设备或系统的亮度空间属性，而色域代表设备或系统的色彩空间属性。当下影视行业普遍应用的工作空间种类无外乎三种：直线空间、线性空间[④]和对数空间。在影视制作的工业流程中，理想的情况是前期拍摄、后期制作和显示放映都处于相同的工作空间内，这样就能真正实现"所见即所得"，极大地简化摄制流程，精确地控制影像质量。但是受整个影视工业技术发展惯性的影响和材料科学、制作工艺的限制，即使是投入过亿的电影制作仍需要在这三个空间中相互转换，否则会导致影调结构和色彩关系的异常表达。

数字摄影机的三种工作空间在资源消耗、质量控制和效率三个方面相互制约，只有深入了解这几个空间的特性，才能确保影像质量的最大化。下面将详细分析它们的特性。

第一节　直线空间

直线空间包含直线伽马与ACES色域两个部分。

一、直线伽马

直线性记录、直线性还原是最简单直观的影调传递方式，且它们和图像传感器光电转换的直线性特性一致，不需要系统二次处理。

数字视频系统的亮度由离散的数字表示。直线性空间系统中的数字编码值与亮度之间为线性关系，相邻编码值之间所代表的亮度变化相同。根据韦伯定律，感觉的差别阈限随原来刺激量的变化而变化，而且表现为一定的规律性，用公式来表示，就是：

$$\triangle I/I=K$$

---

① 伽马是灰度特性，在电子成像技术中就是光电转换特性。在分析图像的影调关系时，一般是把伽马简化成一条绝对值直线或对数值曲线。

② 色域是隶属于色彩空间的概念，指某种设备所能表达的颜色数量所构成的范围区域，即各种记录设备，如胶片、数字摄影机等，和不同的放映设备、显示设备所能表现的颜色范围。

③ 王亚明.新一代数字摄影机技术[J].现代电影技术，2011(12).

④ 线性空间是指电视的工作空间，标高清摄像机的伽马特性实际上也是一种对数伽马，和显示设备的指数特性叠加后，整个系统伽马呈现出线性特点，所以长期以来约定俗成地把电视空间称为线性空间。

其中,I 为原刺激量;△I 为此时的差别阈限;K 为常数,又称为韦伯率。在中等亮度条件下,人眼能够识别 1%的亮度变化。也就是说,当韦伯率 K 小于 0.01 时,人眼才不会察觉影像连续影调的灰阶变化。

表 6-1　8 比特编码值对应的亮度变化

Code Value	I	△I/I	K(约等于)
255	100	0.39÷99.61	0.39%
254	99.61		
128	50.20	0.39÷49.80	0.78%
127	49.80		
102	40.00	0.39÷39.61	0.98%
101	39.61		
100	39.22	0.39÷38.82	>1%
99	38.82		

根据表 6-1 中的数值我们可以得出结论,当亮度低于总亮度的 39.22%时,亮度变化大于人眼对光度值差异的 1%的视觉阈值,编码无效。在此编码值下,影像中相邻的亮度变化会产生明显的分界线,出现灰阶和色阶。

用百分比代表摄影机所记录的场景的亮度范围,可以得出一个公式,相邻的编码值所代表的亮度变化乘以 100 等于特定比特量化编码所允许的有效亮度最低值,即:

$$1/2^{bit} \times 100 = \text{最低亮度值}$$

用此公式推导,12 比特的编码亮度最低值为 2.44%,14 比特的编码亮度最低值为 0.61%,16 比特的编码亮度最低值为 0.15%。也就是说,随着量化采样位深的增加,有效的亮度范围会逐渐增大,产生的视觉阈值分界线会被系统噪声淹没。再来看一下表 6-2 中 16 比特直线编码的特性,不难发现,阈值的分界线同样出现在编码值 100 的位置。

表 6-2　16 比特编码值对应的亮度变化

Code Value	I	△I/I	K(约等于)
65 535	100	0.001 526÷99.998 474	0.001 526%
65 534	99.998 474		
4096	6.250 095	0.001 526÷6.248 569	0.024 426%
4095	6.248 569		
102	0.156 420	0.001 526÷0.154 116	0.990 163%
101	0.154 116		
100	0.152 590	0.001 526÷0.151 064	>1%
99	0.151 064		

考虑到编码值和亮度的线性等比对应关系，北京电影学院的孙略在《视频技术基础》一书中把直线性编码中韦伯定律的应用，直接简化为“编码100”的问题。即在任何比特的编码中，编码值“0”代表全黑，编码值“2”代表的亮度是编码值“1”的 2 倍，一直到编码值 101，亮度变化才小于 1%，人眼才不会看到亮度的“突变”，所以 100 以下的编码值都不能使用。[①]

去掉 100 以下的编码值，对于 8 比特影像来说，其最低亮度与最高亮度之比为 255∶100，其所能记录的影像对比度只有 2.55，没有实用意义。12 比特影像最大对比度为 4095/100=40.95，也就是 12 比特的影像能记录 40 倍的对比度，只相当于 5.36 挡曝光量。14 比特能记录 16 383/100=163.83，相当于 7.36 挡的曝光量。所以，至少需要 14 比特位深才能达到当前高清电视拍摄所要求的宽容度，需要 16 比特位深才能覆盖当前电影拍摄所要求的宽容度。[②]

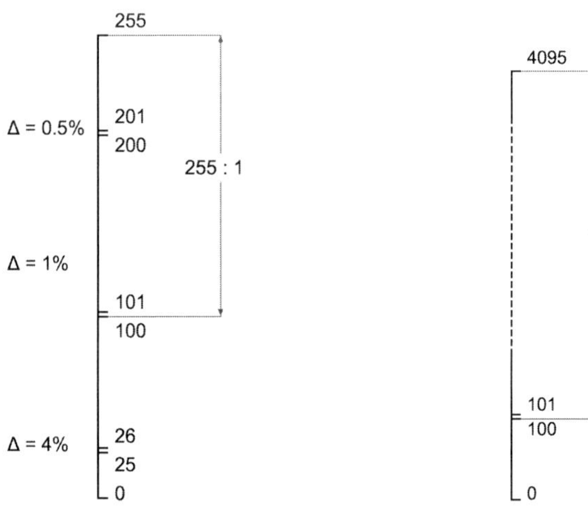

图 6-1 8 比特直线性编码所代表的亮度变化

图 6-2 14 比特直线性编码所代表的亮度变化

可见，要在图像的“仿真度”上骗过人眼，至少需要占用系统 14 比特的量化资源，需要运算的数据量是现在 10 比特设备的 16 倍[③]。到目前为止，直线伽马只适用于高质量的影视制作。

① 孙略.视频技术基础[M].北京：世界图书出版公司，2013：14.

② 孙略.视频技术基础[M].北京：世界图书出版公司，2013：15.

③ 如果是 8 比特的显示设备，数据量是 64 倍。

二、ACES 色域

ACES 采用 16 比特半浮点运算，编码值范围从-65 504.0 至＋65 504.0，匹配直线性伽马，有 25 挡光圈的曝光宽容度。ACES 色域设计大到足以涵盖所有可见光，不同的色彩空间可以转换为 ACES 的统一标准，ACES 广泛的色彩和高动态范围不会损失任何细节。ACES 还可以在使用不同的颜色特征的输入和输出的显示设备上制造出相同的色彩显示。关于 ACES 色域的有关内容已在第五章第三节色域转换部分详细介绍过，此处不再赘述。

三、直线空间的特性

直线空间可以理解为依靠大比特量化来简单地解决“编码 100”的缺陷，实现无损地记录图像。也正因为如此，使用这种空间进行编码会极大地消耗系统资源，以至于没有办法在现有的技术条件下直接处理和实时监看。

RAW 理论上是一种直线空间的格式，它没有经过反拜耳处理，保留了 CMOS 等传感器光电转换的直线特性。亮度空间方面是直线伽马；色彩空间方面，摄影机不论采用什么样的滤光片阵，本质上都是物理的 RGB 色彩空间；具体到色域的大小，则要视不同厂商的材料工艺而定。

直线性编码需要高比特位深量化，随着位深的提高，会产生大量冗余编码。根据韦伯定律，在 8 比特线性编码中，编码 255 与 253 之间的亮度变化仅仅为 0.79%，小于人眼的视觉阈值，254 这个编码对于人眼的感知一致性来说是冗余的。如果以 16 比特直线性编码来进行量化，在 65 536 个编码值中将会有上万个冗余编码。所以在数字摄影机实际的设计中，只有少数的摄影机不进行任何的处理，像 DALSA 的 Origin，其他摄影机大多都有对数伽马和色域校正的过程。

图 6-3A 是 SONY F65 数字摄影机在直线空间模式下拍摄的素材，普通监视器上加载了 2.5 的伽马校正后，画面显得非常暗。图 6-3B 呈现出的则是图像原有的亮度关系。

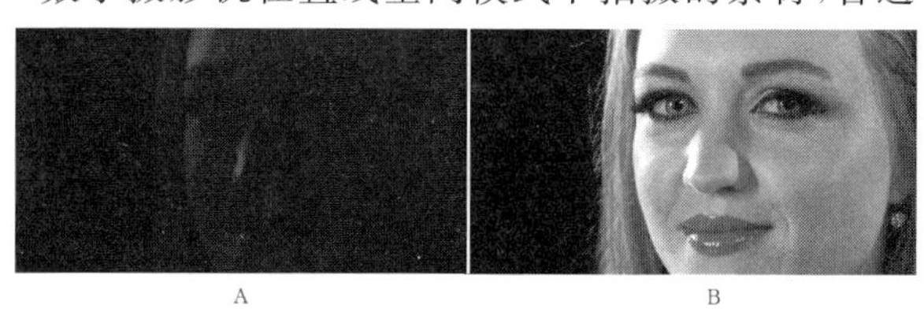

图 6-3 SONY F65 数字摄影机在直线空间模式下拍摄的素材和素材实际亮度关系的对比

图 6-4 是理想的直线空间下的工作流程，

实际上这种理想的状态现在的技术还达不到，虽然拍摄和制作方面都已经实现，但显示设备还没有直线空间的产品。

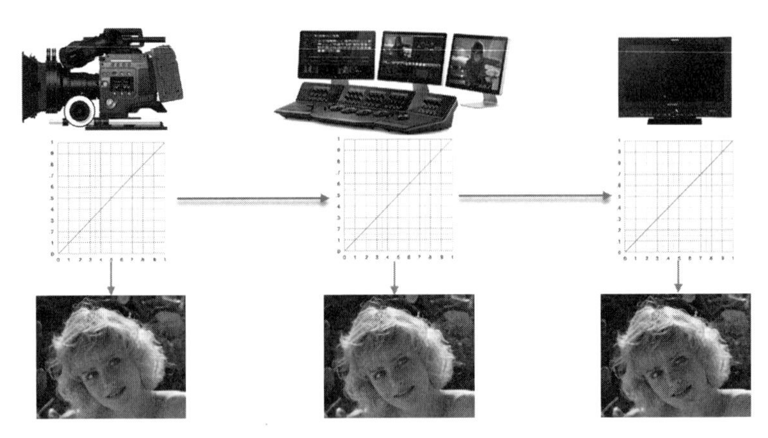

图 6-4　理想的直线空间下的工作流程

图 6-5 是目前影视摄制流程规范的操作，由于没有显示直线空间的监看设备，需要加载空间转换 LUT 才能正常观看。

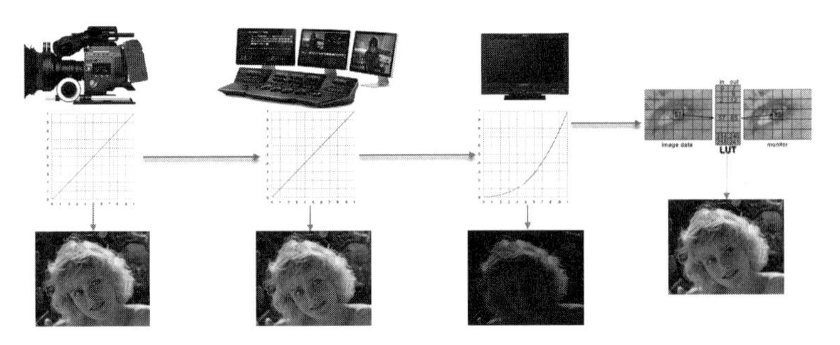

图 6-5　目前直线空间影视摄制流程规范的操作

第二节　线性空间

线性空间包括线性伽马与 Rec.709/sRGB、Adobe RGB、Rec.2020 色域两个部分。

一、线性伽马(电视伽马)

现在的电视显示设备大部分采用 8 比特编码，为了解决“编码 100”的问题，需要对其进行伽马校正。以 Rec.709 高清电视标准为例，伽马校正值为 2.5，对于同样的亮度变化，在暗部区域用更多的码值资源表示，亮部区域压缩用较少的码值资源表示。这种方式与人眼对暗部亮度变化的分辨能力强于亮部的非线性特点相近，所有 8 比特编码值均能得到有效利用，在不必增加位深的情况下，可大幅增加系统记录的亮度范围。

早期的电视机采用显像管显示图像，显像管的光电转换特性并不是直线的，而是非线性的指数特性[①]，也就是反对数特性，而成像器件的光电转换特性是直线性的。为了补偿显像管的非线性指数特性，必须在摄像机内对输出信号进行与指数特性相反的对数变换，才能在显像管上显示出正常对比度和彩色的图像，这就是电视伽马。因此，电视伽马的初始来源是显像管的反对数(指数)原生特性。[②] 数字摄影机上的电视伽马实际上是一条对数曲线，和电视显像管的指数曲线相加还原成一条接近直线的系统伽马，所以，长期以来，我们约定俗成地把电视伽马称为线性伽马(见图 6-6)。

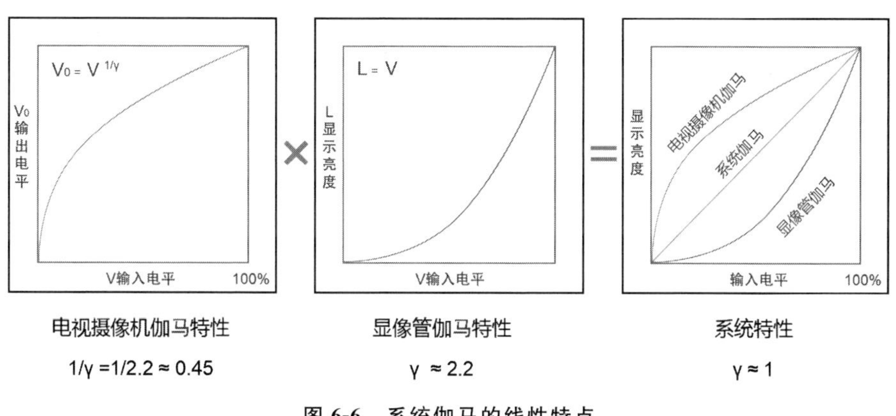

图 6-6　系统伽马的线性特点

以显像管为核心显示部件的 CRT 电视机和显示器已经被淘汰，新型的液晶电视显示技术虽然不再具有原生的指数特性，但同样是出于位深资源

---

① 由 CRT 电视机发出的红绿蓝基色光度值与电压(或码值)之比近似为 2.5 次幂。

② 王亚明.新一代数字摄影机技术[J].现代电影技术，2011(12).

最大化的考虑,保留了 2.5 的伽马校正(计算机的液晶显示器伽马多为 2.2)。这条由直线伽马经较高反差的伽马校正而得到的非线性关系曲线使用的量化资源少,而且匹配现在的广播电视系统以及最大规模使用的液晶电视和计算机显示器。线性伽马是电视直播节目的首选亮度工作空间。

考虑到近几年高清电视领域的技术革新,有必要深入分析下一代高清规范 Rec.2020 的亮度空间。

Rec. 2020 是 2012 年 ITU 组织针对超高清电视(UHD 4K and UHD 8K)建议的规范,在亮度空间方面,规定了 10 比特和 12 比特两种量化位深,并对伽马系统进行了重新定义。考虑到从模拟时代沿用下来的伽马 2.5 的校正,针对数字显示设备,Rec. 2020 提出了 EOTF (Electro-optical Transfer Function,光电转换函数),应用非线性曲线方程来实现以前的伽马校正。10 比特系统将继续沿用与 Rec.709 一致的伽马曲线,12 比特系统则强化了人眼敏感的暗部图像,对伽马曲线进行了改良,提高了暗部细节的量化精度,更有效地利用未来 8K 分辨率超高清显示设备的性能。

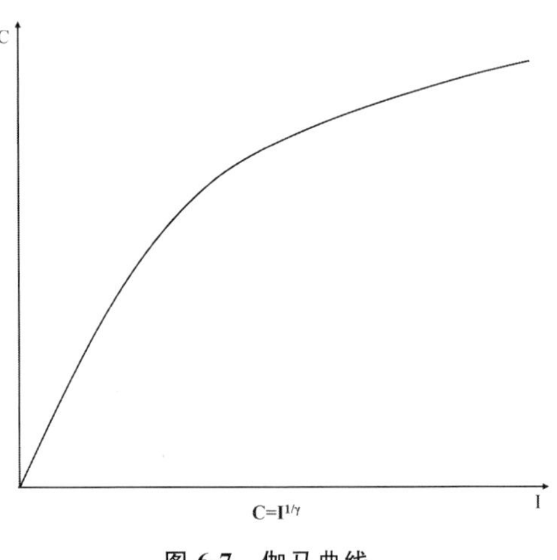

图 6-7 伽马曲线

在 10 比特位深下,Rec.2020 和 Rec.709 伽马一致。如果简单地用数学计算的方法比较,C 是编码值,I 代表亮度,则 $C=I^{1/\gamma}$,如图 6-7 所示。

用 I 代表 8 比特系统亮度值,I′代表 10 比特亮度值,8 比特高清系统 C 最大值为 256,$\gamma=2.5$,则代入公式 I=1 048 576;10 比特超高清系统 C 最大值为 1024,$\gamma=2.5$,则代入公式 I’=33 554 432。比较两者的亮度差,则有:

$$\mathrm{Log}_2 I'/I=5$$

在同样的伽马校正条件下,10 比特系统超出 8 比特系统 5 挡光圈的动态范围,超高清能记录的最大亮度达到现在高清电视的 32 倍。

当然,不是所有的编码范围都会用于亮度的表达。在 Rec.2020 中,10 比特系统标准定义有效的视频信号为 64—940,64 为标准黑电平,940 为标准峰值电平,而 0—3、1020—1023 则用于时钟参考信号,4—63 为低于标准黑电平的信号,941—1019 为标准峰值以上的信号。所以实际动态范围的表现会有所不同,但动态范围的确增大了不少。

二、Rec.709/sRGB、Adobe RGB 和 Rec.2020 色域

Rec.709 是 ITU 组织建议的规范，阐述了高清晰度电视的标准。标准规定所有的高清电视都要 100%覆盖 Rec.709 的色域。DVD 和蓝光也都采用这个规范。

1996 年，微软和惠普提出了 sRGB 色域，它同样是一种 RGB 的色彩空间，特性和 Rec.709 完全相同，大多数消费级的电脑显示器都能 100%覆盖 sRGB 色域。

为满足艺术家创作的需要，Adobe 在 1998 年制定了 Adobe RGB 色域标准。三角形的蓝色和红色顶点与 sRGB 完全一致，绿色的范围则更宽，包含了 CMYK 打印机的大部分色彩范围。Adobe RGB 色域需要宽色域显示设备的支持，专业级显示器才能 100%覆盖或者是接近 100%覆盖。

表 6-3 和图 6-8 分别以百分比、色域范围图的方式比较了原生的 Rec.709/sRGB、Adobe RGB、Rec.2020 等色域间的差异。

表 6-3 原生的 Rec.709/sRGB、Adobe RGB、Rec.2020 等色域比较

覆盖率 色域	Rec. 709/ sRGB	Adobe RGB	Rec.2020	DCI P3	Pointers 色域①	可见 光谱
Rec.709/sRGB	100%	85.7%	58.0%	79.6%	70.2%	33.3%
Adobe RGB	100%	100%	67.7%	86.98%	80.3%	38.8%
Rec.2020	100%	100%	100%	99.98%	99.8%	57.3%

Rec.2020 色域虽然同样属于 RGB 色彩空间，但是比其他的色域有更宽广的色彩范围。Rec. 2020 将 UHDTV 系统的 R、G、B 三基色色度坐标选到了可见光谱色轨迹上，用彩度极高的三基色实现宽色域系统。这种拓宽系统色域的方法是最直接、最有效的方法，但它的实现必须依靠先进的显示技术的支持。近年来，LCD、AMOLED 以及激光技术等迅速发展，成为超高清晰度电视

---

① 参考自 http://en.wikipedia.org/wiki/primary_color。基于样本的估算值定义的色域称为 Pointer 色域(Pointers Gamut)。20 世纪 80 年代初，美国科学家 M.R.Pointer 实测了 4089 种彩色样本，得到了一个能包含这些颜色的真实物体表面色色域，称为 Pointer 色域(用科学家的名字命名)。这个色域表面由 576 种颜色组成，后来国际照明委员会(CIE)把 Pointer 色域作为目标色域。详细内容参见 POINTER M R.The gamut of real surface colours[J]. Color research and application, 1980, 5(3):145-155.

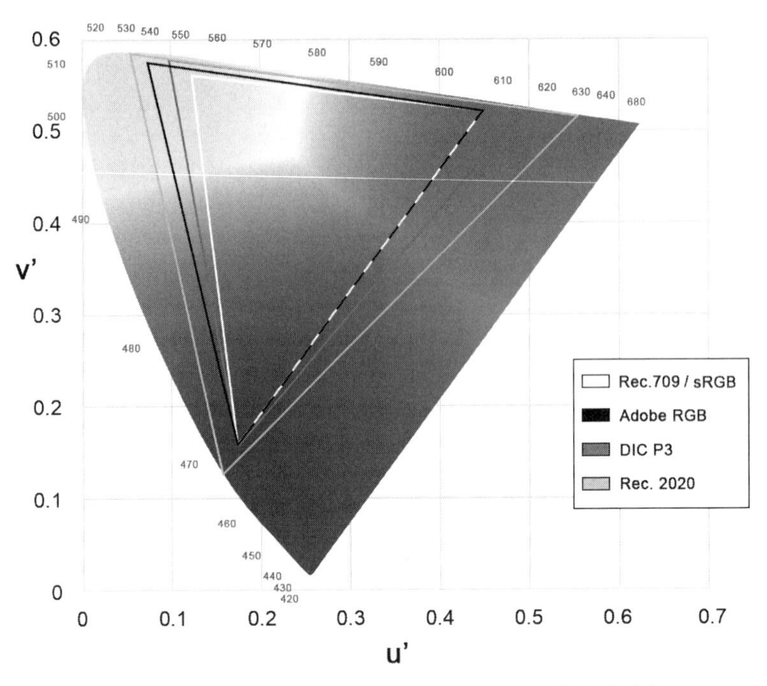

图 6-8 Rec.709/sRGB、Adobe RGB、Rec.2020 等色域比较

发展的技术基础。日本放送协会认为,UHDTV 的最终目标是普及每一个家庭,预计 2016 至 2020 年间会实现。[①] 截止到 2018 年年初,专业设备已经覆盖 Rec.2020 色域,新型的家庭电视机大部分也能覆盖到 90%以上。

三、线性空间的特性

和直线性伽马比较,直线性编码码值的亮度增量恒定,也就是说,亮度按照算术基数增长;而线性编码码值之间的亮度增量是以几何级数增长的(见图 6-9)。线性空间最初虽源于材料本身的特性,但恰恰由于和人眼的非线性特点相匹配,所以在影视行业沿用了几十年,到目前为止,它仍然是应用范围最广的一种工作空间。

线性空间下的前后期制作流程也非常简单,几乎所有的前后期摄制设备都支持这一空间模式。除去 Rec.2020,其他的几种线性空间规范都基于设备的 RGB 物理色域,亮度和色彩传递都相对准确。而且在长期的应用实

① 王静,李彦.宽色域视频技术研究与发展[J].信息技术与标准化,2012(12).

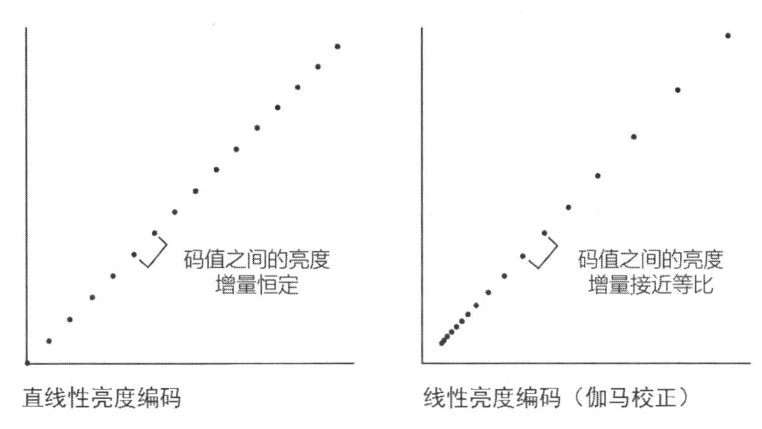

图 6-9　直线性亮度编码和线性亮度编码的比较

践中，软件和硬件厂商都在这几种不同的线性空间规范间建立了转换机制，对于创作人员来说，在线性空间下进行影调传递和色彩管理要比在其他空间下简单得多。

线性工作空间的技术和规范也有其致命的缺陷，尤其是其动态范围比较窄，已经不能适应高质量影视节目的创作需求。随着材料科学、计算机技术的提升和网络传输带宽的飞跃式发展（10 比特和 12 比特会带来数据量的剧烈增长），一旦条件成熟，Rec.2020 很可能会一统影视的天下，成为通用的规范。到那时，观众不再需要忍受有限的亮度和颜色范围导致的图像细节

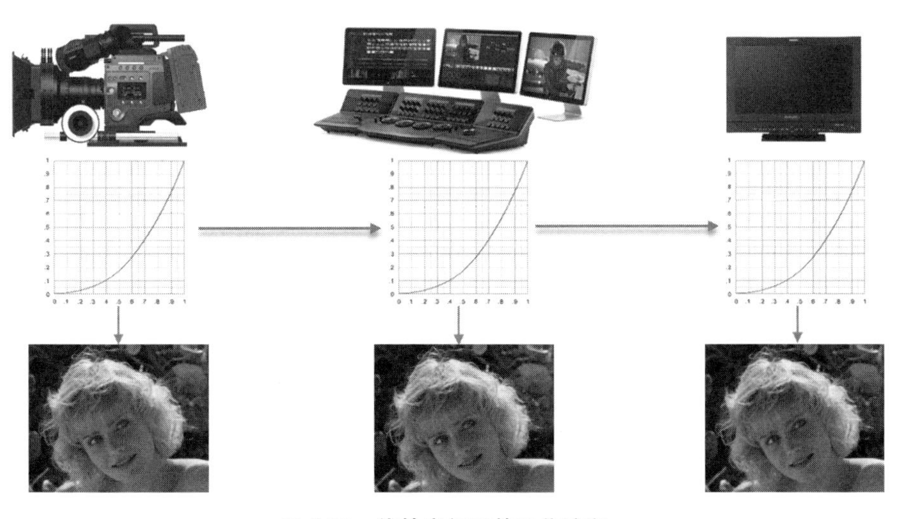

图 6-10　线性空间下的工作流程

损失，专业创作人员也不需要小心翼翼地在各个工作空间之间进行转换。

第三节　对数空间

对数空间包括对数伽马与DCI-P3色域(CIE XYZ色彩空间)两个部分。

一、对数伽马

线性空间是广播电视行业的标准，流程中具有非常高的一致性，但是它的宽容度和色彩空间受到了比较大的限制。厂商开发的拐点技术(Knee)和仿电影胶片伽马[①]在增加亮部细节的同时压缩了亮部结构，并没有从根本上改善对景物影调的重现比例关系，所以不能视作提高了宽容度。线性空间模式下的影像影调层次少，反差较硬，色彩饱和度高、丰富性差。

ARRI在2010年首先突破了线性空间的限制，率先在数字摄影机中使用对数空间。它的对数伽马不再是一条固定斜率的曲线，而是在暗部、中间调、高光等不同的影调层次中使用可变斜率，比特资源分配更加灵活，更多地照顾暗部亮度层级的变化，适当压缩亮部层级，使之更符合人眼的视觉特性。换句话说，对数空间中的对数伽马在重现画面中景物亮度的比例关系时更具“真实感”(见图3-52)。

对数空间中的对数伽马是由直线伽马经暗部较高反差、中间调中度反差、亮部较低反差的伽马校正而得到的非线性关系曲线，它的特点是在使用与电视伽马相当的量化资源时，可以表现出更大的宽容度。一般对数伽马使用10比特位深量化，后期制作时的调整空间比电视的线性伽马大，尤其是高亮度部分。对数伽马在图像质量和资源耗费之间得到了有效平衡。

表6-4比较了RAW和S-Log2在不同比特位深下的码率资源分配。相对于直线性空间，S-Log2对数伽马的码率资源分配更加合理，码值分布更有效地匹配视觉的非线性特征，在16比特记录时用9436—37 250描述漫反射物体，而不是621—5472，极大地增加了景物的灰阶数量，给后期的调整提供了非常大的弹性空间。但对数伽马的确增加了运算的复杂性和运算量。

---

① SONY HDW-F900R高清摄像机创造了一类更加接近胶片特性曲线的伽马曲线，虽然它的工作空间还是线性的，但是Hyper Gamma有倾向于对数空间的特性。

表 6-4　SONY 编码规范

Chart Reflection	Relative Stop	16bit RGB after RAW development	Output		
			S-Log2		
%			IRE	10bit CV	16bit CV
0.0	−24.3	512	3.0	90	5778
2.0	−3.2	621	9.5	147	9436
18.0	0.0	1504	32.3	347	22 230
89.9	2.3	5472	59.1	582	37 250
201.1	3.5	11 609	73.7	710	45 436
400.3	4.5	22 598	86.5	821	52 565
800.0	5.5	44 650	99.4	934	59 798
1378.1	6.3	76 544	109.5	1023	65 501

二、DCI-P3 色域

CIE 1931 XYZ 色彩空间由 CIE 定义，通常作为国际性的色彩空间标准，用作颜色的基本度量。CIE 1931 XYZ 是虚拟的色彩空间，可以表述所有 CIE 标准观察者能够看到的颜色，但是与视觉颜色之间没有直接的对应关系。CIE 1931 XYZ 色彩空间是与设备无关的颜色表示法。

DCI 数字电影系统规范（DCSS）摒弃了胶片电影所使用的 RGB/CMY 色彩空间和电视系统所使用的 YUV 色彩空间，规定颜色编码使用 CIE 1931 XYZ 色彩空间。因而，数字电影的颜色编码与显示设备无关，无论影院采用何种数字放映设备，银幕上都能够再现数字电影母版中规定的颜色，这是电影技术的一个重大进步。

DCI-P3 指用于数字影院的颜色空间，于 2007 年由 SMPTE 颁布，包含 sRGB 并比 sRGB 更大，是针对数字电影制定的标准（见图 6-11）。现在的数字电影都是按照 DCI-P3 色域制作，以匹配数字投影设备的色域。所有的数字电影投影机都能 100%覆盖这个色域。截止到 2013 年，只有一款商用监视器可直接显示 DCI-P3 色域——杜比专业参考监视器 PRM-4200，其他能显示对数空间的监视器大都通过加载空间转换 LUT 实现，这种转换实际上牺牲了色彩的丰富性。在 2017 年，虽然大部分 DCI-P3 内容主要面向院线，但家用液晶电视也开始大百分比覆盖这个色域。

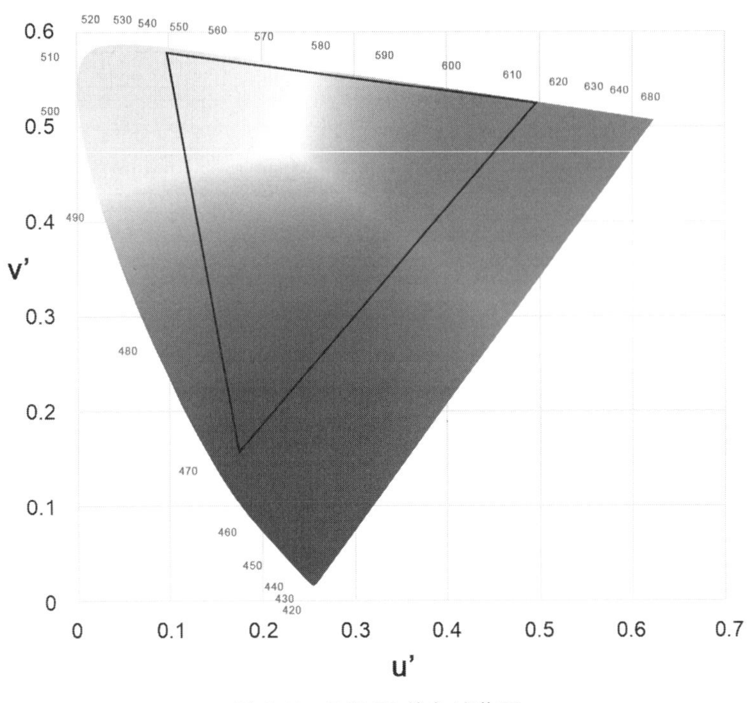

图 6-11 DCI-P3 的色域范围

表 6-5 比较了原生的 DCI-P3 色域和其他色域的差异。

表 6-5 DCI-P3 色域和其他色域的差异

覆盖率 色域	Rec. 709/sRGB	Adobe RGB	Rec.2020	DCI-P3	Pointers 色域	可见光谱
DCI P3	100%	93.6%	72.9%	100%	85.5%	41.8%

在 RGB 色彩空间的显示设备上显示 XYZ 色彩空间的图像时，会出现颜色异常（见图 6-12A），转换成 RGB P3 色彩空间后色彩还原正常（见图 6-12B）。

三、对数空间的特性

按照当下的影视制作流程，如果直接用电视的线性空间去处理和显示对数空间，会导致影像的反差大幅下降，同时色彩饱和度降低。原因在于对数伽马和电视伽马相加，并不能还原成接近于 1 的系统伽马（见图 6-13）。

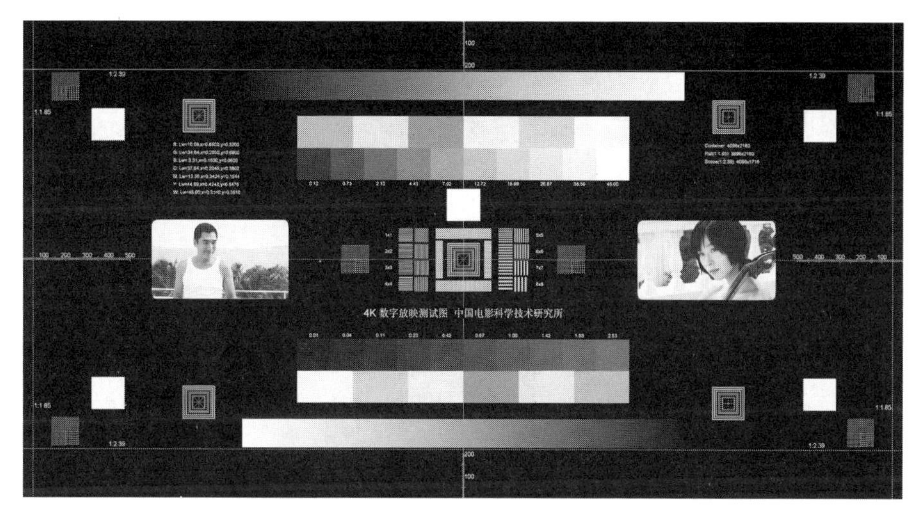

图 6-12A　中国电影科学技术研究所制作的数字放映机测试图(XYZ 彩色空间)

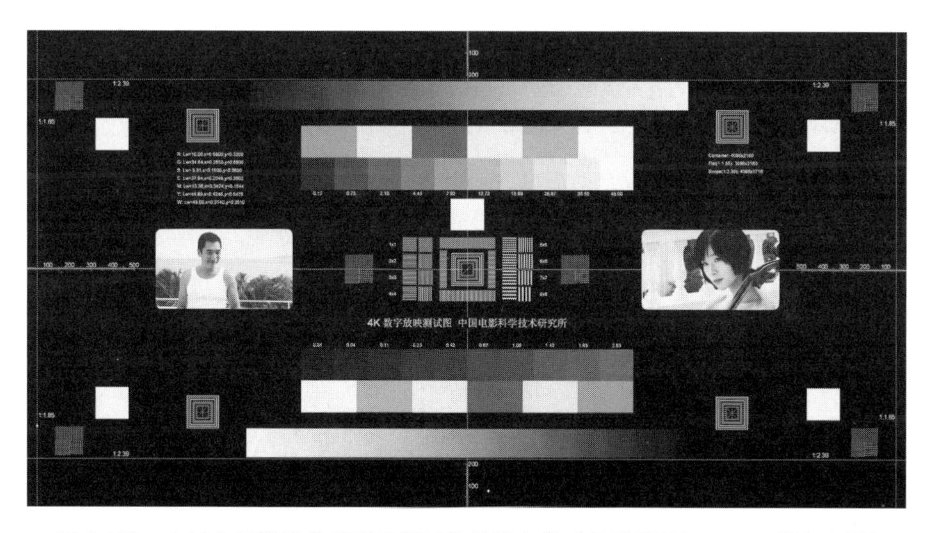

图 6-12B　中国电影科学技术研究所制作的数字放映机测试图(RGB P3 彩色空间)

作为一种专门为数字影院设计的编码系统，DCI-P3 直接编码伽马校正的 CIE XYZ 值。通过给每个 XYZ 分量引入一个幂函数来接近感知一致性[①]，该函数指数为 1/2.6(以 2.6 的幂来解码，每个分量用 12 比特足以获得

---

① 视觉对光线的感知与物理光强是非线性相关的，对于比率低于 1.01 的亮度级别的光线差别，人眼便不能识别。换句话说，人眼对光度值差异的视觉阈值大约是 1%。这也正是前面提到的“编码 100”问题的起源。

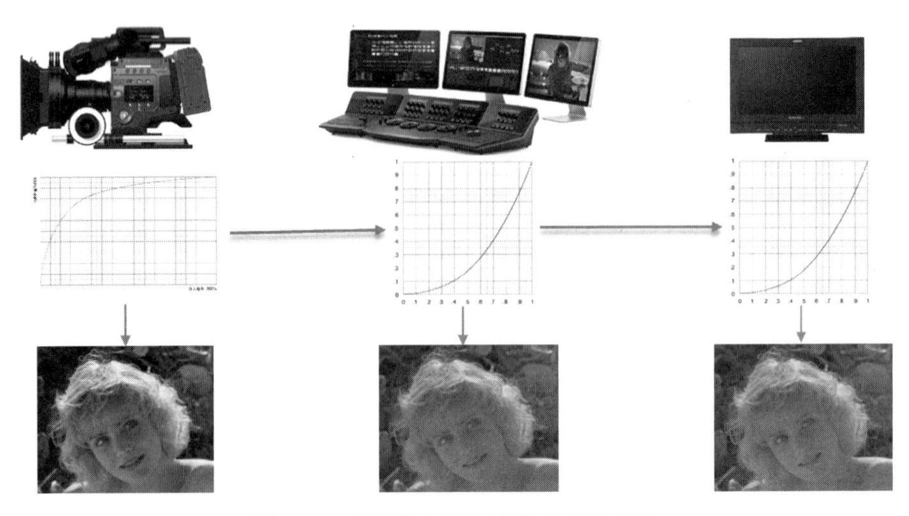

图 6-13　用线性空间直接处理对数空间

优异的图像质量)。在放映过程中,整个过程逆转,放映机采用 2.6 的伽马将 X'Y'Z'数据转换为线性;一个线性的显示空间矩阵将 XYZ 转换为影院放映机的 RGB 基色(色彩空间),如图 6-14 所示。

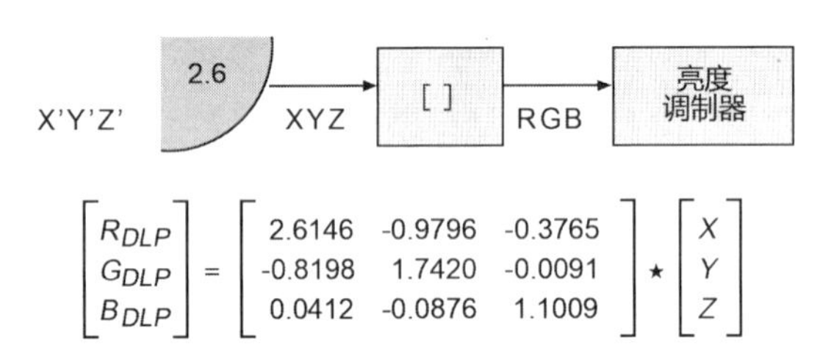

图 6-14　DCDM[1] 的 X'Y'Z' 色彩空间通过一个线性矩阵转换为放映机的 RGB 色彩空间

对数空间的显示技术已经很成熟,在液晶显示面板中,通过把原有的电视线性伽马改变为对数伽马,即能很好地还原图像的影调关系,但是色彩对应相对比较复杂。受到染料科学技术和液晶背光光源光谱纯度的限制,液晶面板在色域定义方面和对数色域存在比较大的差距,在色彩的丰富性上会略逊一筹。所以,高质量的对数空间电影制作都需要有标准放映设备,来辅助摄影师和调色师处理影片的色彩色调。

---

① DCDM 即 Digital Cinema Distribution Master,指数字电影发行母版。

受到预算的制约,小成本的影视制作中大多采用监看 LUT 的方式使用 Rec.709 规范的标准监视器映射。当然,如果最终的节目投放是电视媒体或网络媒体,用数字摄影机对数空间模式拍摄的素材进入后期流程时就会统一转换成线性空间模式。即使在这种转换的情况下,影调层次和色彩的丰富性都要远远高于直接用线性空间拍摄的结果。

四、总结:三种空间的应用现状

“存在即合理”,三种工作空间的并存是现在多层次影视制作的需要。

直线空间原理最简单,编解码的算法也最为直观,但是由于编码“100”的问题需要 14 个比特以上的量化位深,非常消耗系统资源。根据人眼感知一致性的原理,直线空间编码会产生大量冗余,那为什么在高质量的影视制作项目中大家都钟情于这个空间?原因恰恰在于“冗余”。

线性空间是现在几乎所有的电视终端设备的工作空间模式,虽然动态范围小,色域覆盖率低(33.24%),但由于商业技术更新换代的周期性特点,还会存在 10 年甚至更长时间。

对数空间在目前阶段显然具有“承上启下”的优势。显示终端设备不容易大范围更换,因而拍摄和制作领域现在通常采用对数空间的记录、剪辑、调色和特效合成来提高质量,在节目发布时再转换到线性空间。对于电视节目和中低成本的数字电影的摄制来说,对数空间是最优化的选择。

随着技术的进步,尤其是激光显示技术的突破,Rec.2020 色域的覆盖率将越来越理想,线性空间模式很有可能超越对数空间模式,毕竟它自己本质上也是一种对数算法。

第四节 各种空间的相互转换

影视作品的投放环境正逐渐多样化,包括数字影院的数字投影机、普通家庭中的液晶电视、网络媒体使用的计算机和移动媒体设备如平板电脑及手机等。数字摄影机为满足不同制作环境的需要,一般都有多种工作空间供摄影师选择。

最为简化的流程是用最后投放的工作空间决定前期拍摄的工作空间。但是,即使是电视综艺节目,为了追求更为丰富的影调和色彩,也往往会在前期拍摄时选择更大的工作空间,进入制作阶段再通过 LUT 转换映射到目标工作空间,提高图像的呈现质量。毕竟在拍摄时因为工作空间小而丢弃的细节是无法通过后期的手段找回来的。第二章中提到湖南卫视《我是歌手》第三季总决赛中使用了30台ARRI AMIRA数字摄影机,14挡拍摄宽容度和3D LUT机内预调色,这是充分发挥数字摄影机特性优势和综艺节目现场直播能力的一次历史性突破。

已故著名摄影师池小宁的"数字工艺流程反算法"也是同样的思路,即根据最后投放的格式和后期用到的设备和软件,确定前期拍摄时的拍摄设备和格式。这里的格式现在应该替换成工作空间,因为格式为王的时代已经一去不复返了。如果存在前期拍摄和最终投放工作空间不匹配的问题,就要借助LUT进行空间转换。就目前的数字中间片系统技术发展而言,DI① 的亮度和色彩数据表达(也就是伽马和色域)还没有统一的规范和严格的标准,各系统之间存在很大的差异。

一、外部转换

有些数字配光调色系统直接以视频和高清电视的线性空间为基础,监看使用高清电视的标准接口和设备。但受伽马2.5和Rec.709色域的局限,其无法重现对数空间的影调和色彩关系,需要应用LUT或以直线空间为中介进行工作空间的转换。

(一)使用LUT进行空间映射

配合数字摄影机的发布,官方会提供相应的转换工具。这些LUTs的特点是映射准确,融会了厂商工程技术人员的集体智慧,当然也包括对大众审美的迎合。

以标准的灰渐变为基准,可以观察ARRI的Log C和SONY的S-Log3 LUTs的差异(见图6-15)。如同柯达对自己胶片工艺的独到设计,不同的数字摄影机厂商也在对数工作空间中根据传感器的特性以及对影调色调的理解设计自己的算法。

(二)使用ACES直线空间作为中间媒介

影视技术的发展既需要不断创新,又要平衡发展通用的标准。数字影

---

① 数字中间片的英文简称。随着胶片电影的逐渐消亡和数字电影的崛起,数字中间片系统正转变成DIT(有关DIT的介绍详见第七章第三节)和数字配光调色两个系统。

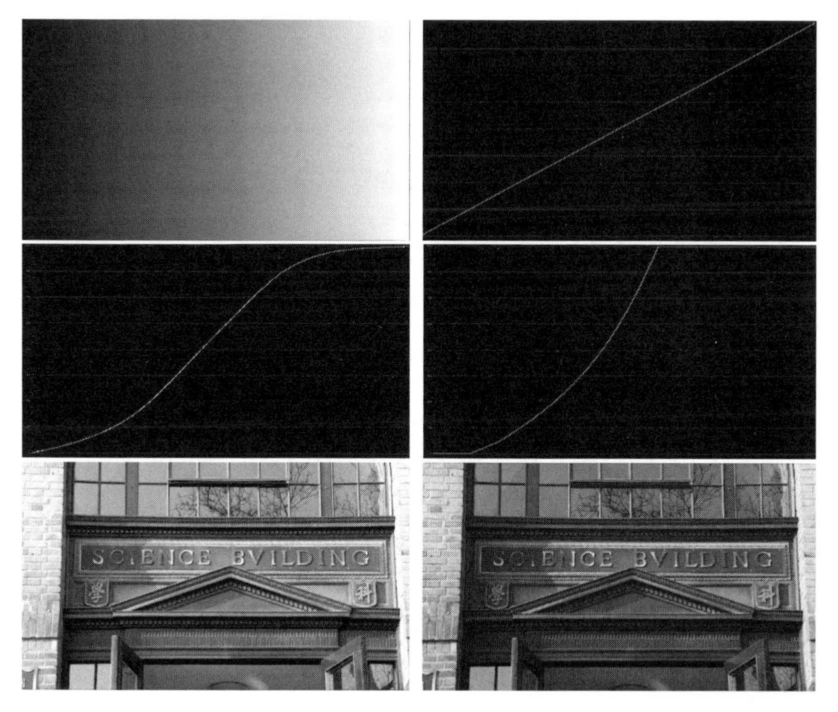

图 6-15　ARRI 的 Log C 和 SONY 的 S-Log3 LUTs 的差异

像技术正处在这样一个时期，十年时间积累了大量的新技术、新的数字思维，急需一个公认的数字影像生产和归档的规范。

ARRI、SONY、BMD 等诸多数字摄影机设备的生产厂商都加入了对 ACES 的支持，所有的主流 DI 平台也融合了 ACES 的规范流程。

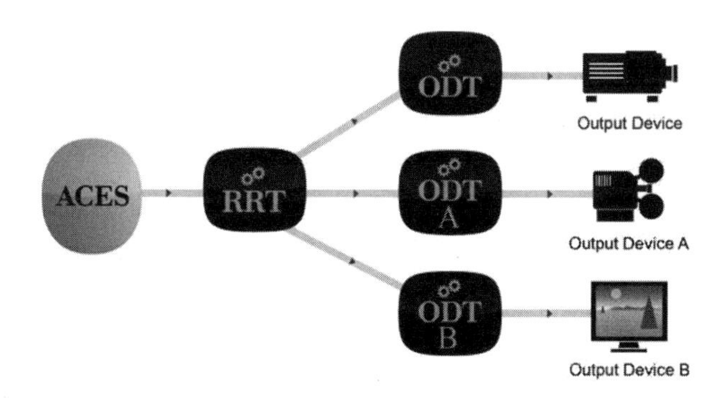

图 6-16　ACES 的规范流程

关于 ACES 的内容在第五章第三节中已详细介绍。下面着重分析一下

ACES 的核心特性：

1.宽伽马编码，能处理所有颜色，它的色域超过了可见色域（参见本章第三节“色域转换”部分的内容）。

2.不同于 CIE xy 只能用于运算不能用于实际的记录和显示，ACES 以 RGB 为三原色，是一个真正可应用于实际的工作空间。

3.高动态范围，有 25 挡光圈的宽容度。

4.16 位半浮点运算，码值范围从-65 504.0 到＋65 504.0，能使用负值编码。

5.通过数学计算得出的白点坐标：CIE x＝0.32 168，CIE y＝0.33 767，近似于 CIE D60。

6.基准的中性灰，ACES{0.1800，0.1800，0.1800}＝CIE XYZ{0.1715，0.1800，0.1816}。

图 6-17 是如今的数字中间片流程。

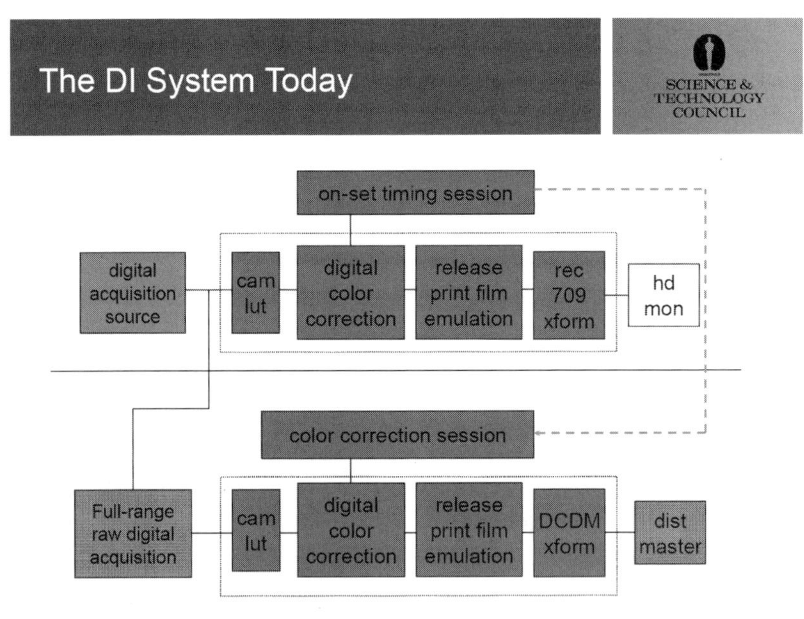

图 6-17 如今的 DI 流程

借助 ACES，以上的 DI 流程可以简化为图 6-18。

ACES 的设计目的是忠实于源媒体，完整保留原始素材数据的质量，并为摄制工作提供最大的弹性空间，可以应用于数字摄影机、后期配光调色、胶片扫描、电视电影等工作流，尽可能地覆盖整个工业流程，同时允许不同

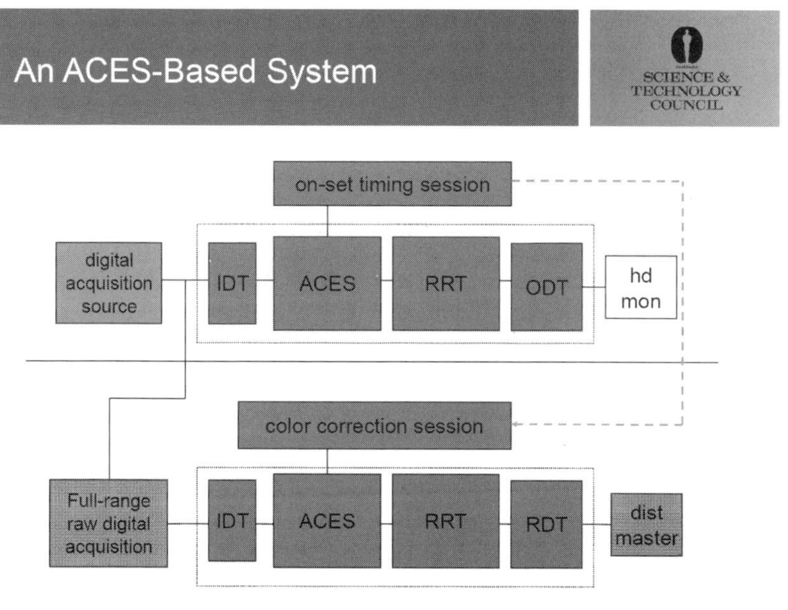

图 6-18　基于 ACES 的高效流程

的设备运行自己的工作流。

（三）不同厂商之间数字摄影机的空间匹配

影视创作手段多元化的直接结果是前期拍摄数字摄影机选用的多样性。为了满足拍摄的实际需要，在实际创作中大多使用多种品牌和多种型号的数字摄影机，这给后期的镜头匹配增添了难题。

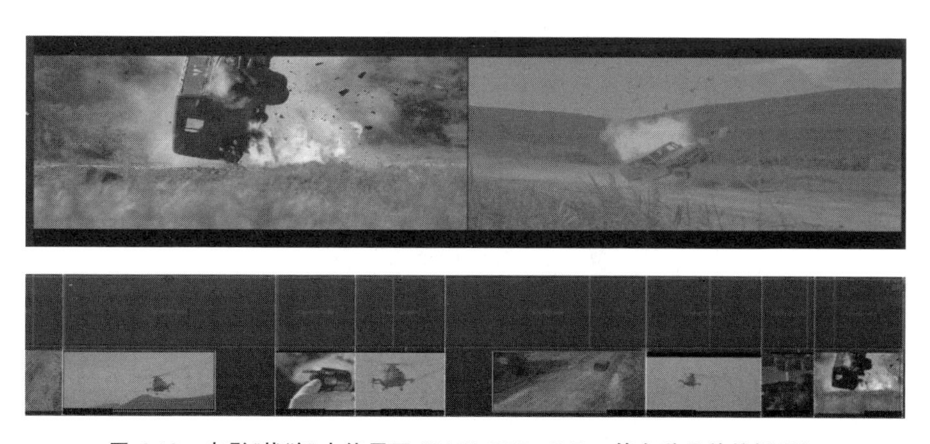

图 6-19　电影《战狼》中使用了 SONY、RED、GoPro 等多种品牌的摄影机

即使在前期拍摄中，所有的摄影机都在同一个工作空间模式下工作，由于内部算法、滤色片阵染料物理基色的差异，仍然会出现反差和颜色的不一致。在后期进行镜头匹配时，往往在匹配好了几种颜色后，其他的颜色又出现了偏差，不能兼顾所有。这时候，能兼顾不同品牌、不同型号的摄影机，且使亮度、色域精确对应就显得非常重要。

匹配的方法视精度而定，常规的做法是在每个场景拍摄前预先记录标准灰阶和色块测试卡，像麦克白色卡。后期调光调色时通过色卡的比对生成LUT，再把此LUT应用到实拍的素材上，完成镜头的匹配。这种方法依赖于软件的计算精度和插值算法是否足够优化。

此外，还可以借助厂商根据自己的摄影机的特性以官方名义发布的匹配其他品牌摄影机的LUT，SONY等厂商已经开始进行这方面的尝试。

ALEXA: Log C to Rec.709 LUT
F55: S-Gamut3.Cine/Slog3 to LC709 TypeA LUT

图 6-20 原生 LUT 肤色匹配

考虑到ARRI数字摄影机在影视拍摄中应用的广泛性，SONY针对F55推出了S-Gamut3.Cine/Slog3 to LC 709 TypeA LUT。图6-20是对7种肤色及多种唇彩、发色、衣服进行的实拍测试，通过LUT映射后加以微调，所获得的效果和ALEXA原生Log C to Rec.709 LUT的匹配度还是非常接近的。

二、内部转换

有些数字配光调色系统集合了基于“直线性”的 RGB 编码和 OpenEXR 文件格式。直线 RGB 码值存储在 16 比特的 TIFF 格式文件中。系统设计者决定 RGB 数据的色彩特性，并且决定数据值是否与原始场景三色值成比例。OpenEXR 能存储高动态范围的线性光和与场景相关的 RGB 影像数据。每个分量都以 16 比特浮点数表达，包括一个信号比特，一个 5 比特的指数和一个 10 比特的尾数。

图 6-21 Mistika 界面

像 Mistika、Baselight 一类的数字调光调色系统就是采用内部空间转换的方式，不需要借助 ACES 或者第三方的映射工具，在系统内部就可以把不同工作空间的素材归一化，甚至为了创作的需要“改造”原有的工作空间特性。这样的系统需要强大的处理能力来应对空间转换带来的巨大运算量，极其耗费系统资源，适用于投入多、质量需求高的影视制作。

第七章 影像质量控制与DIT数字影像工作流程

对于影像特殊效果的控制应该放在前期拍摄阶段还是后期制作阶段的争论似乎已经尘埃落定，出于制作周期的考虑和对现代数字摄影机技术的自信，大量原来在前期拍摄时需要完成的工作都交给了“电脑人”[①]。像日拍夜这种典型的场景，许多电视剧剧组的做法是按照日景正常拍摄，进入后期DI阶段再由调色师把曝光拉下来，日拍夜变成了“日调夜”，简单粗暴却也非常实用。这种方式方便了前期拍摄，最后却为难调色师去处理大量的可见灰度阶和色调分离(见图7-1)。

图7-1 日调夜导致灰度阶和色调分离

① 剧组中对后期技术人员的戏称。

业界不再争论前后期之间的关系还有一个重要原因,那就是Log的出现。对数空间模式可以达到15挡甚至16挡宽容度,包含太阳等光源在内的极大光比环境,数字摄影机都可以轻松应对。于是在拍摄现场,“定光点”显得没有那么重要了,“先记录下来,后期再调”成为了目前创作的常态。

在胶片时代,如果负片的宽容度允许,通过配光的确有比较大的弹性空间。毕竟感光材料本质上还是一种实实在在的“物质”,是一种模拟量,它天然具有连续变化、可无限分割的特性。数字影像由离散化的编码值构成,一方面,在满足视觉阈值的条件下,可以创造出完美的连续影调,骗过人眼;另一方面,一旦跨过了阈值的极限,马上会被人识破,无所遁形。对图像电平的调整,正增益或负增益都会损失灰度层次,导致灰度阶数下降。[1]

第一节 影响影像质量的关键点

一、正负增益调整降低图像质量

DI调光的动作主要包括两个方面:调整图像的亮度和改变高光、中间调、阴影的影调构成,这些动作实际上改变了图像的电平值。

目前,后期制作的工艺流程越来越复杂,图像质量需要经过后期大量的处理调整、工作空间的转换等环节的考验,所以对自然真实场景这些连续的物理模拟量的量化精度就不能只是骗过人眼这么简单,还要有足够的弹性应对诸如亮度、色度的大幅度调整,以及不同空间的映射。所以在拍摄和制作时需要比显示投放更多的量化比特,以弥补数字信号处理时细节的损失。

对图像的调整最多的是电平的调整,但无论是正增益还是负增益都会损失灰阶。

正增益调整:把5%的电平调整到10%后灰阶并没有增加,在输出时实际的灰阶只保留了记录下来的1/2。应对这个幅度的调整,需要记录的灰阶数是输出的2倍。为保证输出的精度,理论上记录时的比特数要比输出高出1个比特。如果需要更大幅度的调整,则需要增加更多的比特数(见图7-2)。

负增益调整:把10%的灰调整为5%的灰黑,原始电平内的灰阶被压缩,受输出精度的限制,输出时的灰阶数量不减不增。但是图像亮部的灰阶被扩展,

---

① 王亚明.数字摄影机之梦[J].现代电视技术,2009(3).

记录的比特数要大于输出的比特数才能保证亮部灰阶的精度(见图 7-3)。

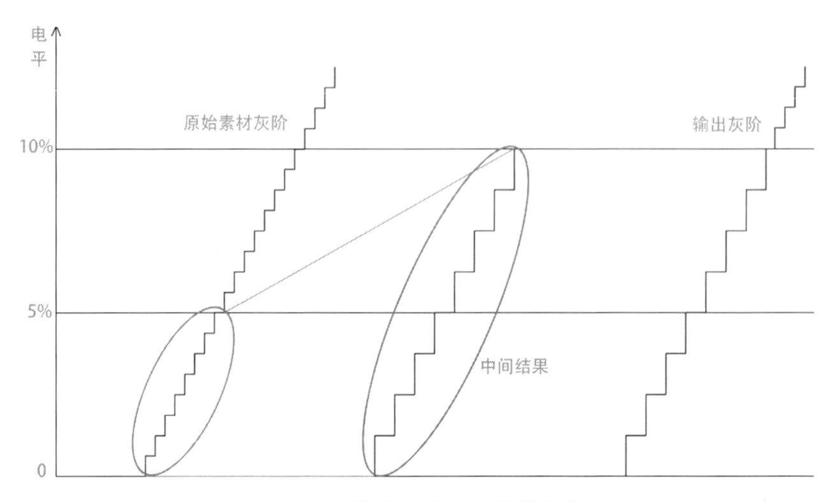

图 7-2 正增益调整时灰阶的损失

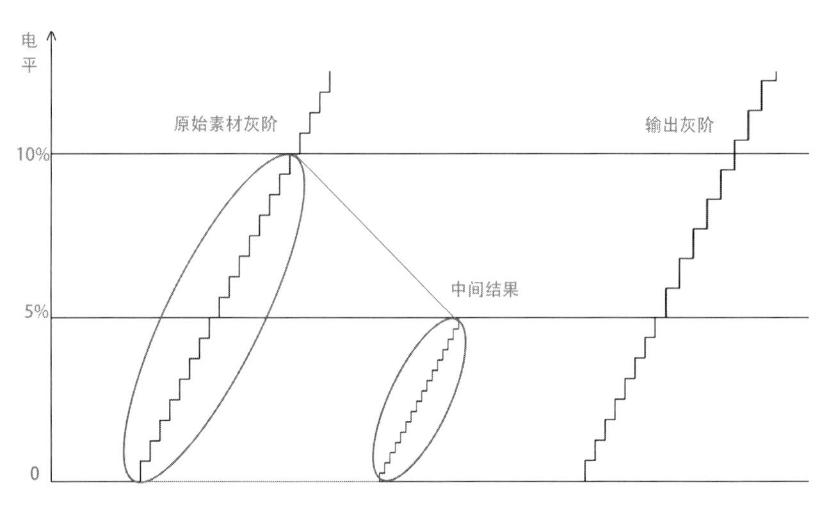

图 7-3 负增益调整时灰阶的损失

从以上的分析中我们不难看出,不论提高电平或者压缩电平,都会降低图像灰阶数量。为了给后期制作留出调整的余地,现在的数字摄影机大多采用了 14 比特以上的量化。如果拍摄时采用 RAW,后期配合直线空间,将大大提高处理的弹性。

二、LUT映射降低图像精度

不同品牌的数字摄影机采用不同的伽马，传感器滤光片阵受染料工艺的限制，因此，即使同一品牌的不同型号摄影机色域也存在差异。伽马和色域不同，意味着表述亮度和颜色的方式存在巨大差异。在实际的摄制工作流程中，必须利用LUT以统一不同的伽马和色域。

这一部分内容详见第五章第四节，此处不再赘述。

第二节　拍摄过程中的质量控制要点

技术发展的规律表明，调光调色等后期处理已经成为影视制作流程中必不可少的环节。如何“弥补”调整中的质量损失，确保投放的影像质量最佳？结合目前数字摄影机的工作空间模式和优化后期处理的算法，不失为目前技术条件下的解决之道。

一、合理运用直线空间

一部网络大电影的拍摄周期平均为一个月，在4K分辨率下使用RAW格式记录图像，大约需要40T的存储。14个比特以上的量化位深在剪辑和DI阶段必然消耗大量的系统资源。那为什么在一些较高质量的影视制作项目中优选直线空间？因为一帧图像用数万个编码来描述，才能经得住创作上的“深加工”。

虽然大比特的编码带来的“冗余”允许创作有一些小失误，但摄影师仍要谨慎对待。尤其在曝光指数的设置上，要充分考虑在光线充足、光比较大的情况下使用较高的EI设置，以更好地保护高光层次。而在较暗的场景中使用较低的EI设置，用较大的光孔或者人工补光的方式以获得扎实的暗部细节。

另外，直线空间在整个摄制流程上要高质量地转化为其他工作空间。直线空间下记录的RAW文件本质上是类似拜耳的RGB阵列，有人把它比作数字底片，也就是说不能够直接观看。有摄影师或者调色师可能会说，记录下来的RAW文件可以在摄影机上回放，也可以在DI系统中打开并观看。的确是能“看”，但是我们看到的实际上已经由系统进行了空间转换，已经加载了对数空间或者线性空间的伽马，并按照特定的空间限制了色域。RAW到目前还是“不可见的”。

综上，在前期拍摄阶段，合理运用直线空间的重点在于用合理的曝光摄取更多的影调层次，同时最大限度地抑制噪声水平。在后期DI阶段，要在空间转换上优化RAW文件的各种参数设置，加载正确的伽马以及确定和播放平台一致的目标色域，确保影像质量最佳。

二、对数空间模式下发挥摄影机的最大效能

出于成本和效率的考虑，大多数中低成本的影视节目会采用对数空间模式。对数伽马虽然保留了和RAW同样的灰度阶数量，但是编码冗余得到了很好的控制，因此可以用较小的体量记录14挡以上的宽容度。

高质量的数字摄影机内部的处理电路采用14比特甚至是16比特量化位深，在信号输出之前，再将位深降到10比特，以减少信号处理过程中的损失。[①] 也就是说，传感器进行光电转换后，输出时才会加载相应的工作空间模式。16比特是10比特数据量的64倍，借助这个特点，把后期调光调色的工作“前置”，可以最大限度地保证影像质量。

在胶片电影时期，摄影师可以选用不同曲线特性的胶片来达到软调、硬调等特殊影调效果。还可以在洗印阶段通过对显影时间、温度和配光的控制进一步加强影调、色调倾向。数字中间片出现后，这部分工作转移给了调色师。对数空间在数字摄影机中的应用，把影调关系和色调的调整“还给”[②]了摄影师。

美国电影摄影师协会定义了一组变换参数，这些变换参数包括Slope、Offset、Power和Saturation，我们在这里称作“斜率”“偏移”“功率”和“饱和度”。规范由一些简单的色彩控制，比如乘以系数、增加偏移量、提高指数等构成，统称为“色彩决策列表”(Color Decision List，简称ASC CDL)，作为一种通用的交换格式“沟通”不同厂商的色彩校正系统和编辑工具。

ARRI AMIRA数字摄影机中的图像处理把ASC CDL转换应用到Log C编码的图像中，提供诸如曝光校正、压缩高光等功能。这些功能是在图像转换成具有比较陡峭的对比度曲线的显示色域之前完成的，保留了尽可能多

---

① 孙略.视频技术基础[M].北京：世界图书出版公司，2013：81.

② 对于标清、高清摄像机，摄影师一般不能精确地控制影调关系。

的影调层次和色彩信息。①

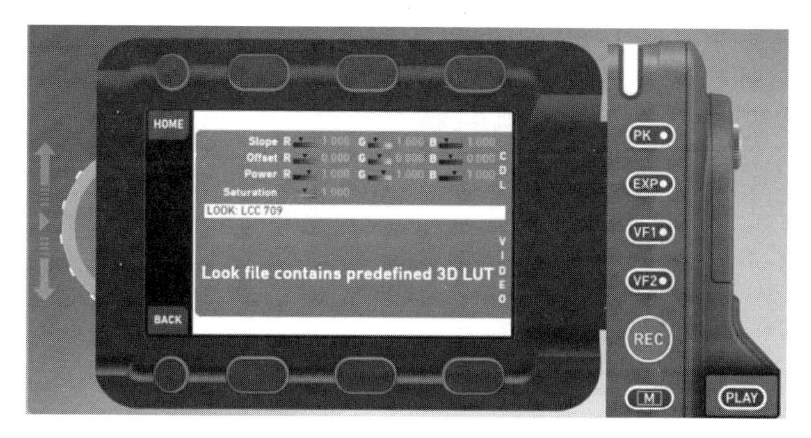

图 7-4　ARRI AMIRA 数字摄影机中的 CDL

使用可变斜率的对数伽马曲线，把原来胶片厂家、洗印车间等前后期控制的特权集成到数字摄影机中，极大地拓展了摄影师在前期拍摄阶段影调色调控制的创作空间。具体可以调控的元素包括：Slope、Offset、Power、Lift、Saturation。

(一)Slope

Log C 伽马的线性部分和电影负片的特性曲线的直线部分相当，Log C 伽马曲线的斜率默认设置近似等于 0.51，可以通过调节 Slope 参数改变影像的影调构成。

负片的反差分类方法有许多种，柯达一直强调伽马和反差指数，认为它们是测量负片反差特别有用的两种方法。“伽马在科技摄影中很有用，而反差指数广泛应用于艺术摄影中。”②对于胶片来说，伽马是特性曲线直线部分的斜率，通常来说，它表示光学影像和底片之间所产生的影调压缩程度。一张伽马为 0.6 的底片，对记录在胶片特性曲线直线部的影调的压缩为 6/10。

Slope 在常数 1 上下改变伽马，当 Slope 值为 1.2 时，摄影机的伽马为 0.6 ($0.51\times1.2\approx0.6$)，相当于使用伽马值为 0.6 的电影负片获得的影调结构(见图 7-5)。

---

① 参见 ARRI AMIRA 阿米拉官方技术白皮书 *Color by Numbers – White Paper (DRAFT VERSION)*。

② 柯达公司.柯达专业黑白胶片[M].张娟，译.杭州：浙江摄影出版社，1999：14.

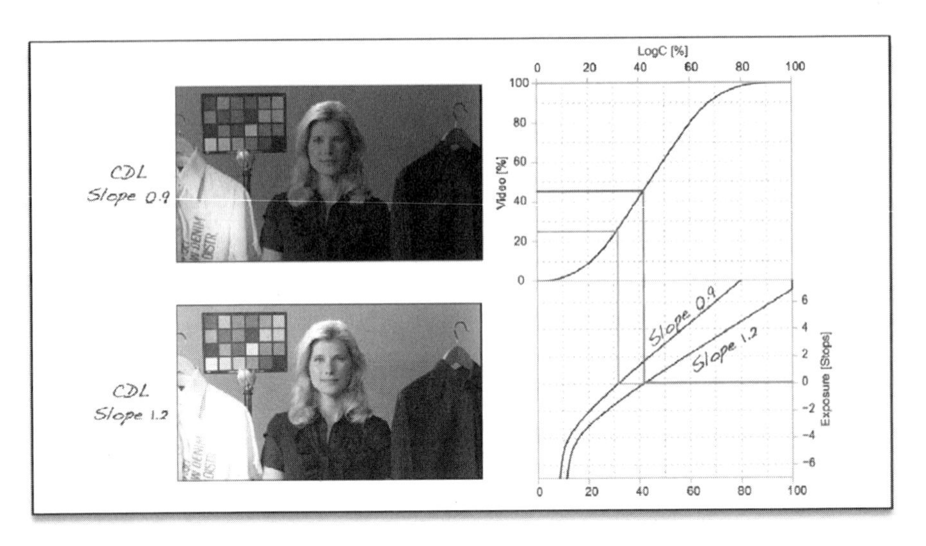

图 7-5 Slope

（二）Offset

Offset 是最直观的 CDL 参数，它的作用相当于改变电影负片的曝光指数 EI（见图 7-6）。如果摄影师非常熟悉拷贝的工艺流程，则可以参考印片时的配光工作，其作用是一样的。

如果一个场景需要在 ISO 1600 下才能正确曝光，但是摄影机设定成了 EI 800，导致欠曝光一挡，则可以用 CDL offset 0.1 校正。

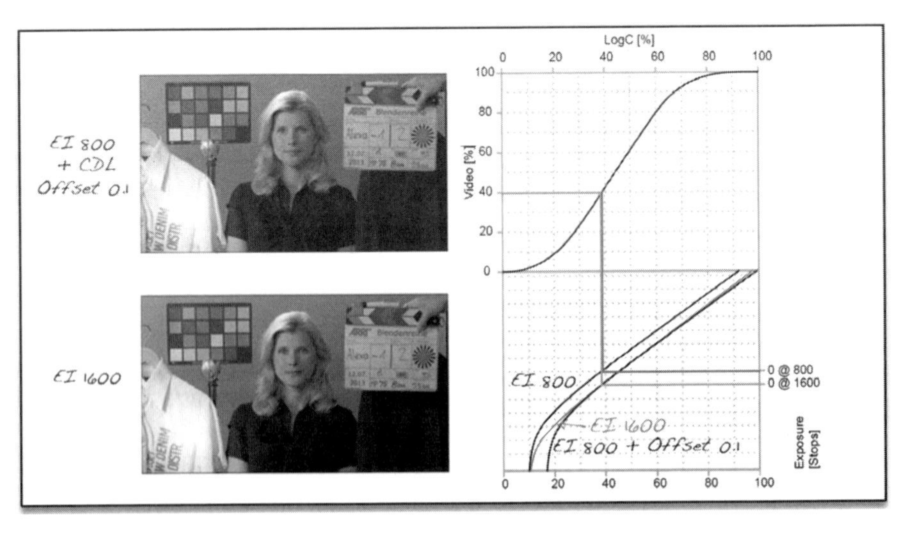

图 7-6 Offset

（三）Power

Power用来改变中间调，类似于后期调色流程中Gamma参数的作用（见图7-7）。

Power值小于1.0会提升中间调的亮度，大于1.0会降低中间调的亮度。

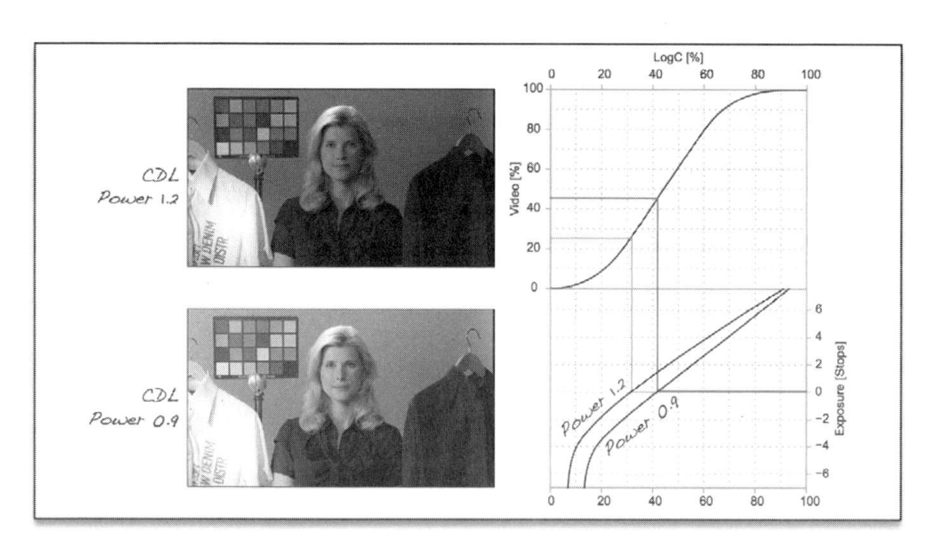

图7-7 Power

（四）Lift

Lift ＝ Slope ＋ Offset。Lift是对图像整体亮度的控制，但是它不会改变“白点”的位置。换句话说，这个操作是以白点为锚点来旋转Log C伽马曲线。在后期调色工艺中，此组合相当于一级调色中的Lift。

在图7-8的案例中，A图Lift＝0.9，CDL Slope＝0.9，CDL Offset＝0.1。B图为未经任何参数校正的原始图像。C图Lift＝1.1，CDL Slope＝1.1，CDL Offset＝-0.1。A图和C图高光部分保持了B图的原貌，而中间调和阴影部分的影调结构大不相同。A图中的直方图信息集中在中间调部分，其影调柔和，中间层次细节丰富；C图中的直方图信息向阴影部分偏移，反差增大，影调明快，中间层次细节减少。

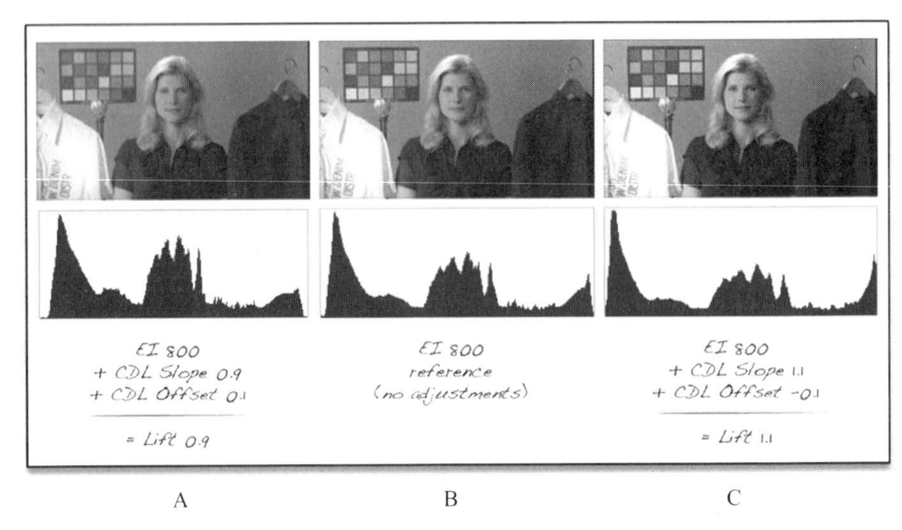

A B C

图 7-8 Lift

(五)Saturation

饱和度参数作用于对数色域所有的色彩元素。以常数 1 为基准,大于 1,色彩饱和度增强;小于 1,色彩饱和度下降。

图 7-9 Saturation

三、选择高质量的后期调光调色系统

不同的应用领域会有不同的标准,需要一种转换不同色域的技术 LUT。理论上说,依靠准确的数学计算,如果转换的颜色是在两个不同色彩属性设备的共同色域内,那么这种转换比较容易,而且对应关系准确。但是如果某个特定设备色域之外的颜色简单地被切割成与其接近的色彩,就会导致可以看见的损伤。同时由于数据量的问题,3D LUT 不可能为每个输入和输出值提供对应的数值组合。大部分的 3D LUT 使用的节点都在 173 到 643 的范围之内,而在这些点之间的数值需要被插入。不同的系统会以不同的算法和精度减少色域改变带来的损伤,并会以不同的精度处理需要插入的差值,因此即使两个不同的系统使用了同一个 3D LUT,它们都有可能生成不同的结果。

ACES是一个不错的选择,前提是两个色域系统都要提供与ACES的转换协议。

综合考虑整个摄制流程,影像质量控制的关键要点无外乎两个大的方面。对于摄影师来说,要有"影像质量根本上是由前期拍摄决定"的意识,在前端,也就是数据编码被压缩之前,从曝光控制、Slope等伽马参数的设定、色彩空间的选择,到记录格式的确定,要最大限度地保留影像的质量。而对于DIT和后期制作,则要优化数字影像的工作流程,使用科学规范的数据管理,在保证质量无损传递的同时,提高制作的效率,缩短创作的周期。

第三节 优化的DIT数字影像工作流程和数据管理

一、从场记板说起

镜头是影像的基本单位,每部影视作品都是由许多镜头组成的。一部商业片平均有超过2000个镜头,一集电视剧也大多超过700个镜头。片中的场景众多,为了提高拍摄的效率,除了极少数导演会按照剧情展开的顺序拍摄,绝大多数情况下是按照场景拍摄的。比如先拍棚里,再拍外景。再比如拍摄外景时,会把发生在同一场景下的所有戏都一次拍完,而不会按照剧本的顺序来拍摄。为了保证质量,大多数的镜头都要拍好几条。为了能够较好地整理这些素材,需要给每一个拍摄的镜头做好标记,否则将会给后期的剪辑和特效工作带来"灾难"。

电影工作者在长期实践中摸索出一个好办法,他们使用一块带有黑白相间条纹的小板,板上简要地写着下面将要拍摄这段胶片的有关内容,在拍摄每个镜头前先拍这块"板",作为这个镜头的标记。这个步骤用电影界的行话叫"拍板"或叫"打板"。这样,每段胶片的开头都有场记板的镜头。在后期制作时,工作人员只要一看到这个标记,就知道这段胶片是哪部电影、第几场戏、第几个镜头,很容易识别。此外,服装、化妆、道具等其他工作人员也能以此来避免不同时期拍摄的镜头在细节上的瑕疵。

在美国,场记板的记录内容包括出品的电影公司、拍摄日期、片名、导演和摄影师的名字以及该场景的具体信息。场景的细节有:场景的序号、摄影机的机位和场景的拍摄次数(简单地说就是演员的NG次数)。而在欧洲,场记则会将机位和场景拍摄次数合在一起写,比如:take 3C。

综上所述,场记板的作用有三个:一是作为每一段胶片的开头标记,便于剪辑时候识别;二是利用打板的声音确定准确的声像定位,是后期音效编辑的开始点;三是服装、化妆、道具等其他职务人员区分特定镜头的依据,避免不同时期拍摄的镜头在细节上的瑕疵,从而避免细节上的硬伤。

图 7-10 场记板

二、场记内容的数字化革命

影视产品的制作工艺流程全面数字化以后,原来封闭在柯达、富士等胶片生产厂商的内部工序突然全部开放给了制作团队。大量的新技术、新格式、新规范层出不穷,从前期制作阶段到最终的物料[①]制作、发行,涉及若干不同的标准转换,单纯地依靠胶片时代的场记板、场记单上的内容已经不能应对信息爆炸式增长的需要。

借助计算机技术,数据交换通用格式日益成熟。基于元数据(Metadata)的工作流程成为主流,并且催生了一个新的部门——DIT。在元数据中除去制作人员名录,仅镜头与场景、摄像机、音频等信息就有100多项,大部分机器参数和技术信息是由设备自己生成的,数据量之大、之全面,在胶片时代是无法想象的。

对于数字影像时代的创作来说,要兼顾质量和效率,工作流程是关键。元数据,被称为是描述数据的数据,只有把这些数据变成各个摄制环节能够

① 物料,在影视工业中泛指和影片宣传、发行相关的预告片、花絮、海报等,同时也特指影片制作完成后成片的输出。在好莱坞标准营销体系里,物料素材(artwork)是与活动(event)、媒介发布(publicity)、硬广购买(media buy)并列的四项核心内容之一。

自动套对和识别的电子信息才能实现数字化的工作流程，否则这些所谓的元数据不过是一些存储器上无用的字节。DIT的工作就是有效地利用这些数据，把拍摄前端创作人员的艺术设计没有任何损失地传递给后期制作环节，最终高质量地呈现在银幕上。当然DIT的工作并不仅仅是单向的从前到后，还包括从后到前双向的数据和信息交换。

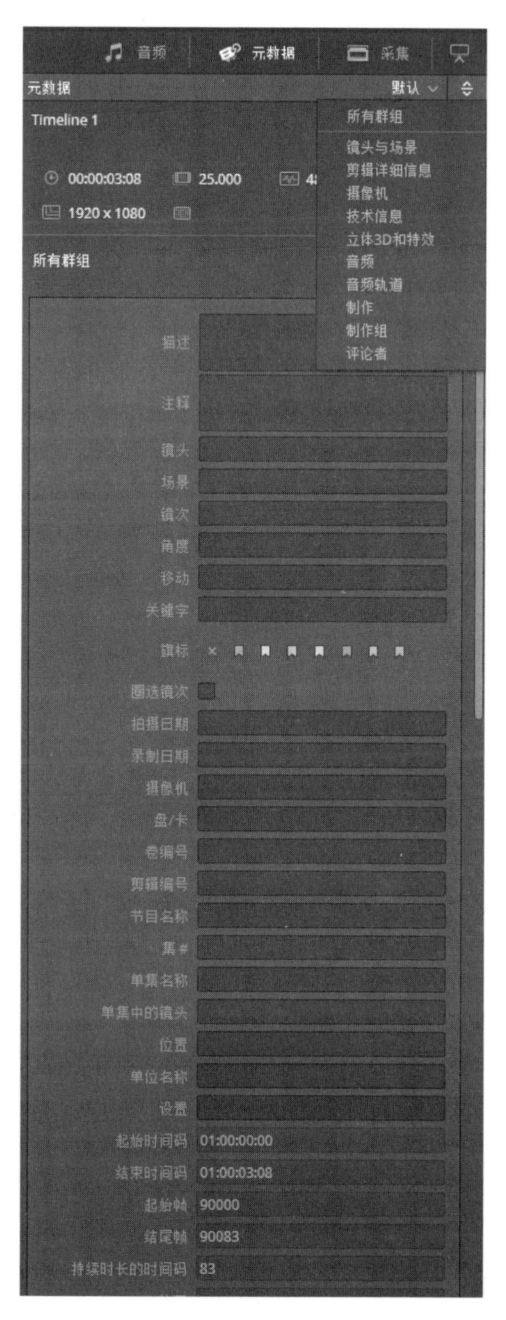

图 7-11　DI软件中的元数据

三、DIT是什么?

DIT本是数字影像工程师(Digital Imaging Technician)的缩写，但在实际的行业应用中，大多数人认为它只是一个数据管理备份的角色。不过，这在中小规模的制作团队中的确也是存在的事实。“在国内谈及DIT，很多人的印象仅仅是数据管理备份，很多时候只需一人就可以完成，但在《归来》剧组中，DIT是一个团队，完全按照国外先进的DIT管理模式运作，这也是国内第一个专业的DIT团队，是张艺谋首次单独设置DIT部门来完成整个贯穿前后期的数据管理工作流程。”①

电视行业的技术工程师实际

① 陈静波.4K电影《归来》DIT解密[J].数码影像时代，2013(12).

上是 DIT 的前身，他主要负责制播系统的搭建、设备安装和信号调试，确保节目录制过程中广播信号安全和多讯道信号的一致性。影视创作全面数字化以后，DIT 不再局限于指代单一的工种，而逐渐演变成由多人分工协作的一系列工序。随着技术的进步，DIT 增加了影像工作流程和数据管理的丰富内涵，它不再局限于前期拍摄的某个阶段，而是渗透到整个流程的每个环节。

DIT 中的六个关键环节包括：

（一）前期工作（pre-production）

DIT 与摄影师通力合作，以获得最高的图像质量和实现摄影上的创意为目标，在摄影机选型、影像控制、信号一致等方面提出专业建议。

在电影开拍之前的设备选型阶段，DIT 就开始参与各项测试，以熟悉磨合前期团队，并利用自身专业数据管理处理能力来协助摄影部门更好地完成各种机型间 RAW 数据的测试工作。

开拍前，DIT 部门要知道最终影片是在什么平台上播放。在摄影师确定好拍摄机型之后，DIT 部门要根据影片的要求和预算制定工作方案，包括确定拍摄的工作空间、分辨率、拍摄的帧率、备份数量；与剪辑特效部门沟通确定素材对接形式、前后期流程等。例如：院线电影至少需要 4K 拍摄，帧率要统一为 24 帧；如果是在网络和电视平台上播放，则建议帧率设置为 25 帧，如果涉及海外版权则可能需要用 50 帧拍摄。

（二）前期现场色彩管理（on-set）

在这个阶段，DIT 的主要工作为测量曝光、设置 LUT 以及决定机器设定，他们的任务就是协助摄影师获得最佳画面。

完整的现场色彩管理可以延伸到前期测试阶段。在摄制组确定摄影机机型后，DIT 要根据该机型设计现场色彩管理的流程，具体包括设置监看 LUT、搭建现场实时调色环境、备份实时调色参数作为最终配光调色时的参考。

（三）数据备份、转码及传输（data backup、transcode and transfer）

大多数人最初对 DIT 工作职责的理解就是数据管理备份，保证数据安全。一般的做法是同时在不同的物理硬盘上备份三份数据，以避免因为硬盘或数据损坏带来无法弥补的损失。

电影《归来》使用 SONY F65 摄影机拍摄，该片的 DIT 工程师使用 SONY SR-PC4 数据存储传输单元将存储卡复制到存储设备中，随后将数据导入 Codex Vault 数据管理系统中进行备份、转码。备份环节采用 LTO 数据流磁带双备份，一份留 DIT 部门保存，一份最终交由 DI 后期公司处理元数据使用。

下面我们比较一下业内比较知名的两个 DIT 团队在这一环节上的区别。

“2014 年电影《万物生长》开机，画林映像前期 DIT 全程跟组历时 96 天。从电影的筹备初期，制片人方励与导演李玉就已经计划将电影制作成 4K 杜比全景音的物料发行。同时摄影指导曾剑选择了 RED Dragon 摄影机进行 6K 记录，选择了德国 Hawk 变形宽银幕镜头进行拍摄，升格镜头则选择高速数字摄影机 Phantom 4K。

画林映像 DIT 团队根据不同项目的需求定制专业匹配项目的解决方案。他们在电影《万物生长》拍摄现场使用一台 MacBook Pro 15 寸顶级笔记本电脑，配备 RED Rocket X 加速卡、读卡器，采用 6 盘位 18TB 组 RAID6 的磁盘阵列负责素材采集备份，机动灵活地在现场进行素材备份以及转码。在剧组驻地，他们还配备了 Mac Pro 顶配主机，连接多个 8 盘位 24TB 组 RAID6 的磁盘阵列和硬盘裸盘进行多达三重的原始素材备份，单套数据备份的容量达到了近 90T 容量，整部电影的数据安全得到最高保障。”①

图 7-12　《万物生长》前期 DIT

“真人秀节目《巅峰拍档》由 HOMEBOY DIT 团队负责现场的 DIT 工作。根据拍摄机型、录制格式、分辨率、拍摄周期等项目需求，DIT 团队前期准备了备份用的电脑、读卡器、硬盘、转码用的电脑、DIT 软件（Davinci Resolve、Silverstack、Shotput Pro、Offload Demo）。

---

① 电影《万物生长》4K DIT/DI 制作流程分享[EB/OL].(2015-04-21)[2017-05-11].http://107cine.com/stream/63462/.

前期拍摄机型有F55、Fs7、Fs700、C300、C100、SONY EX580、SONY EX280、5D3、Gh4、Gopro，最多一天会有40多张内存卡。由于机型众多，DIT人员准备了多种读卡器。备份完成以后把素材拖到DaVinic里再检查，确认参数、帧率、缩略图是否正常。跟组的DIT只有1人，他在现场除了要完成每天的素材备份，还要现场转码，定期给远在北京的机房邮寄硬盘，工作量非常巨大。通过合理安排时间，及时与后期机房对接素材，最终他还是一个人顺利地完成了DIT的跟组工作。”[①]

画林映像的最大特点是用磁带机备份，磁带被认为是最稳定的备份介质，不易损坏。而HOMEBOY最大的特点是借助了许多备份专用软件，用于数据的校验。备份完成后在调色软件中导入校验，“眼见为实”，以保证数据安全。

遗憾的是，目前并没有一种通用的数据备份转码传输规范供大家参考，每个DIT团队只能结合具体的项目，在保证数据安全的基础上合理优化流程并兼顾效率。

（四）工作样片（dailies）

这个阶段的主要工作是对原素材的转码。针对不同的数字摄影机机型，官方大多会提供标准的转换软件和流程。对于SONY F65记录的16比特RAW数据，比较理想的方案是Codex Vault，在加载由索尼提供的LUT文件后，可以同时转码为三种文件格式。比如，样片剪辑采用Final Cut Pro X，由于其支持的原生格式是ProRes，所以转码为ProRes 422、ProRes 422（Proxy）和H.264的MOV格式最为方便制作。如果没有官方提供的工具，也可以用第三方的DI软件转码，像DaVinci Resolve，既可以在转码之前录入Metadata信息，还可以在转换的过程中再次确认素材的完整度。

当天拍摄的素材都要专门标记卷号、镜号、时间等信息，连声音素材也要严格按照镜头匹配整理。所有素材由DIT部门于当天交给现场剪辑师，进行工作样片的剪辑。转码要注意选择正确的输出格式和编码，设置正确的文件夹位置，并根据剪辑特效部门的要求添加素材信息水印。转码完成后应对比原始和代理文件夹，避免内容遗漏。

（五）剪辑（editorial）

在剪辑阶段，DIT的主要工作是协助剪辑部门对素材进行套底和回批。

---

① DIT工作中常见问题大汇总[EB/OL].(2015-11-18)[2017-05-11].http://107cine.com/stream/72284/about/ads/.

"套底"和"回批"这两个词一直困扰着后期剪辑的制作人员,即使是经验丰富的技术员,也常常觉得"套底""回批"这俩词"只可意会,不可言传"。其实,这两个词是针对提高剪辑及调色效率而发明出来的一种"行话"。"套底"是指通过降低原素材质量(即给原始素材做代理,一般包括缩小画幅尺寸和降低码流)来保证剪辑工作的流畅性,然后在配光调色合成阶段重新链接原始高质量素材以完成制作。"回批"是指通过配光调色以后,将DI软件输出的XML或者EDL等中间链接文件重新导入剪辑软件中进行输出或进一步精剪的操作。

"套底"一词最早出现在电影后期的制作过程中,是指在导演完成了电影剪辑的工作版后,对其实施同镜号、同场景、同尺码、同特效的"套印",以便进一步修改、合成后拷贝发行。20世纪80年代初,电视技术得到了快速的发展,英美等一些国家的电视机构和独立电视人开始将电影"套底"概念运用于电视节目的后期"线性"编辑中。当时基于保护素材带的愿望,为避免在反复编辑过程中划伤、拉伤或损坏母带所造成的不必要损失,人们根据电影剪辑的"套底"模式,设计出初编和脱机编辑的方法。即将原始素材复制成一个相对较低档次的版本,复制版不仅有相同的图像,而且还具有相同的时间码和用户码。将复制版在低端编辑设备上进行初编(样片)。初编时把所有用到的精选镜头和连接顺序等数据信息一一记录在案,产生定义编辑点的编辑决定表(即EDL表)。将导出的EDL表输入至高端编辑控制器内,控制广播级录像机根据记录数据对原素材进行精编,最终完成广播级成品带的输出。概括而言,当时所谓的"套底"技术,就是先在低端的编辑系统上进行"样片"的编辑,完成后再用高端编辑系统根据"样片"的信息,对原素材进行"回批"的技术。①

随着影视事业的发展和数字技术的推广,非线性编辑系统得到了广泛的应用,当初因反复编辑可能损坏母带的问题已不复存在,电视节目编辑的"套底"技术也逐渐淡化。然而,随着4K、6K时代的到来以及DI工作流程的普及,编辑设备"现状"与电影级画面"质量"之间的矛盾日渐突出,数字"套底"技术也重新回到后期制作流程中。

(六)调色(grading)

DIT部门在剪辑工作结束后还会配合DI进行后期工作,其所保管的元

① 应国虎,高宏明,周峥.基于非线性编辑系统"套底"技术的新模式[J].上海师范大学学报(自然科学版),2008(6).

数据会始终保证整个电影制作完成出片，这是 DIT 部门关键的职责。

借助于规范科学的 DIT 管理流程，拍摄现场导演和摄影指导的决策和整个团队的创作成果都会通过 DIT 元数据传递到后期制作部门。尤其是现场调色的结果，DIT 部门要把前期拍摄时摄影指导确定的影调和色彩风格以 LUTs 或 Stills 的方式交给调色师参考。这样既可以有效传递创作信息，又可以提高后期调色的效率，大大缩短整个制作周期。

目前，国内专业的 DIT 团队刚刚起步，很多影视作品的创作还没有完全按照 DIT 管理的规范来操作。随着影视工业的全面数字化，DIT 必将在整个工业流程中发挥关键作用。

四、DIT 的新技术、更加科学的流程规范

受限于整个摄制过程不能统一在一致的亮度空间和色彩空间完成，今后的 DIT 工作急需一种更加科学的流程规范来实现质量、效率和安全的统一。

不完善的 DIT 意味着其中存在巨大的商机，许多影视制作公司纷纷推出自己的管理方案和软硬件产品。目前比较成熟的是 FilmLight DIT 管理方案。

英国 FilmLight 公司在数字电影制作领域拥有超过 20 年的经验积累，其用于数字中间片的相关产品均被行业内顶尖的电影制作公司、后期公司和特效公司所采用，如 ILM(工业光魔)、Pacific Title、Framestore CFC、Cinesite、FotoKem 等。可靠的技术曾经让 FilmLight 获得了“最优秀产品的开发者”的声誉。FilmLight 的产品不是各自独立的，它们能够与其他产品协同工作，形成完整的基于文件的前后期流程。

2012 年，美国电视艺术与科学学院授予 FilmLight“工程艾美奖”，以表彰其为电视技术在色彩预览(TrueLight On-Set)与样片制作(BaseLight Transfer)方面所作出的创新。色彩预览和样片制作正是 DIT 工作的核心，借助于 FLIP，FilmLight 不用真实文件，全部用 Metadata 信息交流。FilmLight 的 BLG 流程值得参考和借鉴，它有以下三方面的特点。

第一，高质量的 On-Set。高质量的影视创作离不开 RAW 格式，RAW 格式现场监看及调色处理有三种方法：第一种，根据不同的摄影机录制的 RAW 格式特点，给监视器施加特定的 LUT。第二种，“On-Set”现场调色时应用特定的 LUT，并通过现场调色平台进行更多的调整。第三种，直接在 On-Set 环节对 RAW 进行数据级别的处理，即时生成和镜头一一对应的

BLG 文件。

第一种给监视器加载的 LUT 只是给导演和摄影师提供了一个大概的样貌，而且这个 LUT 不具备高质量的精度，不适合后期精调使用。第二种 LUT 同样是精度不够，不能够在后期深度挖掘 RAW 文件本身的潜能，造成质量的损失。第三种本质上是依托强大的色彩管理系统，在不改变原始的 RAW 文件数据的基础上，交换基于数据级别的 Metadata 信息，从始至终都保持 RAW 的全部信息，高精度地处理影片素材。

显而易见，第三种是最佳的选择，它的核心数据交换依赖于 BLG 文件。BLG 是 Baselight Grade File 的缩写，是用 OpenEXR 封装的一个格式，里面有大量的 Metadata 信息，是 FilmLight 公司开发的突破传统的 DIT 工艺流程的核心交换文件。

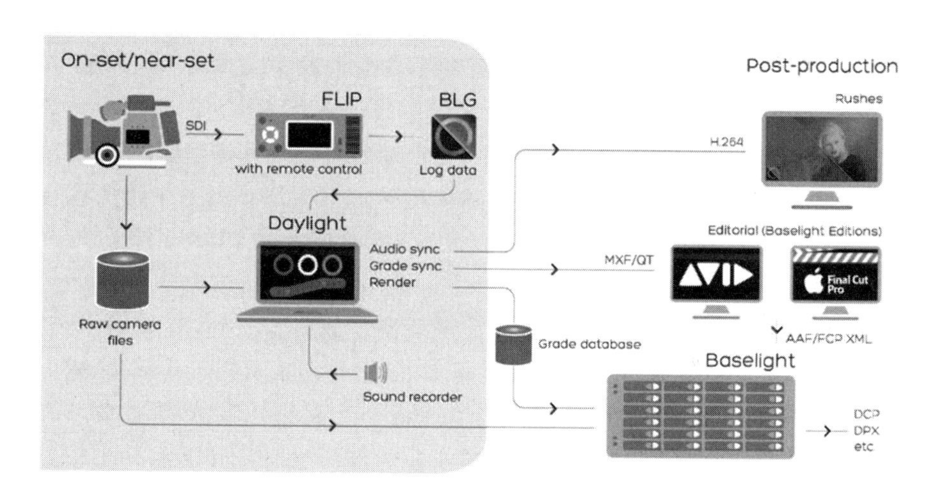

图 7-13 BLG 的工作流

图 7-13 是 BLG 的工作流，这个流程的主要功能包括以下三个方面。

1.完成现场摄影机实时信号的颜色校正。在目前的技术条件下，摄影机在拍摄 RAW 格式时，现场监看到的通常是 Rec.709 的信号，因而没有办法判断原始的 RAW 文件有多大可调整的空间，无法初步确定将来的色彩风格。现场实施色彩校正的意义在于能像后期调色一样让摄影师看到最接近最终输出的效果，并结合调色效果对场景灯光设计做出确认。

2.FLIP 提供现场实时调色和色彩管理引擎，所有的参数设定都能够直接传递给后期调色时使用。内嵌 BaseLight 核心软件和 TrueLight 色彩管理。TrueLight 兼容目前所有的色彩空间模型和摄影机中的各种 Log 曲线，它可以实时加载有限节点的 LUT 色彩查找表，还可以用基于 GPU 运算的复杂方程把摄影机的各种色彩空间和 Log 设定无损地转换到统一的空间下工作，解决了不同摄影机同时工作的色彩匹配问题，甚至比未来的 32 位和 64 位的 LUT 更准确。

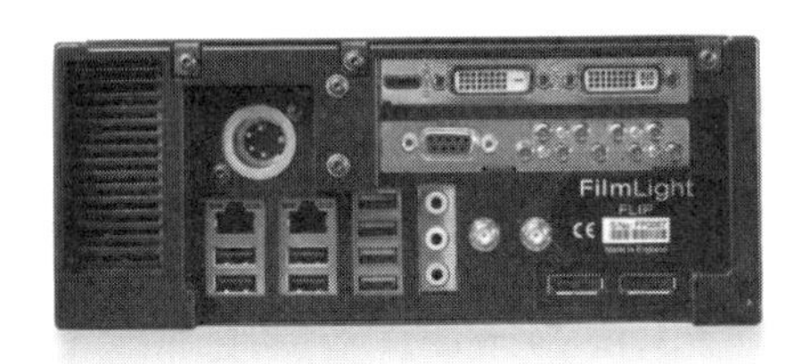

图 7-14 FLIP 的正面和背面

3.预制作时可以获取相关参数（多少层、多少个跟踪、色彩空间的转换），在现场 On-Set 时可以用一个 U 盘把这些参数赋予 FLIP，在此基础上继续进行调整创作，修改后的 BLG 将更加接近于影片最终的风格基调。

现场录制时，摄影机通过 SDI 视频线链接 FLIP，每录制一个镜头就会对应地产生一个和镜头文件名同名、和镜头的时码等长的 BLG 文件。

第二，更加高效的样片制作——Daylight。

传统电影工业中，拍摄完的负片冲洗后翻印成工作正片，称作 Dailies。数字摄影机拍摄的 RAW 的格式数据量大，不适合用来剪辑工作样片，需要一个中间格式。数字样片的制作需要考虑两个方面的处理，一是在质量和效率之间找到一个平衡点，使样片既方便在各部门之间流转又有一个较高的质量；二是拍摄时的色彩管理工作要得到有效的加载，有利于导演等主创人员对创作质量的控制和风格的把握。

基于 MAC 系统的纯软件 Daylight 可以高效读取 FLIP 的所有 Metadata，以镜头为单位加载这些数据，输出适合于各种剪辑软件和工作空间的格式。在 DIT 流程中，Daylight 可以把镜头的场号、NGtake 等注释，导出为 PDF 和 CSV 等各种格式，像一个数字场记单一样提供给后期的剪辑。

Daylight 能满足多屏的需要，用 Daylight 处理工作样片，可以在同一条线上输出不同格式和色彩空间的样片，使样片在手机、平板电脑、笔记本电脑、普通 PC、Rec.709 监视器等不同显示器材上获得一致的影调色调。

在 BaseLight 工作站加载 On-Set Looks，然后 Transcoding 制作工作样片。

第三，创新的Post-Production。

传统的后期制作流程中一个重要的环节是和CG部门的素材交换，通常是找摄影机生产厂商官方的LUT，或者调色部门做的一个简单的LUT，得到正常的颜色还原。CG部门合成天空、云层等特效，匹配前期拍摄的图像色彩。不同的Matte擦不同的Roto，最后确定效果之后，要把这个LUT去掉，因为CG不负责调色，加载LUT的初衷是往图像里植入东西的时候保证颜色匹配，输出的时候要分层输出RGBMatte或者是把α的Matte送到调色部门去调整，但这样既麻烦又不准确。

如果用Nuke，通过FilmLight的插件直接加载BLG文件，那CG和调色部门看到的是完全一样的。CG做完蓝天、绿草等数层Matte后，直接生成对应每一个Matte的BLG，调色部门能够直接读取这些BLG，再做更精确的调色。BLG通常只有几百K，效率非常高。

若一部影片有1万个镜头、15个场景，最终成片是1700个镜头，一共是16个大场，每场的色调都要确定。如果每一个镜头的拍摄都通过FLIP-Dailies，全过程加载BLG，导演进到调色棚看到的将是和拍摄现场一致的画面。虽然拍摄现场是Rec.709的画面，但是BLG所应用的核心色彩管理引擎是一致的，在标准放映厅中只需要把目标显示色彩空间改成P3，就能看到和拍摄现场一致的画面。从头到尾，虽然涉及多个色彩空间转换，但是导演看到的内容都是在同样一个Look下工作的，没有给任何一个部门增加负担。

这是借助先进的技术和科学的DIT工作流进行高效率色彩管理的范例，当然还需要DIT和整个摄制团队紧密的合作才能得以实践。到2020年，Rec.2020如果能够统一电影电视的色彩空间，DIT的工作将会极大地简化，关于工作空间的转换也变得没有必要了。

我们期待着这一天早日到来。

第八章　新器材和运动摄影造型

第一节　无人机与航拍

航拍是一种特殊的影像创造手法，是典型的艺术和技术的结合。2015年被称为多旋翼无人机的"元年"，这种特殊的飞行器改变了航拍的技术史，对航拍创作进行了重新定义。

航拍又称作空中摄影或航空摄影。传统的航拍作品是从空中拍摄地球地貌、城市景观，多以俯视角度呈现；而多旋翼无人机的航拍创作突破了这些限定，拍摄对象扩展为一切可以拍摄的主体，可以是风景，也可以是人；可以鸟瞰，也可以平视。技术手段的重大变革带来了艺术上的不断创新，为影视摄影开辟了另一片天地。

一、无人机设备

影视常用的无人航拍飞行器有三种类型：固定翼飞机、直升机和多旋翼飞行器（见图 8-1）。

多旋翼飞行器为航拍而生，相对于传统的固定翼飞机，它可垂直起降、悬停；相对于直升机，它结构简单、易于操控。多旋翼飞行器已成为航拍最常用的无人机设备。

（一）多旋翼飞行器的分类

多旋翼飞行器一般是按照螺旋桨的个数和位置来分类的，常见的有四旋翼飞行器、六旋翼飞行器、八旋翼飞行器等，结构设计上最常见的是 X 型和十字型构造，此外，还有 Y 型等其他构造。图 8-2 展示了几种常见的多旋

图 8-1　固定翼飞机、直升机和多旋翼飞行器

翼飞行器类型。

多旋翼飞行器一般都是对称设计，相邻螺旋桨的旋转方向相反，以抵消因高速旋转产生的大扭矩。在旋翼尺寸、倾角和马达动力相同的情况下，旋翼越多，飞行器的上升动力越大，可承载的摄影机重量也越大。而且旋翼越多，飞行安全系数越高，如果突遇电机故障还可以平稳降落。四旋翼飞行器也有其自身的特点，因为其尺寸可以设计得较小，相对比较灵活，可以用在室内等小空间中进行拍摄。有些厂商在四旋翼飞行器上加装安全伞，以降

图 8-2 常见的多旋翼飞行器类型:四旋翼飞行器、六旋翼飞行器和八旋翼飞行器

低事故风险。

(二)工作原理

从设计原理上概括,航拍多旋翼无人机的飞行器部分由飞控系统(飞行控制器)、通讯系统(遥控)、定位系统(GPS)、动力系统以及电池组组成。任务载荷部分由云台、摄影机、图传等组成。

1. 飞行控制器(后简称“飞控”)

飞控部分是多旋翼无人机的灵魂,优秀的飞控设计能为无人机的飞行

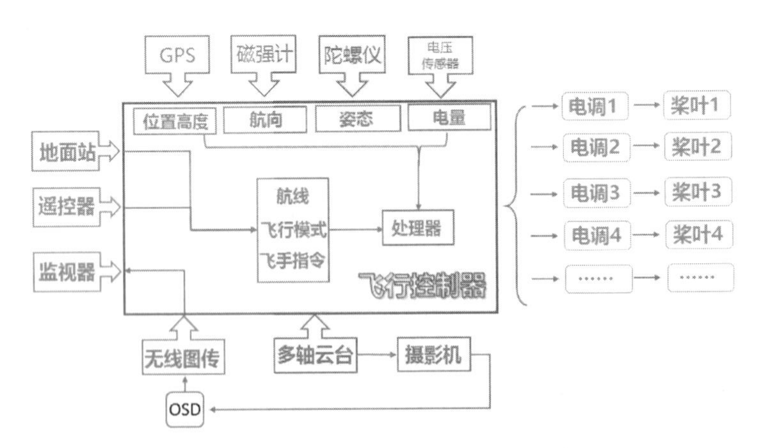

图 8-3 多旋翼飞行控制器工作原理示意图

姿态提供精准的控制,有利于拍摄出高质量的镜头。

飞控通过陀螺仪、磁强计(电子罗盘)和 GPS 数据发指令给电调,通过改变每个螺旋桨的转速来修正飞行姿态,使多旋翼无人机在飞行的过程中保持平稳。无论是飞手人工操作,还是通过地面站设置航点自主飞行,最终的控制都是由飞控来完成的,飞控是多旋翼的“大脑”。常见的飞控品牌有大疆、零度智控、XAircraft 等。

图 8-4 中,上图是大疆公司生产的 A3 商业飞控,三度冗余设计,具备一键起飞、一键返航、热点环绕等便捷功能。下图是零度智控公司生产的“双子星”飞控,顾名思义也是冗余备份的设计。冗余设计的好处是,当一台飞控出现故障时,飞行器的操作权会交给备份的飞控,提高了飞行的安全性。

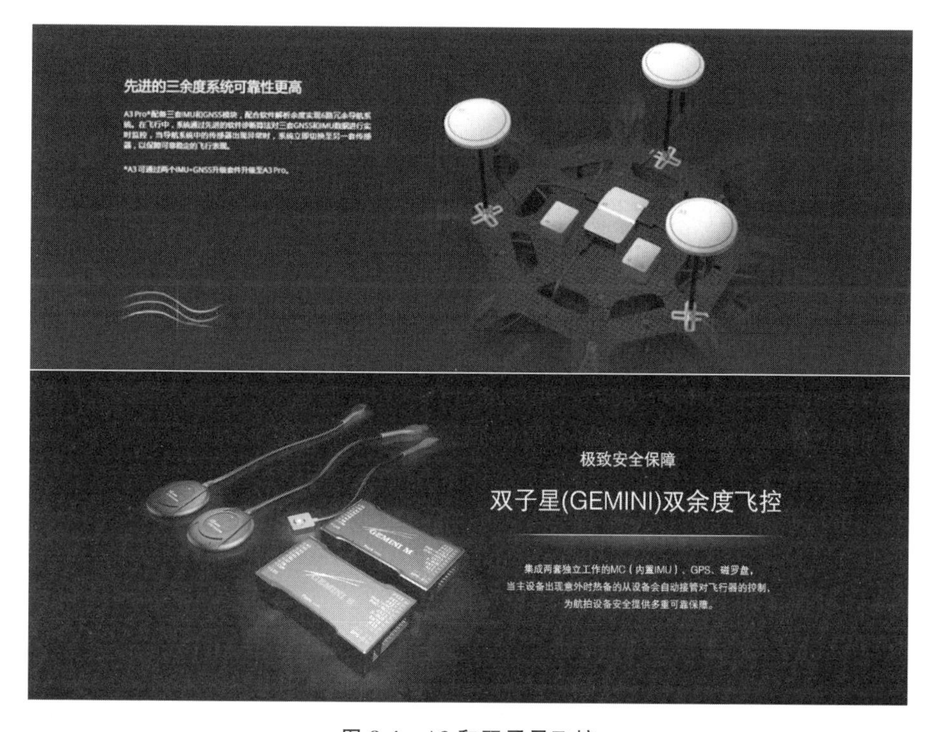

图 8-4 A3 和双子星飞控

2. 图传

图像传输是航拍无人机的关键技术,高清晰度、低延迟的图像传输才能保障拍摄的顺畅。在一些特殊的应用中,图传的实时性直接决定了其应用前景,比如现场直播就要求图传信号不能只作为飞行和拍摄的参考,还要具备直接播出的兼容性和高质量。

目前,受行业欢迎的解决方案主要有 Teradek 公司基于 HDMI 的无线传输系统 Teradek Bolt Pro 2000,以及 IMT/Nebtek 公司推出的 Microlite HD 射频视频下行链路,分别可实现 600 米和 800 米范围内的高功率传输。大疆公司则推出了 Lightbridge 长距离下行链路,可传输类似的低延迟、全高清监视信号,并已与大疆无人机系统配合使用。

(三)调稳与调参

传统的摄影装备器材大都具有良好的稳定性,以保证拍摄过程中摄影机可以平滑而稳定地移动,即使使用斯坦尼康甚至肩扛摄影机拍摄,由于没有高频振荡,拍摄的画面也都是相对稳定的。然而由于航拍的特殊性,无人机的螺旋桨和电机始终处于高速旋转状态,加之在空中受重力、气象等影响,画面抖动成为极端天气下航拍面临的最大的难题。

对于自己组装的无人机,需要进行重心调节、螺旋桨和电机调平等平衡机身的工作。对于品牌无人机来说,由于出厂前厂商的质量控制,这些工作变得相对比较简单,但是感度调整的步骤不能省略。

多旋翼的飞控是一个闭环自动控制系统,简单来说就是“出现干扰,干扰经过传感器传递给中控,再由中控发出调整指令,调节干扰”这样一个过程,如图 8-5 所示。

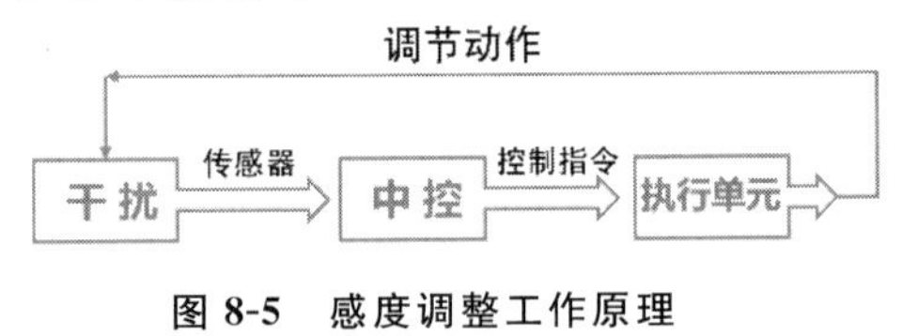

图 8-5 感度调整工作原理

举例来说,在航拍时,一阵微风吹来,首先是飞控系统中的 IMU(惯性测量单元)传感器感受到飞行器偏离水平位置,然后它将信息传递到中控处理单元,中控得知飞行器出现偏离后便发出调整指令到各个电机,各个电机根据指令调整各自的转速,从而消除倾斜。

那么,中控所发出的调整指令的大小就非常重要,这个值称为感度。对于感度,不同品牌的飞控可能会有不同的名称,但意义相同。图 8-6 中,横轴为时间,纵轴为振荡情况,虚线为理想的稳定状态。我们可以看到,A 的感度太低,虽然能够缓慢地调整到理想状态,但是太过迟钝。B 的感度适中,飞行器会迅速地调整到稳定值。C 和 D 都是感度过大。其中,C 表现为一直在振荡,也就是飞行器一直在修正倾斜,每一次修正都会导致飞行器向另一边倾斜,于是飞行器就会一直振荡,航拍的画面也会出现抖动。D 的感度太大,直接将飞行器倾斜角度修正到超出安全角度的程度,从而导致坠机。

由上述内容我们可以看到,调整飞控单元中的感度值对于航拍的质量

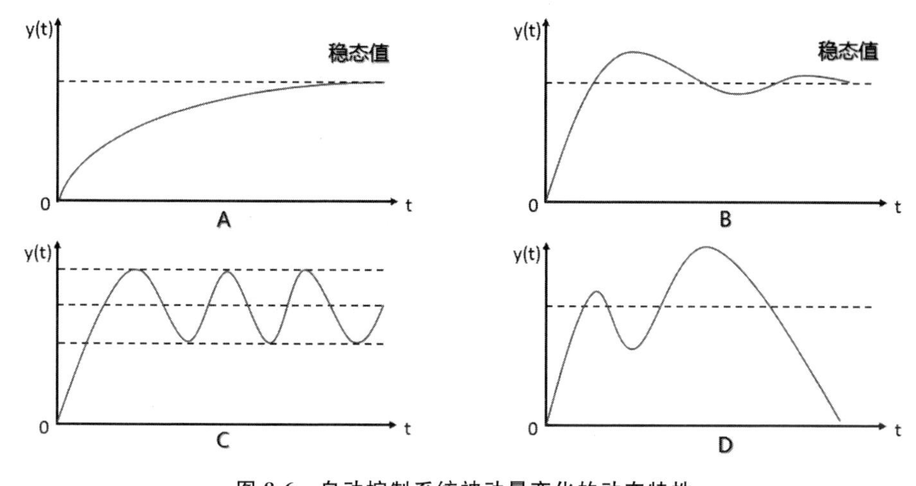

图 8-6　自动控制系统被动量变化的动态特性

和安全都是十分重要的。在购买飞行器时,会带有一个感度的建议值,我们需要根据这个建议值来调整感度。具体的做法是:

(1)找到一个无风的飞行场所,把感度调整到建议值;

(2)起飞后悬停,动杆调整飞行器向前后、左右飞行;

(3)如果感到飞行器响应迟钝,就逐渐增大感度值;

(4)增大感度值直至飞行器出现轻微振荡,这时再略微调小感度值至飞行器可以平稳飞行。

合理的感度值应既能保证飞行器的平稳飞行,又能实现飞行器的机动性。①

(四)承重

在如今航拍无人机越来越成熟和大众化的今天,一些消费级的产品像DJI的Inspire 1 Pro,搭载的M4/3成像系统,已经可以拍摄4K画质的RAW格式视频,足以满足准专业级市场的需求。可是在更高端的影视市场,摄影师仍然习惯采用RED或ARRI类型的机器,因为这些数字摄影机可以提供15挡宽容度和240帧/秒以上的4K拍摄。

但是专业的全尺寸数字摄影机就算没有安装上镜头其重量也要14磅,超过了大部分无人机所能承重的范围。来自瑞典的无人机制造商Intuitive

① 此部分内容主要参考了八一电影制片厂技术装备部张哲、范冬阳刊于《现代电影技术》2015年第12期的文章《影视航拍画面抖动分析及消除》。

Aerial制造的Aerigon无人机(见图8-7),机身由碳纤维一次成型而成,成本极其昂贵。采用12旋翼反向共轴设计,每2个电机反向安装在同一个机臂上(旋转方向也相反,刚好可以抵消扭力),共有6个机臂。这样设计的好处是在较小的机身体积下尽可能安装更多的螺旋桨,以产生足够大的升力。

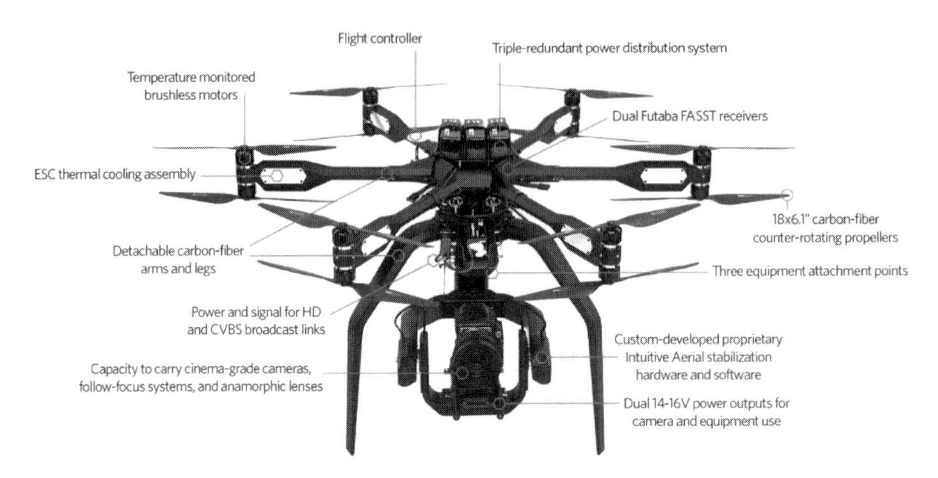

图 8-7 Aerigon设计的12旋翼无人机

Aerigon无人机最大承重为13.4公斤(标准为9公斤),足以托起一部专业数字摄影机。它支持搭载跟焦系统和变焦系统,还搭载了三轴增稳云台,以及可用于实况转播的2.4GHz数字高清图传系统,传输距离3000英尺(约1公里)。客户可根据需求定制专属的云台和控制系统。

图 8-8 DOMINION控制器

图8-8是Aerigon的DOMINION控制器,专门用于控制云台(摄影机)以及监控拍摄画面。它同时也能查看相机和镜头信息,甚至可以控制相机拍摄和回放。

相比被大疆创新公司占据的消费级无人机市场,专业电影航拍无人机市场上可选产品不少。但目前的瓶颈是专业电影航拍摄影机和镜头的选择依然十分有限，航拍摄影机的主要选择指标是体积小、重量轻和操作简便。RED 红龙和紧凑版 Epic、ALEXA Mini 等摄影机的出现说明厂商正在加强这方面的产品研发。镜头重量也是主要指标，因为需要为陀螺仪找到平衡点，因此镜头要求在 10 磅以下、20 英寸（约合 50 厘米）以内，拍摄时可能需要放弃 PL 接口镜头。

二、航拍技巧

完整的航拍团队由三人组成：飞手、云台手和信息员。飞手掌握娴熟的飞行技巧，具有丰富的经验和稳定的心理素质。云台手能够将导演的创作意图转换成镜头语言，对摄影机进行远程控制，包括角度俯仰、焦距调整、聚焦等。信息员负责随时向飞手报告电池量、飞行高度、距离和风速等安全飞行信息。只有三个人默契配合才能拍摄出完美的画面。

（一）飞手和飞行模式

多旋翼无人机技术极大地降低了航拍的门槛，成熟稳定的飞行器材和拍摄承载平台已日趋完善，拍摄成败很大程度上取决于飞手的操控水平。

无人机技术已经取得了飞速的发展，户外有 GPS 定位，室内有声呐和视觉定位，这大大放宽了对飞手的飞行技能的苛刻限制。借助于定点环绕、热点追踪、自动返航、摇臂模式等智能飞行控制，飞手只要掌握简单的初级的飞行操作技巧就能配合云台手完成常规的拍摄动作。

初级的飞行操作包括起降、悬停、定点和矩形飞行。但如果遇见特殊的天气条件或者受到周围的信号干扰，GPS 定位和感应器不稳定甚至不可用时，则需要飞手具备中高级飞行操作技术，才能完成既定的拍摄任务。

中高级的飞行操作最终的目的是配合云台手实现定点环绕、热点追踪等一系列高难度动作的拍摄，因为涉及多个动作的协调配合，一个飞手需要经过刻苦的、长时间的训练才能练就中高级的飞行技能。比如航拍中的定点环绕，不仅需要无人机围绕拍摄对象飞行，还需要保持飞行器摄影机镜头一直指向圆形航线的中心。

就目前的飞控技术来说，多旋翼无人机大都具备定位、姿态和功能等几种飞行模式。定位模式下，借助 GPS 可以规划飞行路线，实施自主飞行。姿态模式下，飞手有较高的自由度，在气压计、惯性单元等控制系统的辅助下，姿态飞行能够实现任意方式的运动。功能模式下的智能飞行因厂商的设计思路和水平不同而有所差异,大疆多旋翼无人机的功能模式被定义为F模式,具体可实现以下几种飞行功能。

航向锁定:记录航向时的机头朝向为飞行方向,飞行过程中飞行器航向和飞行前向与机头方向改变无关,飞手无需关注机头方向即可简便控制飞行器飞行。

兴趣点环绕:记录兴趣点后,飞行器自行围绕兴趣点飞行,环绕过程中机头将一直指向兴趣点。环绕过程中可动态调整环绕半径以及方向等参数。

热点跟随:配合带有GPS定位功能的智能设备(手机等),飞行器自行跟踪移动设备的位置变化而移动。

航点飞行:记录航点后,飞行器可自行飞往所有航点以完成预设的飞行轨迹。飞行过程中可通过摇杆控制飞行器的朝向(摄影机朝向)。

还有一种可以带来特殊拍摄视角的飞行方式——FPV,飞手同时也是云台手,用第一人称视角(first person view)进行飞行和拍摄,云台的工作模式要从跟随模式改为FPV模式。在跟随模式下,云台水平转动方向随飞行器而移动,而云台横滚方向不可控,俯仰角度由云台手控制。在FPV模式下,云台横滚方向的运动自动跟随飞行器横滚方向的运动而改变,以取得第一人称视角的运动影像效果。

(二)云台手和云台调试

飞手在控制飞行器位置姿态、规划实施飞行路线的同时,云台手通过实时图传信号,控制云台的旋转、俯仰和镜头焦距、焦点来最终完成构图拍摄。云台手既要有专业的摄影艺术修养,又要掌握扎实的技术。这些技术内容集中在云台的调试、操控和摄影机的控制上。

1. 云台安装及设置

航拍云台并不是直接加挂在飞行器的机架上,而是需要通过减震设备连接,最常见的便是减震球(见图8-9)。当然还有其他减震设备,但原理都相仿。减震球能避免飞行器机身将过多的震动传递到摄影机,从

图8-9 阶梯形减震球(滤除频率:60Hz—150Hz)

而起到缓冲的作用。但减震设备也需要针对飞行器来科学合理地挑选和安装。在选择减震球时应该避免共振现象。一般来说,150Hz 是航拍直升机的主要振动频率段,100Hz 是小型四旋翼飞行器的主要振动频率段,60Hz 是大型多旋翼飞行器的主要振动频率段。也可以在云台上加挂一个监测振动的传感器来监测振动,通过调换不同软硬程度的减震球来达到最佳的效果。

2.正确安装云台及调整云台参数

首先将云台正确地安装到飞行器上,然后再将摄影机安装到云台上。目前市场上有许多公司生产的专用云台调试方法非常简单,用户直接根据手册进行调试即可。图 8-10 为常见的三轴云台各器件示意图。

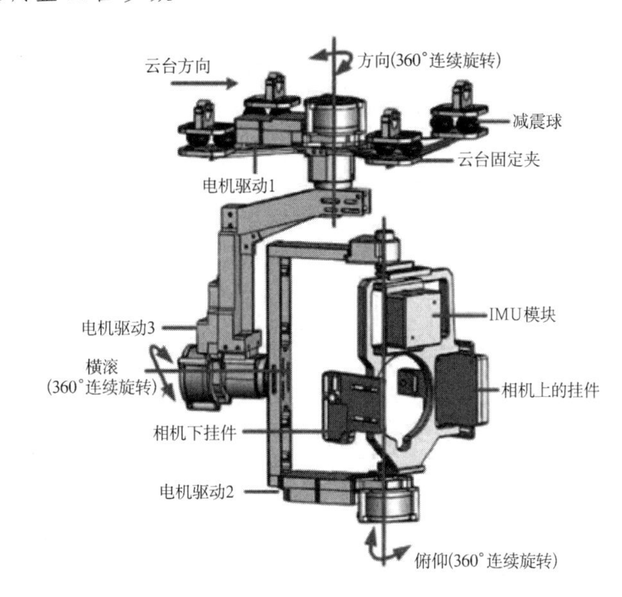

图 8-10 云台各部件

在安装摄影机时,主要注意调整好重心,在不通电的情况下,摄影机也应该处于水平位置。之后,连接好线路,保证遥控器能够正确控制云台运动。

安装好摄影机和云台后,需要调整云台参数。目前的云台都是专用云台,如 BMPCC 云台、GH4 云台等,不建议改动出厂参数。

如果云台在出厂参数下出现振荡等现象,就需要调整 PID 等参数。这需要连接云台到 PC,进入调参软件进行调试。图 8-11 为 SBGC 调试软件界面,其他各调参软件大都类似,这里简要介绍各主要参数的意义与调试要点。

PID 控制器设置:每个轴都有单独的 PID 参数,这是最主要的调试参数,下面分别予以解释。

P 值表示对干扰的反应。P 值越大,反应速度越快。也可以解释为在“增益”传感器信号之前,对干扰的反应会被传递给电机。这个值从零慢慢

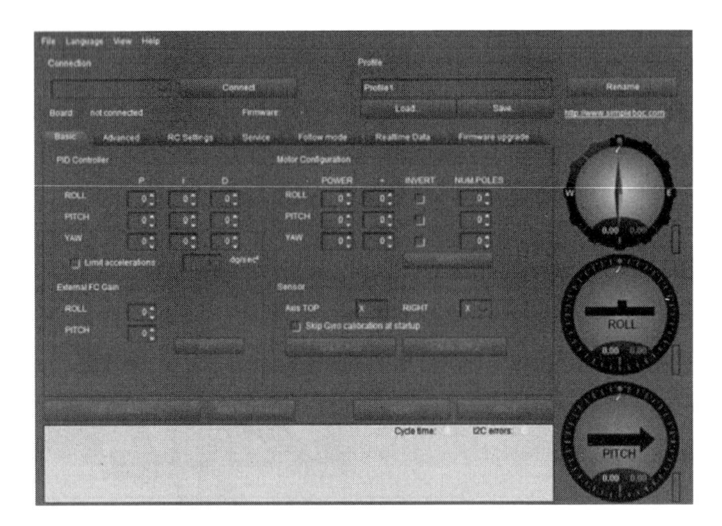

图 8-11　云台调参软件

增加,直至稳定性变好。太高的值可能会导致系统自激(可增加振荡)。如果主框架的振荡被传递到摄影机平台上,它们可能会导致简单的自我激励和不平衡。

D值表示抑制反应。它有助于防止低频振荡,但值过高可能会引入系统中的高频率的噪音,这种情况下可能会增加振荡。应保持它的值尽可能接近零。

I值表示反应的速度。这个值表示云台对操作员控制的反应。高值让摄影机迅速返回到地平线,低值让摄影机缓慢回到地平线。

Power值表示每个电机的输出功率。范围为0到255,其中255是最大的可用功率。值过高会导致电机过热,过低则扭矩不够。

Invert值表示电机的旋转方向。

其余参数,用户可以查阅对应的用户手册进行调整。一些高级的云台经过调试后会有很多功能,比如定点跟踪、自适应摇动等,这些功能对于提升画面的美感是非常有用的。

(三)航拍艺术中的视点和飞行路线

航拍艺术的魅力可以高度概括为:非常规视角带给观众的独特的视觉体验。“越来越容易获得的航拍全视角,是人类依凭科学的技术化发展而获得的一种暂时的主体性视角,因此具有人类主体性个体的理性、情感和意志，鲜活并充满个性。”[①]无人机航拍是一种新的视觉语言，也是一种新的发现世界的方式。

航拍是基于飞行技术基础上的关于视点和运动路线的综合艺术创造。

1. 俯瞰

(1)俯瞰＋定点悬停

从高空俯视大地的愿望从人类诞生之初便深深地植根在我们的基因里，这种从蓝天上反观自己的视角被比喻为“上帝之眼”，借指更为开放和引人思考的审视。经过3年艰难的努力，1858年，法国人纳达尔在一个离地面80米、被绳索牵引着的热气球上成功地拍摄了世界公认的第一张航拍照片。“俯瞰”可以说是航拍创作的审美初心。

如今的飞控很容易实现定点悬停。在三级风以下的气象条件下，即使是入门级飞控搭配在小型四旋翼无人机上，也基本可以稳定悬停。定点悬停最适合拍摄照片，有一些大场面的视频如城市全貌、大瀑布等也可以用这个手法拍摄。飞行器和镜头角度都固定不动，以正俯角度拍摄，适合拍摄有几何形状的建筑物，或者拍摄体育场的赛事活动。

图8-12　作品 *Intersection*

美国摄影师 Navid Baraty 拍摄的 *Intersection*(《交叉口》)中很多镜头反映的是大都市纽约的场景(见图8-13)。Navid Baraty 这样阐述自己的创作理念：“我想展示一座城市的心脏，在看过无数拍摄纽约城天际线的作品之后，我觉得呈现城市生活的最好方式是从高处往下俯拍，这样你能感受到这座城市的能量在流动——黄色出租车的河流、匆匆的行人、交通信号灯的变化、消失在地铁站的身影、汽车喇叭和警笛声组成的合奏。”

---

① 刘洁.航拍纪录：放眼看见的意味[J].现代传播，2015(11).

飞行器或者摄影机云台定点旋转俯拍的方式多用于建筑、森林、道路、悬崖、瀑布、庙宇、殿堂、车站等场景的拍摄，在旋转时还可配合快速拉升的动作，效果绚烂。

(2)俯瞰＋直线飞行

正俯的镜头常用于拍摄城市、森林，特别是一条笔直的路，一排排整齐的车辆、树、房屋等。直线向前飞，镜头俯瞰，根据拍摄物的不同，以不同的高度、速度，来体现其规模数量及整齐度。

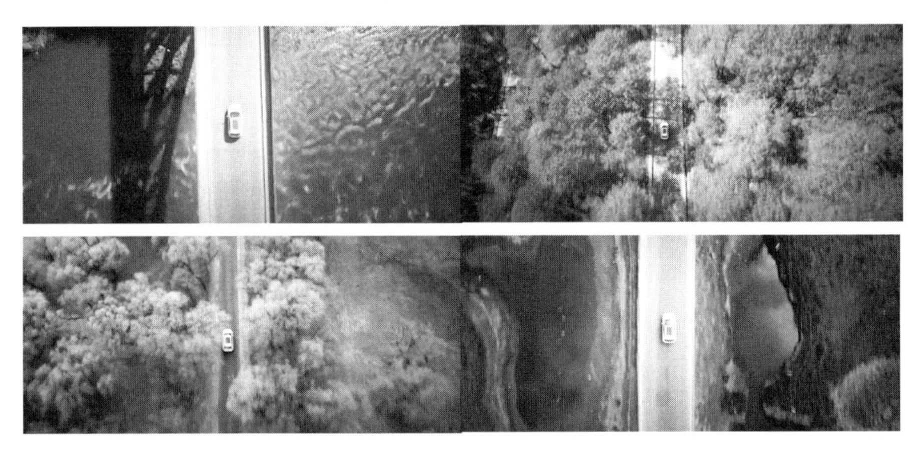

图 8-13　影片《后会无期》

2.平视

(1)平视(微俯)＋直线飞行

随着技术的进步，航拍的理念早已突破了“上帝之眼”的单一视角，借助无人机技术，混搭试错应用推演，航拍创作视角已经“无所不用”。

- 直线向前飞，镜头向前。这是最常用的手法之一，一般拍摄海岸线、沙漠、山脊、笔直的道路等场景时多用这种手法。画面中镜头向前移动，也可从地面慢慢抬头望向远处，镜头一气呵成。
- 直线向后飞，镜头后退。
- 横向飞行，镜头平视。用这种手法拍摄城市，特别是用了中长焦镜头后，有种城市森林的感觉；另一种是像在轨道上横向移动拍摄一样，渐渐移开前景，出现背景。

(2)平视＋垂直飞行

镜头平视，垂直向上，有一种向上的力量感，适合逆光拍摄高大的建筑物、悬崖峭壁。飞行器垂直上升，在越过建筑物或山顶后镜头配合拉升的节奏向下俯拍,从局部迅速扩张至大全景,能达到非常震撼的视觉效果。《舌尖上的中国Ⅱ·家常》(见图 8-14)中在表现悬崖上的玉米地时就用到了这种航拍手法。这是一次绝佳的飞行,让观众得以从一个更高的角度看到大自然的鬼斧神工,感受到人类生存意志的顽强。

图 8-14　《舌尖上的中国Ⅱ·家常》

3.微俯

(1)微俯+斜线飞行

斜线飞行最常用的技巧是“掠过”,但是又分为如下几种情况:

- 斜向下飞行,镜头向前,飞机从高处斜向下飞向被拍摄对象。
- 斜向上飞行,掠过前景,镜头向前,飞机向上。
- 斜向上对着目标飞行,掠过前景时掉头俯拍。《课中课 4》中的航拍画面是一个非常好的范例(见图 8-15)。
- 斜向下后退飞行,掠过前景,镜头后退,相当于反向掠过,从大全景边降边后退,掠过前景,出现主体。这种拍摄方式往往用在影片的开头,镜头从一个大环境慢慢转到一个个体。

图 8-15　《课中课 4》

图 8-16　《舌尖上的中国Ⅱ·时节》

(2)微俯+后退

根据拍摄距离的远近,摄影机实际上在“强迫”观众看他们想要看到的东西。近取其神,远取其势。在摄影中,表现画面的空间关系以及人与环境之间关系的这种方式称为景别。远景镜头中环境占有更大比重,观众参与程度小，通常会安排在影视作品的开头和结尾，使观众有一个渐次进入或离开的过程。而越接近特写景别，细节表现越明显，观众与角色的距离突破社交距离，人物细微的情感表达都可能影响到观众的感受。尤其是特写，排除了环境和动作的干扰后，观众的注意力向人物的内心转移。在航拍摄影中，微俯的视点配合后退的飞行路线，可以视为长镜头融合各种景别功能的综合表达。

在《舌尖上的中国Ⅱ·心传》中，手工挂面的制作过程是中国传统饮食文化的优秀传承。把故事发生的地点全方位地展现给观众，可以给观众带来巨大的视觉冲击和心灵震撼，这成为全片的“镜眼”（见图 8-17）。

图 8-17 《舌尖上的中国Ⅱ·心传》中的航拍镜头（从一个长镜头中截取的关键帧画面）

4.追踪拍摄

电视片《大京九》中，摄制组在火车顶部印上“中央电视台、铁道部大型电视系列片《大京九》”的文字，直升机俯冲下来跟随飞驰的列车，营造出震撼的气势。

和斯坦尼康的跟拍不同，航拍的优势是不受空间的限制，可以在高度和角度允许的情况下自由飞行拍摄，可以采用多样化的背后跟随、后退跟随和侧面跟随。拍摄极限运动如赛车、滑雪、冲浪等也常运用跟随拍摄。

图 8-18 《速度与激情 5》中低空跟拍车辆的镜头

多旋翼无人机的飞行速度受到自身特性的限制，只能承受 60 公里/小时以内的时速。如果需要快速飞行，一般会选用无人直升机。

5. FPV(第一人称视点)

FPV 是 First Person View 的缩写,即第一人称视点,这种视点通常会结合低视角飞行来制造速度感和视觉冲击力。比如,在一望无际的大草原上,要想拍摄出草原的博大辽阔,取得航拍的最佳效果,必须超低空飞行。赵群力在拍摄大型电视节目《长征·英雄的诗》时,在 50 米左右的高度保持一段平飞后开始拍摄,他不断下降飞行高度,离地面最低时只有 0.5 米,几乎贴着地面飞行,遍地的绿草、鲜花在镜头下掠过,令人眼花缭乱。

图 8-19　美国知名的无人直升机 Flying Cam

6. POV(角色视点)

BANFF 是极限运动的缩写,有些航拍团队用 BANFF 来代表自己的影像风格。本质上,BANFF 是一种与极限运动同步的,采用 POV(Point-of-View)角色视点的拍摄手法。

第一人称视点在拍摄中比较容易实现。设备的高集成度带来了摄影机的小型化,放置在运动主体上或者是固定在角色身上的设备能够比较容易地获得第一人称的视点。但是第一人称的视点除了模拟被拍摄者的主观视角外,并不能提供被拍摄者本身的运动状态信息,观众更愿意获取和被拍摄者同步运动的影像,这种镜头通常是通过无人机 POV(角色视点)来实现。

无人机 POV 有非常大的自由度,它不再是绑定在拍摄对象上的附属,而是有了更加灵活的处理,它本身具有运动生命,同时也给拍摄技能提出了更大的挑战。图 8-20 是极限运动影片 *We Are Blood* 的摄制场景,Aerigon 无人机和滑板运动员保持同步运动,可视为角色视点的实践。

图 8-20　*We Are Blood* 拍摄花絮

7.定点环绕

定点环绕又称定点绕飞，俗称“刷锅”，是以一个主题为中心点，飞行器围着它转圈拍摄。定点环绕适合拍摄相对孤立的主体，能够全方位地展示主体与环境之间的关系，运动造型上也有独特的艺术个性。在姿态飞行状态下，绕飞有一定的难度，尤其是转一个正圆。如今借助GPS和智能飞控系统，定点环绕相对简单了许多，但需要注意风向对飞行的干扰，飞行器在顺风和逆风时会有高度的变化，顺风面会升高，逆风面会下降。

定点环绕常用的拍摄手法有平行高度绕飞和俯拍绕飞。平行高度绕飞时飞行器与拍摄主体的高度一致，更能突出拍摄对象，而俯拍绕飞时飞行器比被拍摄物高，更能表现被拍摄物与周围环境的关系，飞行速度要根据绕飞半径、俯仰角度和剧情节奏而定。前文中提到的《舌尖上的中国Ⅱ·家常》中的玉米地场景，正是使用了定点环绕的拍摄手法。镜头中记录了农民在岩石平台上休憩的情景，表现出人与大自然的融合(见图8-21)。

图8-21 《舌尖上的中国Ⅱ·家常》

8.航线绕行

航线绕行往往会走一些非常优美的曲线，没有明确的拍摄目标，像是在散漫地散步，拍摄出来的镜头比较自然。这种拍摄方法并没有单一的明确视点，拍摄时个人发挥的余地比较大，和飞手长期的飞行经验积累、审美体验紧密相关。当然，前期的实地勘察、周密的策划能给拍摄提供非常大的帮助。在飞行时，可以借助功能模式中的航点规划执行智能飞行。

航线绕行是理想的抒情手段，镜头的运动路线及速度、节奏，在特定的情境下会表达特定的情绪。西班牙导演亚利桑德罗·阿曼巴执导的电影《深海长眠》通过主人公雷蒙·桑佩德罗因瘫痪在床三十年而争取安乐死的故事，严肃探讨了关于生命和死亡这样一个沉重而具有哲理性的命题。影片弘扬了一种积极的“向死而生”的精神，给人以极大的心灵震撼和哲理沉思。雷蒙在《今夜无人入眠》的歌声中展开冥想的段落以诗意的画面传达了让人过目不忘的情感，而这其中就采用了航线绕行的拍摄手法。高位截瘫的雷蒙幻想自己变成行动矫捷的人，俯冲出窗外，飞过丛林、山坡，直达他一直思念的浩瀚海洋，看到自己爱恋的朱莉亚。阳光、沙滩和一望无际蔚蓝的海，再配上优美的旋律，让我们感受到的是雷蒙的心在飞翔，他那被束缚的灵魂得到了释放，再也不受任何限制，达到前所未有的自由、酣畅（见图8-22）。

A

B

图 8-22　《深海长眠》中的航拍镜头

(四)飞行路线规划和云台运动的模拟图例

1.一往直前

无人机保持固定姿态,云台镜头朝向正前方,飞行速度根据飞行高度和拍摄题材而变化。贴近地面景物时速度感强,而在高空需要较高的飞行时速才能感受到相对速度的变化(见图 8-23)。

2.俯视向前

微俯向前:起飞前调整云台俯仰角,镜头微俯,起飞到需要的高度直线向前飞行(见图 8-24)。

图 8-23 一直向前的飞行路线　　图 8-24 微俯向前的飞行路线

俯瞰向前:起飞前调整云台俯仰角,镜头垂直向下,起飞到需要的高度直线向前飞行(见图 8-25)。

3.逐渐拉高向前飞行

无人机先以较低高度向前飞行,接近被拍摄物体时逐渐开始拉高,从被摄主体上方飞过(见图 8-26)。

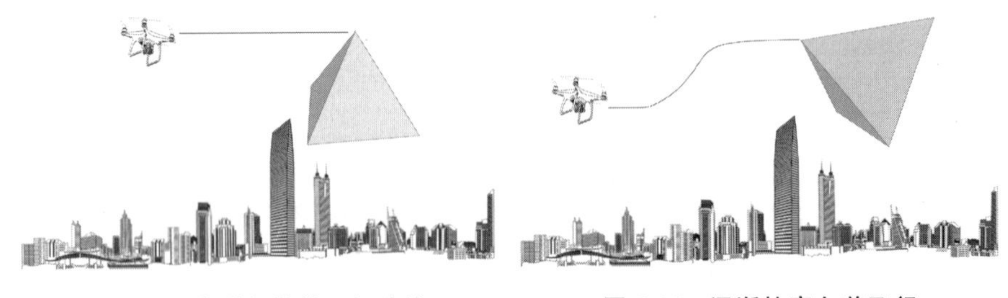

图 8-25 俯瞰向前的飞行路线　　图 8-26 逐渐拉高向前飞行

4.空中摇臂

向前逐渐拉高后俯视，无人机从被摄主体上空飞过，镜头一直注视着被拍摄物体直到与地面垂直(见图 8-27)。

5.空中轨道

无人机和摄影机云台在横移时保持姿态和高度不变(见图 8-28)。

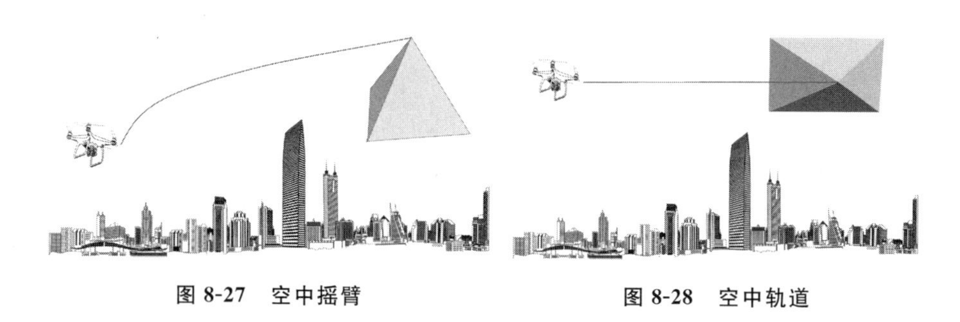

图 8-27　空中摇臂　　图 8-28　空中轨道

6.横移+拉高

无人机和摄影机云台保持一个姿态不变，在横移时拉升高度(见图 8-29)。

7.定点环绕

定点环绕有两种实现方式：一种主要靠飞手。对于美国手(左手油门)的飞手来说，需要两个摇杆逆时针同时向外、顺时针同时向内操作。另一种是借助可以 360 度旋转的云台，飞手可以不改变无人机机头方向，用前后左右方向杆控制无人机围绕目标环绕飞行，云台手控制镜头始终朝向拍摄对象。定点环绕的关键在于飞手的飞行技能和其与云台手的默契配合(见图 8-30)。

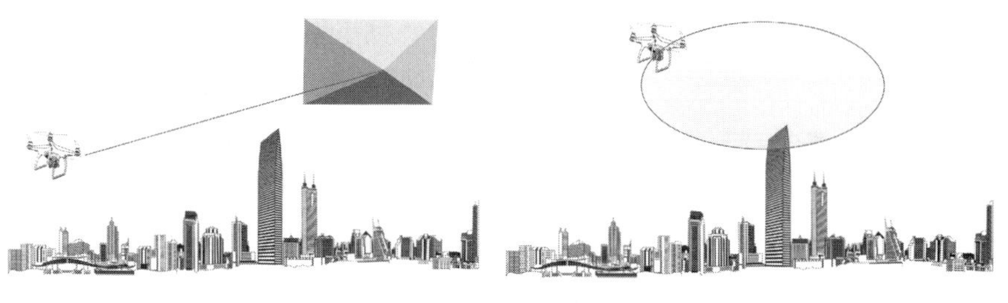

图 8-29　横移+拉高　　图 8-30　定点环绕

8.向前十环绕

无人机从向前逐渐转为向左(右)横移,控制方向向右(左)转(见图8-31)。

9.向前十转身180度十后退

无人机向前飞行,在拍摄对象附近旋转180度,然后保持飞行速度向后退(见图8-32)。

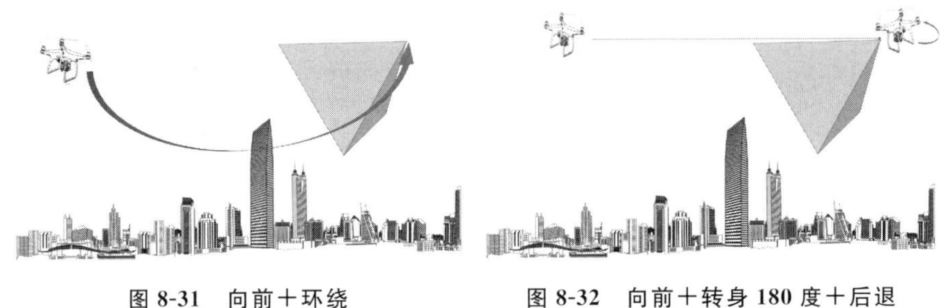

图8-31 向前十环绕　　图8-32 向前十转身180度十后退

10.后退十拉高

无人机向后飞行,画面逐渐远去。这种方式适合在开阔地带的高空飞行,如果靠近地面,则不能进行超视距飞行。这种飞行难度较大,需要对飞行技术十分熟练(见图8-33)。

11.旋转上升

旋转上升的要点是旋转速度一定要缓慢,除非是模拟眩晕的主观感受。旋转上升能交代局部与整体的关系,视觉上比较流畅,是常用的拍摄手法(见图8-34)。

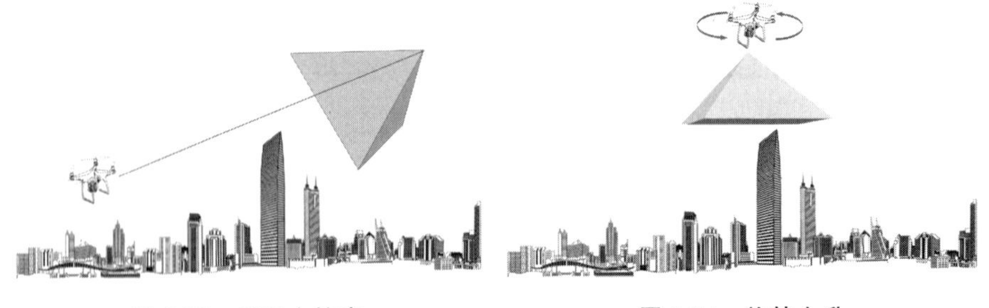

图8-33 后退十拉高　　图8-34 旋转上升

第二节 手持摄影与稳定器

自戈达尔的《筋疲力尽》之后，非固定机位手持摄影成为一种影像美学。摄影机深度参与叙事，赋予画面强烈的生命质感。在《筋疲力尽》中，拉乌尔·库塔尔手持16毫米的埃克莱尔Cameflex摄影机，或站着，或坐在轮椅上，或坐在邮件手推车或者汽车的后座上拍摄。这样做的目的是让摄影机与人物之间形成微妙的对应关系，从而解放运动对情节性的依附。“关于移动机位拍摄，我把它称为摄影机与演员之间的舞蹈。因为跳舞能让观众更有带入感，我甚至会拿着摄影机来跳舞，找到与演员之间最舒服的配合与呼吸方式。”[①]用手持摄影手段拍摄有“呼吸感”[②]的运动镜头，成为新一代摄影师创作过程中的一种美学追求。

手持摄影是运动摄影中较为特殊的一种，和架上摄影相区别，它多采用手持和肩扛的方式。由于早期的摄影机缺少机械动力驱动系统，这种拍摄技法在电影诞生初期极为少见。直到20世纪60年代，伴随轻便摄影机和同步录音技术的进步，手持摄影才成为一种革命性的创作方法，并在“新浪潮运动”中发挥了巨大作用。90年代，手持摄影逐渐成为一种整体性的创作方法，“晃动、晃动再晃动”的影像演变为一种流行的风格。

值得反思的是，“新浪潮”时期，除了在局部表现混乱的时刻，手持摄影仍追求稳定和可控。手持摄影的主要目的，是为了获得更大的灵活性，创造“真实生活”的纪实特征。从这个意义上说，手持摄影和架上摄影的美学诉求并不背离。

数字摄影时代到来后，摄影机系列中不乏轻型化、小型化的产品。同时，在稳定器的设计生产工艺中，多轴陀螺仪稳定技术和符合人体工程学的支撑装置已经彻底解放了手持拍摄技术，手持和肩扛已经不再是技术过硬的代名词，年轻的摄影师只要能掌握设备的使用技巧，也能拍摄出流畅的影像。

借助新型稳定器系统，手持摄影成为一种革命性的创作方法，其低成本

---

① 杜可风语。

② 呼吸感是指摄影机贴合拍摄画面内在情绪的一种外部运动，这种镜头运动犹如有机体的呼吸一样，具有一种生命气息。著名电影摄影师吕乐在谈到自己担任摄影指导的影片《非诚勿扰2》时说：“《非2》用了两台斯坦尼康，所有的镜头都有呼吸感。”

的、即兴的、便于捕捉真实生活的特点,为青年电影人作者化的影像表达提供了便捷的途径。本部分内容将从稳定器的技术入手,介绍当前已被广泛采用的稳定器技术,供摄影师参考。

一、斯坦尼康(Steadicam)

20 世纪 70 年代,盖瑞特·布朗(Garrett Brown)设计了斯坦尼康并因此获得了美国奥斯卡摄影器材终身成就奖。斯坦尼康有着极大的灵活性、便利性。平稳运动可以通过使用移动车和铺移动轨来实现,但是在特殊的场景中传统的移动设备也无能为力。轨道需要平坦的地面,而且前后方向的移动距离受到很大的限制,斯坦尼康却可以适应山地、台阶等更多的环境,可以完成更为复杂的移动镜头拍摄。斯坦尼康可以拍摄比摇臂所能拍摄到的更长的长镜头。

斯坦尼康通过以下三个主要元件解决摄影机的稳定性:一只具有关节的等弹性弹簧合金减震臂,一套用于支持摄影设备的配重平衡组件,一件辅助背心。减震臂由前臂和后臂两部分组成,每部分都是一个平行四边形,不论减震臂处于哪个位置,这些金属杆都相互保持平行。除了托起摄像设备以外,平衡组件的主要功能是承托摄影机并通过惯性力矩保持平衡(图 8-35)。

斯坦尼康最早应用在《洛奇》和《光荣之路》两部影片中,极大地提升了摄影效果,并引起了轰动。其中,《光荣之路》一片为 Haskell Wexler 赢得了 1976 年的"奥斯卡最佳摄影奖"。1980 年,在影片《闪灵》中,导演库布里克出于个人偏好,采用了大量的长镜头,这一做法使得斯坦尼康的作用得到了淋漓尽致的发挥。

斯坦尼康并不是代替轨道和摇臂的新生产物,而是另一种视角和观点的实现方式,是营造一种空间感的工具,它不仅能制造平稳的运动,而且非常灵活。它改变了电影的拍摄方式,成为电影摄影的一个新领域。"斯坦尼康能够帮助我们将摄影机移动到任何你能走到的地方——进入无法铺轨的狭小区域,还有上下楼梯……你能带着摄影机走或奔跑,而斯坦尼康就像是一条魔毯一样能够平滑地消掉所有的颠簸。如果没有斯坦尼康的话,在迷宫中进行如此之快的跟拍简直是不可能的。铺轨的话你不能指望摄影机不会拍摄到轨道,而且轨道也不能拐迷宫中的直角拐角。没有斯坦尼康的话你最好

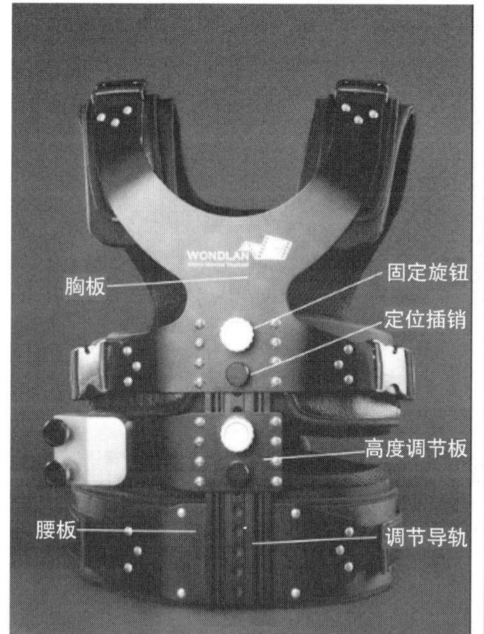

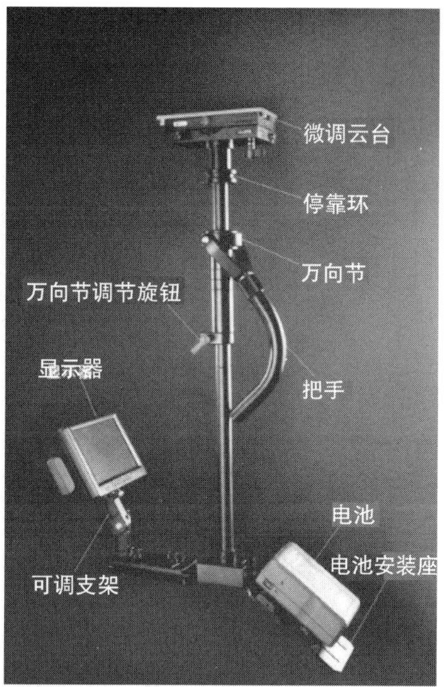

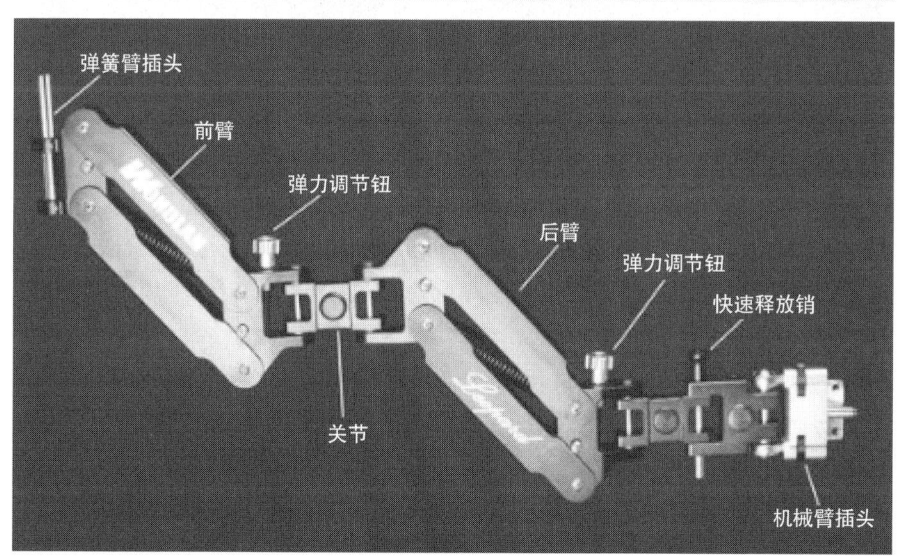

图 8-35　斯坦尼康结构图

的选择就是用普通手持摄影机，但当摄影机移动的时候就会晃得很厉害。"①

图 8-36 缠绕的树篱迷宫，《闪灵》中最后一场追逐戏的发生地

图 8-37 库布里克和手持斯坦尼康稳定器的盖瑞特②

当然，斯坦尼康也不是万能的，它本身有一个设计上的缺憾。它不能在拍摄中随意改变拍摄高度。随着技术的进步，MK-V Modular Systems 设计了一种稳定配件，其原理和构造是在斯坦尼康平衡杆顶端安装一种可以让摄影机永远保持水平的"转笼"，这样随着平衡杆沿着垂直面做 360°旋转，"转笼"的位置也就发生了变化，由于"转笼"内的摄影机始终保持水平，所以当"转笼"从高位降到低位时，这支稳定器也就完成了从正常模式到低拍模式的转变，这就很好地突破了稳定器只能在一个高度进行拍摄的局限，拓展了拍摄角度(见图 8-38)。

改装后的斯坦尼康才能算作具备了真正意义上的手持摄影的灵活性。

---

① Kubrick on the shining[EB/OL].[2017-05-17].http://www.visual-memory.co.uk/amk/doc/interview.ts.html.

② 谢丽・杜瓦尔(Shelley Duvall，《闪灵》的女主角)和丹尼・劳埃德(Danny Lloyd，《闪灵》中的小男孩)走在前面，库布里克和手持斯坦尼康稳定器的盖瑞特走在后面。他们正在进行电影的前期测试，通过研究监视器来决定拍摄树篱迷宫这场戏时最佳的镜头高度。

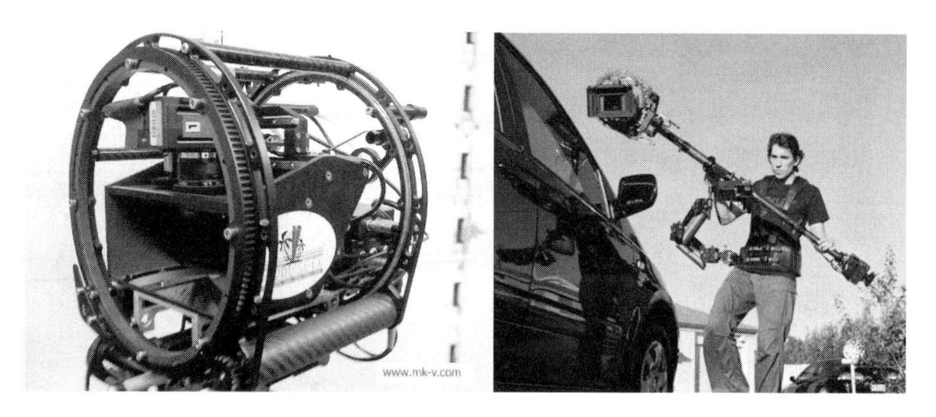

图 8-38 转笼搭配斯坦尼康

二、电子稳定器

人在走动或者奔跑时会不可避免地产生晃动，受益于眼球的实时跟随机能，大脑可以精确地处理这些运动信息，并在大部分情况下会消除这些不带方向的晃动。但是手持拍摄，尤其是固定在运动主体上的拍摄，“破坏”了这种跟随机制，会产生大量晃动的画面，长时间观看这种影像会让观众疲劳烦躁甚至眩晕。

2013 年，Freefly System 发布了第一款商用三轴电子稳定器，很好地解决了跟拍的难题。任何人经过简单的练习就可以拍出非常稳定的画面，并可以模拟摄影车、轨道和小摇臂的效果。

作为多轴电子稳定器的核心技术，陀螺稳定仪早在 20 世纪 90 年代就被 Space Cam 用作摄影机减震器，这种装置能最大限度地使摄影机保持稳定性。该装置能以自动和手动两种方式进行控制，可以非常容易地安装在飞机、汽车甚至是奔跑的马背上，因此，它很快就得到了广泛应用。

图 8-39　三轴电子稳定器

图 8-40　悬挂在直升机上的 Space Cam 陀螺稳定仪

电子稳定器的迅速普及表明这项技术有显著的优点。首先是它的灵活性。与斯坦尼康不同，电子稳定器几乎有完全的自由度。无论是紧贴地板的低角度，还是高于头顶的高角度，它都可以轻松达到。此外，电子稳定器还可以在不同人的手中传递，拍出连续的穿越镜头。而在空间狭小的场景中（比如汽车内），电子稳定器的优势也非常明显。其次是易于使用。三轴电子稳定器由电子芯片控制，厂商宣称，任何摄像师只要经过简单的操作适应即可上手，并获得出色的拍摄效果。而斯坦尼康则需要至少数月的时间去学习才能掌握，需数年的使用才能实现精通。

在目前的技术发展阶段，电子稳定器也有它的缺点。首先是它的承载能力。现在的电子稳定器还不能够很好地支持全尺寸的电影摄影机。DJI Ronin 承重 16 磅，Movi M15 承重 15 磅，只适合安装小型镜头的 RED、ALEXA MINI 摄影机。其次是不适合长时间拍摄。电子稳定器相当重，若双手手持，15 磅—20 磅的重量则完全依靠摄影师个人的手臂力量来支撑。再次，拍摄效果存在争议。因为电子稳定器采用计算机和软件控制，有时会进行过量补偿或轻微抖动。而且电子控制的反馈机制会延迟摄影师的主观运动，影响运动摄影的造型表达。而对于斯坦尼康，一切都由操作者的肢体控制，其运动感觉更直观和可控。此外，电子稳定器所做不到的是，斯坦尼康的减震臂和背心能够过滤脚步的上下抖动，在走路或跑步时都能获得平滑的镜头。

三、鱼钩

斯坦尼康+"转笼"虽然很好地解决了摄影机机位灵活性的问题,但是配重平衡成倍地增加了设备的重量,对摄影师的体能和耐力也是严峻的考验。摄影师长时间背负斯坦尼康导致腰部受伤的例子并不罕见。

"易事背"(Easyrig)便携式摄影机支撑系统将传统手持、肩扛摄影时手部和肩部的载重下移至背部和臀部,赋予了摄影师自如操控手持摄像机的速度以及机动性,同时仍然能实现比较稳定的拍摄效果。机位也更加灵活,可肩拍,也可置于胸部或者置于胯部,甚至能以跪姿拍摄。

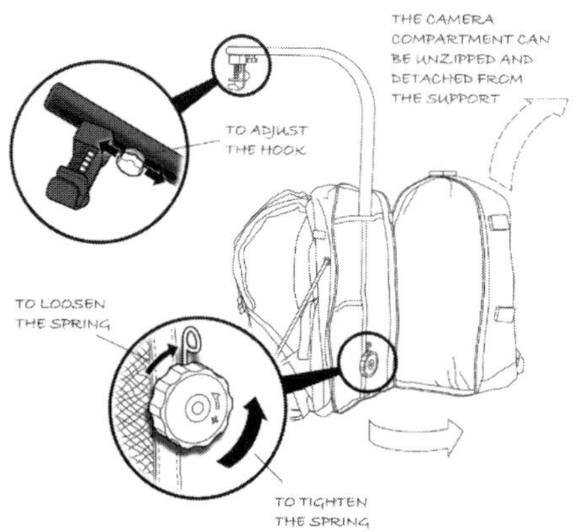

图 8-41　"鱼钩"可以搭配不同重量的摄影机

因为造型上的相似性,许多摄影师更喜欢把易事背叫作"鱼钩"。由于"鱼钩"把摄影师背部和肩膀的负荷分配到臀部,所以能有效延长摄影师的连续工作时间,使其更专注于实际拍摄。

不过“鱼钩”本身仅仅是为了减轻负重设计的，并没有减震的作用，一旦需要跑动，腰胯还是会把摆动传递给上方的钓竿，并被长杆放大，诸如平移、前进等简单移动有时反而会造成比手持还要大的抖动。因此，“鱼钩”省力，但很难达到理想的大范围跑动中的稳定效果，仅适合小范围缓慢行走的情况，或者借助平衡车移动以避免胯部带来的摆动。

和斯坦尼康的“转笼”异曲同工，NAB上一位摄影师自己研发的一款“凤头”(Flowcine)在一定程度上解决了“鱼钩”的这个问题。

图 8-42 酷似“凤头”的弹簧减震臂

(一)鱼钩+凤头

酷似“凤头”的弹簧减震臂是专门给“鱼钩”用的减震臂，原理和斯坦尼康的弹簧臂是一样的，只不过它是一个迷你的弹簧臂，在“鱼钩”上达到了一个减震的效果。“鱼钩”并不是一个减震的工具，它只能帮助减轻机器的重量，弹簧减震臂可以把摄影师腰部传导过来的震动减掉。

(二)鱼钩+凤头+电子稳定器

弹簧减震臂配合电子稳定器，才能最终实现完美的减震效果。陀螺仪稳定器只是能够减轻机器的旋转角度和震动，对于上下移动时的震动它无能为力，但是弹簧减震臂可以减轻走动踏步带来的震动。

图 8-43 鱼钩和电子稳定器

(三)鱼钩+凤头+机械稳定器

与电子稳定器相比，机械稳定器有两方面优势。第一，机械稳定器能承重很多，它可以承载 ARRI ALEXA 摄影机。

第二，它不需要通过马达上下左右摇，所以它没有延迟的感觉，摄影师和演员的互动比较舒服，能达到百分之六七十的稳定性，最终获得的效果介于斯坦尼康与手持肩扛中间。

如果你要拍摄一个在草地上跟着演员跑的戏，若用斯坦尼康会很平稳，就像飞过去的感觉。如果是手持肩扛，则可能会抖动严重，完全无法观看。但是如果使用机械稳定器，最终会呈现出理想的效果。因为它能使左右、上下、前后三个方面的微调达到稳定的效果，能够减去因不必要的震动带来的不稳定的画面。

图 8-44　Flowcine Gravity One 机械稳定器

四、莱格勒的外骨骼(L′Aigle Exoskeleton)

动力外骨骼最初出现在科幻小说中的机械及电子设备中，是一种能够增强人体能力的可穿戴机器。它能够帮助人们跑得更快、跳得更高、能够携带更多更重的东西，并且帮助穿戴它的人在战场、建筑工地或者其他有危险的地方生存下来。这项技术已经有二十多年的历史，但是出于技术原因，这项技术只应用于军事领域。

摄影数字化以后，器材的确越来越小型化，但这并没有从根本上减轻摄影师的负重。究其原因，主要是出于稳定和现场监看的需要，需在摄影机上加装稳定器和监视器、记录单元等。能否有一种设备真正把摄影师从高强度的体力劳动中解放出来？为此，作为军工外骨骼的制造商莱格勒进行了初步的尝试。

这套系统被称作 L′Aigle Exoskeleton，即莱格勒的外骨骼。整个背负系统很舒服，马甲填充用料很足，后腰部位还藏了一个可以充放气的支撑气垫。在灵活性方面，即便在狭窄的通道内，L′Aigle Exoskeleton 也可以以左右臂一高一低的姿态来进一步压缩自身的宽度通过窄道，其独特的结构设计无论是贴地还是高举过头均可轻松完成，的确称得上是为了三轴稳定器量身打造的背负系统。

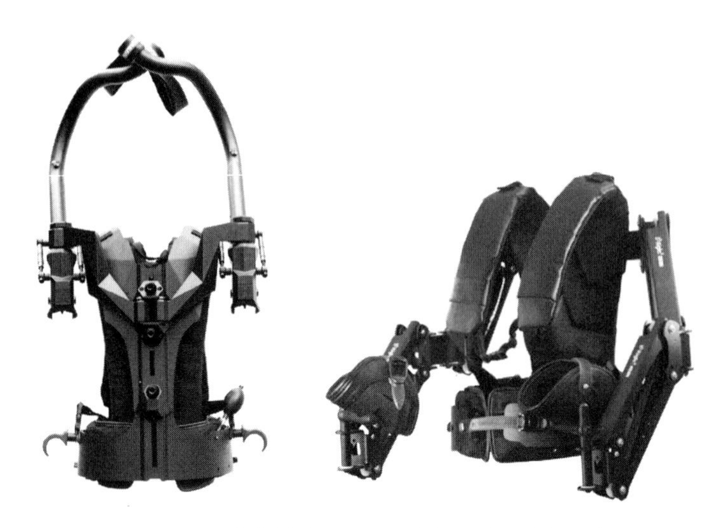

图 8-45 莱格勒的外骨骼(L′Aigle Exoskeleton)

五、与稳定相关的其他要素

(一)镜头选择

视角越宽,画面的抖动就越不明显。大部分运动摄影需要选用 120 度视角以上的镜头焦距。为了避免场景的过度变形,稳定摄影选用的理想焦距在 18mm 到 24mm 之间,这个焦段能够在画面稳定与避免失真之间找到平衡。

(二)构图

构图与画面稳定性也紧密相关,在使用稳定器跟拍或环绕拍摄时,过紧的特写构图往往效果欠佳。当取景框中的对象占比过大时,任何位移都会被放大。较松的构图配合短焦距的镜头会有更好的稳定效果。前景的选择也非常重要,能够在画面中表现出动感和流畅性。

(三)重心设置

无论是机械稳定器还是电子稳定器,调整摄影机到适当的重心位置都是非常重要的。对于传统的机械稳定器来说,如果摄影机的重心不在规范的位置上,会造成平衡杆的自转或者歪斜。但对于电子稳定器来说,摄影机重心偏差过大会加重电机的负担,造成电机抖动、频繁找平、甚至降低稳定器的使用寿命。摄影师必须在每次使用前根据厂商指导的方法仔细调整重心和平衡,即便在更换摄影机或安装不同重量的镜头、附件之后也需要重新调节。

(四)姿势和步伐

操作稳定器最核心的技术就在于姿势和步伐,最基本的就是先使用身体过滤一层振动,比如微蹲、碎步、双手弯曲,尽量保持运动过程中稳定器的稳定。机械稳定器往往需要刻苦的训练来适应;电子稳定器虽然易于上手,但三轴的设计往往无法过滤垂直方向的震动,同样需要一定的练习才能真正获得完全平滑流畅的画面。此外,不管使用什么稳定器都极其耗费体力,找到一种舒服的姿势也是非常重要的事。

六、完美的晃动

在许多影视作品中,摄影师会刻意添加不易觉察的小幅度、低频率、柔缓的镜头晃动,这样做的目的何在? 众所周知,较之实际生活场景,拍摄给人在视觉感观上显得过于“完美”,加之运动带来的美感,会使得“戏剧感”十足,这在一定程度上削弱了作品的表达力。摄影师在影片中加入的摄影机晃动模拟了人眼观察生活的真实细微运动,使得完美精致的影像有了一种人性化的“呼吸感”。手持摄影和稳定器的完美结合是制造这种“呼吸感”的最佳方式。

影片《阿黛尔的生活》中大部分镜头都添加了小幅度的晃动,配合中近景和特写,阿黛尔吃东西、说话、读书、做小动作,她的快乐、悲伤、渴望,都展示在银幕上。使观众更加靠近人物的内心,观众同阿黛尔一起经历、一起成长。如此贴近的画面因为晃动而具有了“呼吸感”,大量细碎的情节、大段生

图 8-46 影片《阿黛尔的生活》

活化的台词，融合成一种独特的迷人氛围，对观众产生了极大的吸引力。

一百多年来，运动摄影一直致力于使摄影机像人一样自由地观察世界。手持摄影极大地解放了摄影机的运动能力，但稳定性和耐久性（比如长镜头拍摄）一直是困扰摄影师的难题。在稳定性、精确性以及机动性三个要求的指引下，运动摄影辅助设备在最近十几年里已经基本完成了颠覆性的设计，“对作品巧妙构思＋稳定设备的合理使用”一定能让摄影师的影像创作更稳定、更自由。

第九章 数字摄影机适配镜头

从胶片到数字,影像获取的方式发生了翻天覆地的变化。但是有一个方面始终未变,那就是镜头。

提到影像的素质,6K、8K 这些像素的标称很容易吸引人们的关注。相反,有一个事实常常被忽略,那就是——镜头,它才是成像的关键。

"无论是摄影机的传感器尺寸不断变大,还是胶片的卤化银颗粒不断变细,电影画面对镜头的要求却始终如一,而且会越来越高。"①只有设计科学、制造精良的高质量摄影镜头,才能满足影视艺术发展对更高画质的追求。但是出于作品类型的创作特性的限制(比如纪录片拍摄时需要便携、快速的镜头),和对摄制成本的考虑,摄影师有时必须在镜头选择方面做出妥协。

本章的写作目的,即为摄制人员在应对高质量影像需求而选择摄影机适配镜头时提供参考。

第一节 四种选择

10 年以前,按照应用的领域不同,镜头被"泾渭分明"地划分为相机镜头、电视摄像机镜头和电影镜头。跨界应用只是极个别的案例,而且镜头需要经过诸如接口和像场等工程级的改造。但是随着低成本、大尺寸传感器的数字摄影机不断涌现,一种镜头少、机器多的产业格局开始逐渐形成。

由于静态摄影的像素数量或画幅尺寸一直走在数字电影的前面,全画幅数码相机的像素数可以轻松地超过 4000 万(4K 数字电影不足 900 万),相

---

① 爱展能 CEO 菲利普·帕伦(Philippe Parain)语。

机镜头便成为电影镜头[①]的替代品。

电视摄像机配备的伺服驱动变焦镜头一直是高效率拍摄的代表。进入4K数字摄影机时代,许多高清时代的摄影师也想把这种镜头移植到数字摄影机上。

从技术上说,光学镜头的基本功能无外乎是更加逼真地捕捉光影信息,优秀的相机镜头在成像能力上并不一定比电影镜头差,但是在机械结构和光学素质方面还是有一些短板。高清摄像机伺服变焦镜头虽然大部分也具备良好的光学设计,但2/3英寸的像场成为移植嫁接的硬伤。再考虑到创作上的方方面面,要适配数字摄影机,的确需要更优异的光学素质和机械结构,毕竟影视作品是以时间为媒介,以流动影像为载体进行叙事的艺术。

一、相机镜头

稍微专业一点的相机镜头都有良好的光学表现。佳能的红圈头、尼康的金圈头,在分辨率、光孔、MTF等方面都有口皆碑。应用到数字摄影机上,除了需要应对EF卡口、F卡口的烦琐转换,更让人担心的是镜头尺寸、内外聚焦的方式、聚焦行程、标尺精度等方面是否能够很好地适配动态影像的拍摄需要。

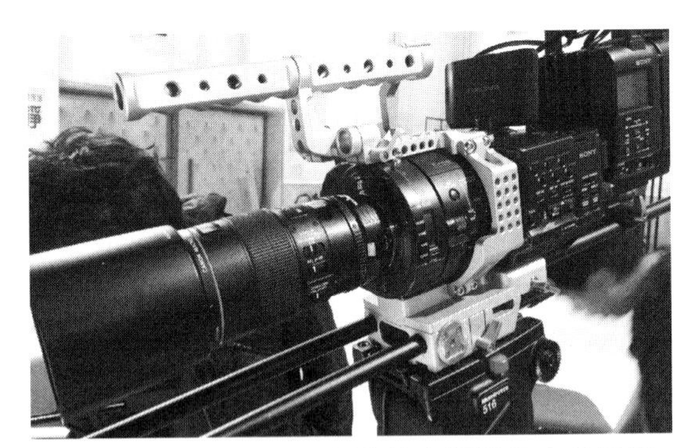

图9-1 在Super 35mm规格数字摄影机上使用照相机镜头

相机镜头针对静态摄影而设计,外置的光圈环已经罕见,许多功能都需要自动控制系统来完成,这为数字摄影机使用相机镜头平添了许多障碍。比如,把佳能的镜头安装在SONY的S35mm数字摄影机上,首先需要进行接口和法兰距的改造。在接口设计上还要增加额外的电路控制部分,以允许摄影机控制镜头进行参数调整。目前把SONY的E卡口转换成EF卡口有两个比较适用的转接环,Metabones EF-E Mount和Kipon EF-S/E AF。

① 20世纪,电影镜头多用于电影拍摄,现在越来越多的电视剧、广告、MV甚至电视节目也使用电影镜头。虽然电影镜头的叫法简单粗暴,但也约定俗成,其中更多地包含了人们对电影高质量影像的追求。

这两个转接环能够自动修改卡口的控制协议，设计有 Mini USB 接口进行固件升级，配备透镜组改变像场尺寸和修正后的焦距。

图 9-2　Metabones EF-E Mount 和 Kipon EF-S/E AF

对于不能适配自动控制电路的相机镜头，要么使镜头一直在最大光孔下工作，在转接环上增加另外的光圈；要么先在相机上把光圈调整至定光确定的数值，再把镜头安装回数字摄影机上。这种情况下会产生许多不可控的变量，违背高质量创作的规范。

改造相机镜头以适应影片拍摄的需要，蔡司 Compact Prime CP.2 是目前厂商改装最成功的案例。

为了匹配遮光斗、聚焦齿轮，Compact Prime CP.2 系列镜头大都具有统一尺寸的镜筒口径。尤其是 28mm、50mm 和 85mm，它们的最大光圈都是 F2.1，最小光圈为 F22。而且都是 T 光圈，而不是 F 光圈。这三个镜头是相同的尺寸，意味着可以在不调整遮光斗或者是跟焦器的情况下快速更换镜头。

图 9-3　蔡司 Compact Prime CP.2 系列镜头

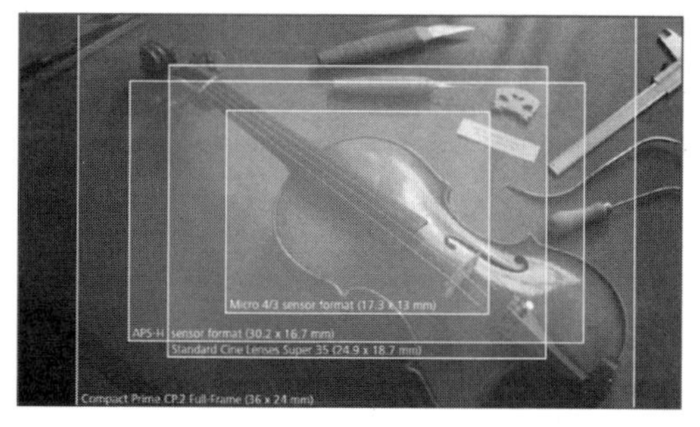

图 9-4　蔡司 CP.2 电影镜头画幅覆盖范围

在像场上,CP.2 不但可以轻松覆盖 S35mm 数字摄影机传感器,而且能够作为全画幅 135 单反相机镜头使用。

当然也有许多“电影风格”的相机镜头,虽然有良好的性价比和电影镜头的外观,但光学素质和机械结构仍然是相机镜头的芯。

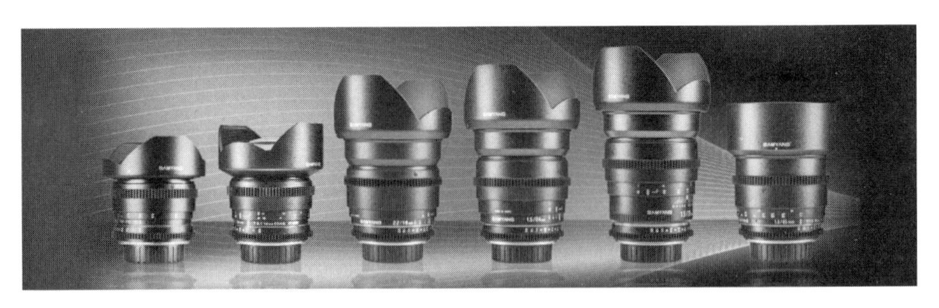

图 9-5 SAMYANG 三阳电影风格镜头

二、电视摄像机伺服变焦镜头

电视摄像机用的镜头几乎全是变焦镜头,而且是高倍率的变焦镜头。高倍率变焦镜头的设计基本上是一个妥协的过程,只能选择某个焦距或某个距离做出最佳光学纠正,其他范围的影像质量就要做相对的牺牲。

在镜头设计时,厂商会引入 MTF 调制传递函数来评价镜头的解像力指标。值得注意的是,由于早期电视的分辨率较低(标清时代用扫描线数表示清晰度),镜头解像力指标评价重点强调低频部分,和现在的评价标准有很大的区别。

图 9-6 中曲线 A 所代表的镜头在低频段反差适中,随着空间频率的提高,它的衰减过程很慢,具备较高的分辨力。曲线 B 所代表的镜头在低频段表现很好,说明镜头的反差很好,但随着空间频率的提高,它的曲线衰减很快,说明镜头的分辨力一般。曲线 C 所代表的镜头在低频时就很快衰减,综合素质较低。

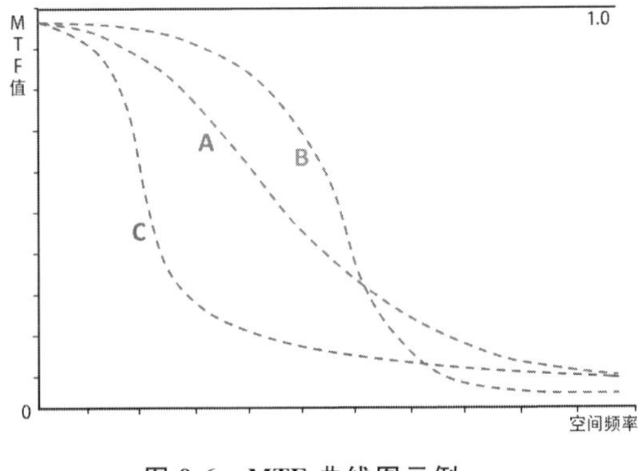

图 9-6 MTF 曲线图示例

C 类型的镜头自然属于

淘汰范围。A和B两种不同类型的镜头MTF曲线各有特点，曲线A延伸进高空间频率范围，称为解像型，适用于相机和高分辨率数字摄影机。曲线B与曲线A相反，突出表现低频端，称为反差型，适用于低分辨率的电视摄像机。虽然它的分辨率不算好，但是高反差弥补了分辨率的不足，能给电视观看带来较清晰的观感，也就是通透感。

电视摄像机变焦镜头针对2/3英寸的像场设计，卡口大部分是B4口，难以达到数字摄影高质量拍摄的要求。2001年，富士能研发了变焦镜头3个型号、定焦镜头8个型号的产品HD CINE系列，作为采用HD摄像系统进行电影制作用的“电影镜头”新产品。在光学上，HD CINE有A型MTF曲线，能更好地适配大屏幕对细节的苛刻要求。在机械上，HD CINE也完全脱胎换骨，8支定焦镜头镜筒直径完全一致，长度上除了5mm的镜头采用反射远式设计，镜身长度略长，其他几支镜头长度一致。

图9-7　富士能B4口HD电影定焦镜头

2012年，富士能又研发出了全球首款可对应4K的带驱动PL变焦镜头Cabrio系列，可用于佳能C300 PL、索尼F3、Red EPIC及ARRI ALEXA等数字摄影机。虽然传承了电视变焦镜头的高效能和轻便性，拥有手柄和电动变焦开关，但它已经是一款地道的Super35格式数字电影镜头。

图9-8　富士能PL变焦镜头Cabrio系列

该系列镜头本身集成了

驱动组，继承了电视摄像机伺服镜头的一体化设计，能兼容电影拍摄和电视现场制作。但它和普通的电视摄像机伺服镜头是有区别的，它有电影摄影镜头所特有的较浅景深、高分辨率和操作手感，更适合高质量电视节目的拍摄。

影视伺服变焦镜头开始呈现大融合趋势。

三、电影镜头

早期的电影摄影机没有反光板，镜头的后镜片组可以离胶片非常近，镜头的光学设计比较容易，镜头结构相对简单，这种情况很好地适应了当时的光学技术水平。玻璃的垂直反射率为4%，综合各种角度的光线反射率大约为5%。在没有镀膜技术的年代，5个镜片有10个折射面，总透射率会降低到原来的60%。F2.8的镜头实际上工作在T4.7的光孔下。当时最大孔径为T3.6—T5.6的慢速镜头和慢速胶片配合使用，这就意味着照亮场景需要增加光的强度。

图9-9 《穷街陋巷》中的硬光

由于光孔不够大，加上感光度低，在场景照明上，摄影师不可避免地选择使用硬光（唯有此才能最节约曝光），这就造成了强烈的影子，由此产生了一种粗糙、刚烈的影像风格（见图9-9）。所以直到20世纪50年代，印度的摄影师才开始使用现在称为“蝴蝶布”的柔光系统，影像终于能够摆脱强烈的阴影。一直到90年代，高感光度胶片配合大光孔镜头，使得利用微光进行摄影创作成为可能，摄影师开始喜欢在微光中捕捉光线的细微变化（见图9-10），过去强烈的光影特征基本看不到了。

图9-10 《禁闭岛》中的微光摄影

尽管如此,早期的电影摄影师还是由此获得了一个大的好处——景深比现在的电影摄影师所习惯的要大。由于早期的电影摄影机最大孔径相对小,色差校正好,抛开影像风格单论光学,性能也不错。

现代胶片电影摄影机都是反光摄影机,摄影师通过镜头直接取景。这意味着必须按照摄影机的反光原理,将镜头的后镜片置于胶片前面的某一距离处,这个距离我们称为工作距离。20 世纪 50 年代,薄膜技术使透射方面的问题得到了解决。含有 10—20 片镜片的复杂镜头得以实现,电影变焦镜头为了实现优异的光学素质牺牲了便携性。

当前电影工业中有四大镜头品牌,分别是德国蔡司(Zeiss)、英国库克(Cooke)、法国爱展能(Angenieux)、美国潘那维申(Panavision)。

在 20 世纪的前 50 年间,几乎所有的好莱坞电影都是用库克镜头拍摄的。而库克也对镜头科技有显著的贡献,库克三片式已经成为经典的光学设计。

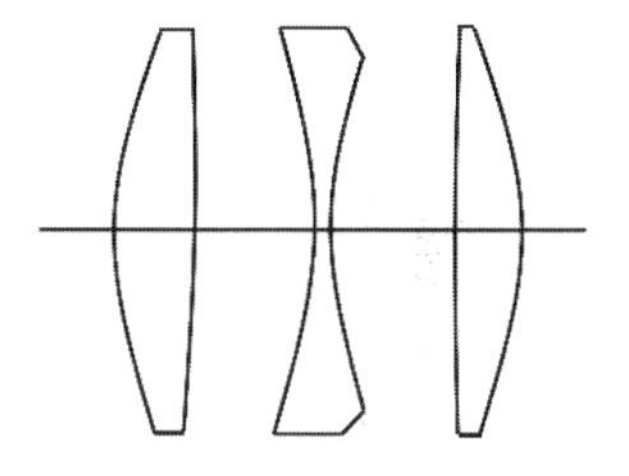

图 9-11 库克三片式[①]

1921 年,库克研发了第一枚 F2.0 大光圈镜头;1936 年,库克又研发了第一枚变焦镜头。图 9-12 是库克新近推出的 Cooke Anamorphic/i 系列定焦镜头,除了 65mm 的镜头微距光圈在 T2.6,其他所有镜头统一最大光圈为 T2.3,镜头口径统一是 110mm,镜头皆为一样的长度,而且都通过了精确的色彩匹配。

图 9-12 Cooke Anamorphic/i 系列定焦镜头

① 库克三片式(Cooke Triplet)是由英国一家望远镜厂库克父子公司的光学设计师丹尼斯·泰洛设计的。丹尼斯·泰洛的基本设想是这样的:把同等度数的单凸透镜和单凹透镜紧靠在一起,结果自然度数为零,像场弯曲也是零。但是镜头的像场弯曲和镜片之间的距离无关,因此把这两片原来紧靠在一起的同等度数的单凸透镜和单凹透镜拉开距离,场弯曲仍旧是零,但总体度数不再是零,而是正数。但是这样不对称的镜头自然像差很大,于是他把其中的单凸透镜一分为二,各安置在单凹透镜的前后一定距离处,形成大体对称式的设计,这就是库克三片式镜头。

1950年，爱展能公司的创始人皮埃尔·爱展能(Pierre Angénieux)推出了第一枚"爱展能反摄远"镜头(Angénieux Retrofocus)，是35mm、F2.5的定焦头。反摄远镜头是广角镜头，爱展能之所以给它取名"反摄远"，是因为它的原理很像把一个长焦的摄远镜头(比如200mm)反过来安装在摄影机上。通常情况下，镜头的焦距越短，它的后组镜片距离成像焦平面就越近。在反光摄影机上这种镜头无法使用，"反摄远镜头"解决的就是后镜组与焦平面间的距离问题。它的短焦镜头的后镜组与焦平面的距离比普通短焦镜头要远，能完全避开反光镜的范围，同时又能保证相同的视角和良好的成像。这项技术具有划时代的意义。

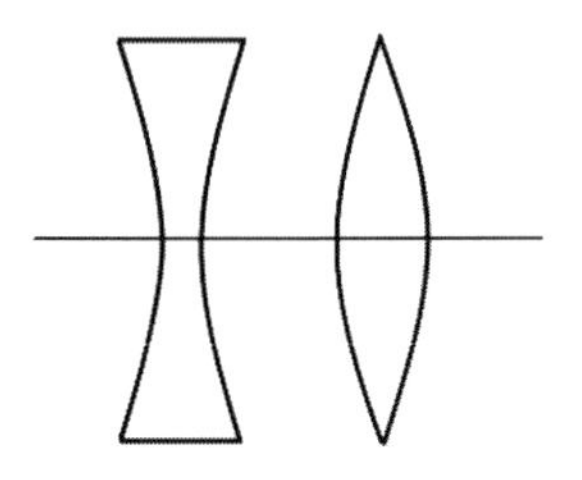

图 9-13 反摄远(后对焦)式光学设计

1964年，爱展能因为"设计出了多镜合一的电影摄影机变焦镜头"而获得奥斯卡"科学与技术奖"。

图 9-14 爱展能最为经典的 F 24－290mm 大变焦镜头

经过一百多年的积累和技术革新，电影镜头以优异的光学素质和无可比拟的机械精度成为所有镜头种类中的王者，不断制造出影像历史上的视觉奇观。有关光学素质和机械精度这两个方面，本章的第二节中将详细论述。

由于画幅比例构成的历史原因，还有一种镜头类型为电影镜头所独有，那就是变形宽银幕镜头。20世纪50年代初，电影的强劲对手——电视出现并迅速普及。为应对观众的大量流失，1953年，福克斯首先推出一种叫"Cinema Scope"的宽银幕系统，制造出区别于电视的"奇观"。这种宽银幕电影在拍摄的时候使用了一种变形镜头(Anamorphic Lens)，把拍摄画面的宽度"挤压"在胶片上成像。放映时再以相同的压缩变形比率展宽变形影像，使影片上的影像还原。

变形宽银幕镜头使用变形透镜，变形透镜和球面透镜系统的一个最根本的区别是图像获取的方法，变形镜头是在同一个系统中使用两个焦距：较长的焦距生成图像的垂直部分，较短的焦距生成图像的水平部分。正是由于宽阔的视野和双焦距的设计，变形镜头能赋予图像更强烈的维度感(见图9-15)。

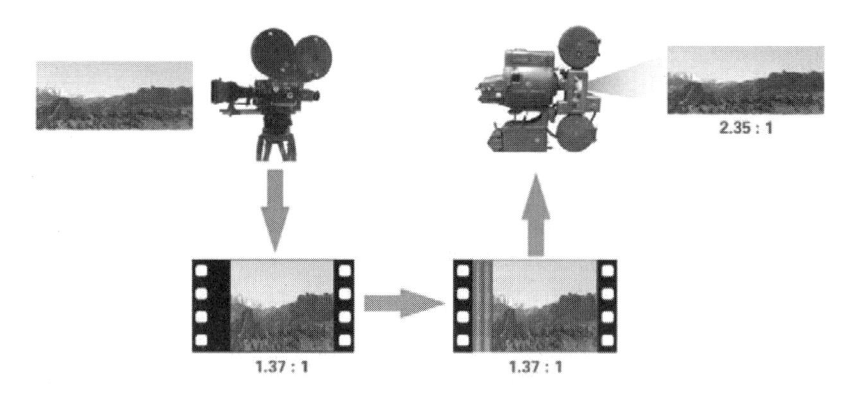

图 9-15　变形宽银幕原理示意图

在潘那维申出现之前,变形镜头成像系统并不完善,尤其是特写镜头会出现图像扭曲。潘那维申很好地解决了这个问题。直到 20 世纪末,拍摄变形宽银幕镜头除了潘那维申以外,并没有太多选择。现代的变形镜头在常规的性能方面和球面镜头已经难分伯仲,如果说区别的话,变形镜头因为视角更宽,所以景深更浅,焦外成像方面会有一定程度的变形。

图 9-16　球面镜头和变形镜头的成像对比

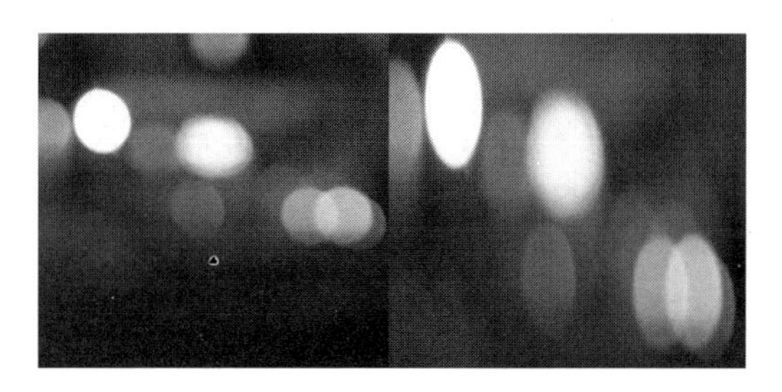

图 9-17　变形镜头的焦外变形(右)

变形宽银幕镜头有几大品牌:德国的 Hawk 和 ARRI、英国的 Cooke、美国的 Panavision 及法国的 Angenieux。

变形镜头在变形比例上有两大类，2x 和 1.3x 分别表示 2 倍挤压和 1.3 倍挤压。以 2x 为例，在 35mm 胶片和 S35mm 数字摄影机上的有效成像面积为 409mm^2。而用普通的 S35 格式实现 2.40 ∶ 1，有效成像面积只有 245mm^2。在适配数字摄影机时，有一点需要特别注意，像 Hawk Anamorphic：2x 适配的是 ARRI ALEXA 4 ∶ 3，而不能选择 ARRI ALEXA 16 ∶ 9。

图 9-18 Hawk Anamorphic 镜头

图 9-19 Hawk Anamorphic：2x 适配 4 ∶ 3 的画幅摄影机

数字摄影机大多提供适配变形宽银幕镜头的选项。

以 RED 摄影机为例。RED 提供了多种摄影机上的和后期的工具用于变形宽银幕，这一切的动因就是变形宽银幕的特性——能更方便地进行现场预览。在变形宽银幕模式下，摄影机的寻像器和 LCD 屏幕可以自动拉伸变形画面。

首先，在摄影机中选择变形宽银幕分辨率（见图 9-20）。其次，在 Redcine-X 中图像可以设定为变形宽银幕，在视口就不会显示压缩的画面。输出和转码时需要在 framing 面板中调整宽高比。

图 9-20 RED 中的变形宽银幕分辨率选项

最后，在 Redcine-X 中选择变形宽银幕显示（见图 9-21）。

在胶片宽银幕时代，变形镜头的设计最大限度地使用了胶片的可用面积，提高了分辨率。数字摄影机传感器尺寸由胶片的 Super 35mm 格式演变而来，继承了胶片宽银幕几乎所有的特性，而不受放映条件的诸多限制，数字拍摄、数字放映的流程更为简化。

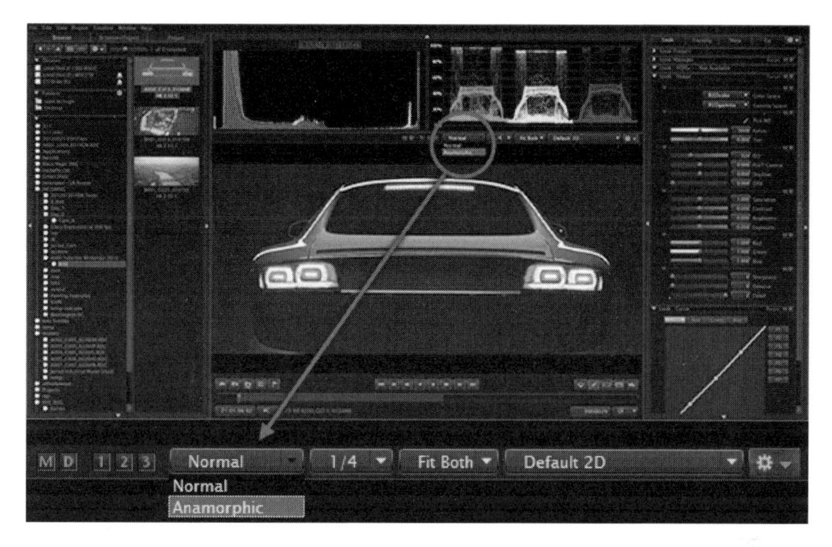

图 9-21　Redcine-X 的界面

四、数字摄影机专用镜头(DP)

大部分数字摄影机采用滚动快门或者全域快门,去掉了胶片摄影机的反光镜和叶子板,回归没有反光镜的时代。这意味着光学设计可以重新利用后镜片组到传感器的宝贵空间,大大简化镜片组的数量,从而使镜头能兼顾轻便和高标准的光学质量。

前些年,爱展能专为数字摄影机设计了 DP 系列(Digital Production)镜头。但它不能用在现在的胶片摄影机上,因为它的后镜组已经进入了反光镜的空间。

如今,爱展能的 Optimo DP 系列已经更新换代为 Optimo Style 系列,优化后的设计能够更好地兼容大多数摄影机。

图 9-22　爱展能的 DP 系列镜头

图 9-23　爱展能的 Optimo Style 系列镜头

PANAVISION Primo V 以 26 年前推出的一套经典定焦镜头为原型，优化并改善成了新一代的数字电影镜头。同样，这套镜头也不能用于胶片摄影机上。经过优化，Primo V 拍摄出的影像有 sharper corners、更均匀的像场、更好的中心到边缘的平衡。

图 9-24 PANAVISION Primo V 系列镜头

数字摄影机传感器的特性决定了其对光线色彩的还原不同于胶片。数字摄影机专用镜头从镀膜到结像光的入射角度都专为适应传感器的特性而开发，能更大限度地发挥传感器的性能。

柯达电影胶片最新的感光乳剂技术是 T 型颗粒，影像表现方面具有独特的质感，不会像数字感光材料那样过于“锋利”。为了延续观众的审美惯性，数字电影镜头光学设计中要对传感器的超高锐度(hyper-sharpness)进行补偿，以获得更自然的影像质感。

从以上两个方面看，DP 专用镜头有其独特的技术特性。

第二节 数字摄影机镜头(电影级别)质量认知

一、光学素质

(一)像场均匀度

镜头的材质大部分是玻璃，还有萤石。光在通过玻璃与空气界面时会发生反射，反射率与入射角有关。正入射时反射率最小，约为 4%，随着入射角的增大反射率也增大。

从镜片周边进入的光线并不是垂直于镜头的，此时的入射/反射角会变成钝角。当光线以这种角度照射在前端镜片的时候会产生更多的反射光，真正穿透镜片的光量会减少。随着入射/反射角度偏离垂直状态，反射光量会相应增加。像场照度不均匀正是影像暗角产生的原因。一般来说，广角镜头的暗角效应要大于中长焦距镜头。

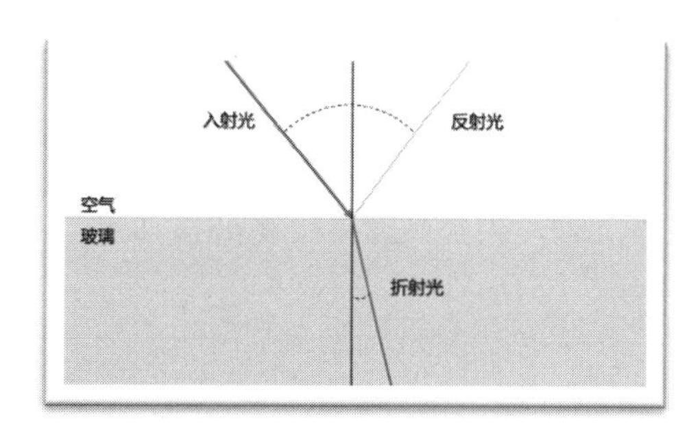

图 9-25 反射/折射定律

图片摄影拍摄静态影像暗角的现象相对于动态影像不明显，而且还可以通过软件轻松处理。而影视摄影中，暗角会显得非常突兀，因为观众更容易从运动影像中观察到暗角。

电影镜头通过镀膜技术把暗角控制得非常轻微，“Cooke 镜头的镀膜可将反射率降低至 0.1%。每组镜片都覆盖了氟化镁淬硬的硅钛混合物涂层。这个涂层的厚度只有 1 纳米”[①]。富士能在其技术白皮书中表示自己的 HT-EBC 技术也能将反射率控制在 0.1%（见图 9-26）。

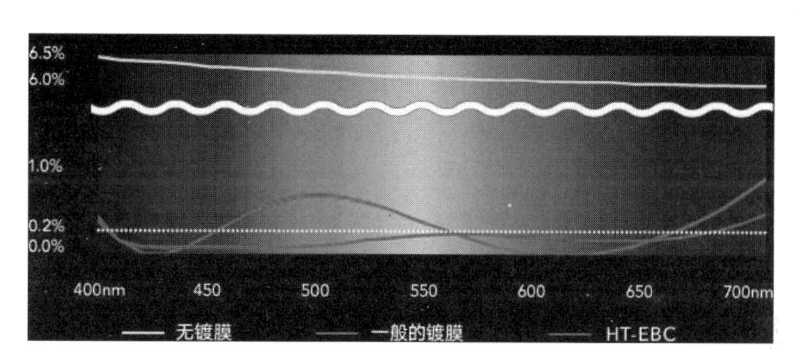

图 9-26 富士能的 HT-EBC 镀膜技术

暗角不仅属于技术问题，同时还受到成本的制约。体积更大的镜头对减轻暗角更有利，许多镜头优先考虑性价比和便携性，使用最大光圈的时候暗角严重。

测试镜头的暗角需要理想的、有均匀照度的被摄体。DSC 背照式辉箱四角的亮度差仅为 0.01%。我们对几款镜头进行了测试，这些镜头在画面周边区域最多损失 2.1%的光量，而表现最好的镜头只损失 0.99%，即便是经过专业训练的眼睛也无法辨别。画面周边 2%的光量损失大约等于 1/25 挡曝光值。

“在一台传感器尺寸接近 S35mm 的 APS-C 画幅相机上，Zeiss ZE

① 奥哈拉.为什么我们需要电影镜头[EB/OL].(2014-05-13)[2017-05-11].http://www.filmaker.cn/thread-47590-1-1.html.

18mm f/3.5 Distagon 在 f/3.5 光圈时画面周边的光量损失高达 1.5 挡。Zeiss ZE 21mm f/2.8 Distagon 在 f/2.8 光圈时也在画面极边缘处损失了 1.5 挡的曝光值。相比而言，Zeiss ZE 28mm f/2 Distagon 的表现就要好一些，f/2.8 光圈时仅在画面极边缘处损失半挡曝光值。大部分佳能 L 系列红圈变焦镜头配合 APS-C 裁幅相机在 f/2.8 光圈下会产生半挡左右的暗角。佳能 EF20mm f/2.8 最大光圈下的暗角差不多有两挡，在 24mm f/1.4 最大光圈下在画面边缘处损失 1.5 挡曝光值，光圈收至 f/2.8 时则损失 3/10 挡曝光值。很多 L 系列红圈定焦镜头在使用非全副机或是收小光圈的情况下暗角都比较轻微。不过所有这些相机镜头在最大光圈时的暗角都无法避免。而现代电影镜头在设计制造的时候就考虑到最大限度地消除暗角现象。”①

在阿方索的测试中，最大光圈下，甚至是佳能 EF35mm f/1.4 L 系列红圈定焦都产生了超过一挡的暗角，50f/1.2 L 系列红圈定焦也是一样。当然，光圈收到 f/2.8 的时候，画面周边的光量损失大约为 3/10 挡，属于可以接受的范围（见图 9-27）。

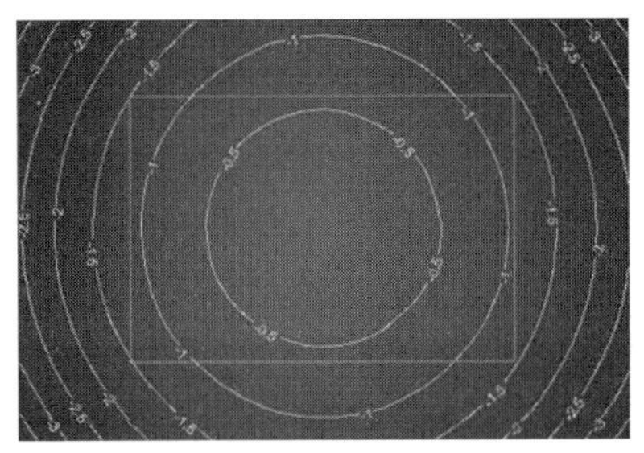

Zeiss ZE 21mm f/2.8 Distagon @f/2.8(中部方框= APS-C 画幅)

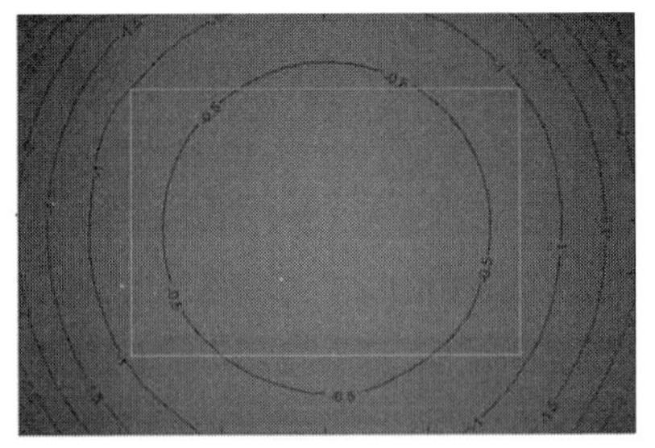

Canon EF 14mm f/2.8 L-Series @f/2.8(中部方框= APS-C 画幅)

图 9-27 像场均匀性测试

（二）变焦过程中焦点及曝光的一致性

电影变焦镜头的广角端和长焦端光圈都是一样的，比如传奇般的 Angenieux12x 变焦镜头从 24mm 到 290mm 都完美地保持了 T2.8 的最大光圈，而且这个镜头还包括了很多让人叹为观止的光学与机械设计，所以说它像炸弹一样的夸张外形就不足为奇了。

有很多相机变焦镜头的光圈也是恒定的，也有些镜头为了轻巧和低价而牺牲了这一点。

---

① 奥哈拉.为什么我们需要电影镜头[EB/OL].(2014-05-13)[2017-05-11].http://www.filmaker.cn/thread-47590-1-1.html.

(三)色彩匹配

摄影师都有自己钟爱的镜头,细腻的色彩表现能快速赋予影像以特质。图片摄影不讲究色彩匹配,不同风格的镜头差异甚至有利于"瞬间"独特的艺术表达。而影视摄影必须强调镜头的色彩匹配度,以保证众多画面组成的序列具备统一的色彩风格,保证画面的连贯流畅。在同一时间同一场景做不同景别之间的剪切时,时而偏冷时而偏暖将打破虚构故事对真实时空的营造。有时作品中不同镜头之间的偏色虽然可以用后期配光调色的手段去做整体校正,但是局部的色彩差异却很难逐一匹配。

电影镜头应该具备这样的素质:同系列镜头之间的色彩差异人眼不可见。

二、机械精度

电影镜头的机械设计充分考虑到了拍摄现场的专业需求,使用起来不仅精确度高,而且牢固可靠,维护成本低,能在片场节省时间,在高强度拍摄的情况下出问题的概率极小。

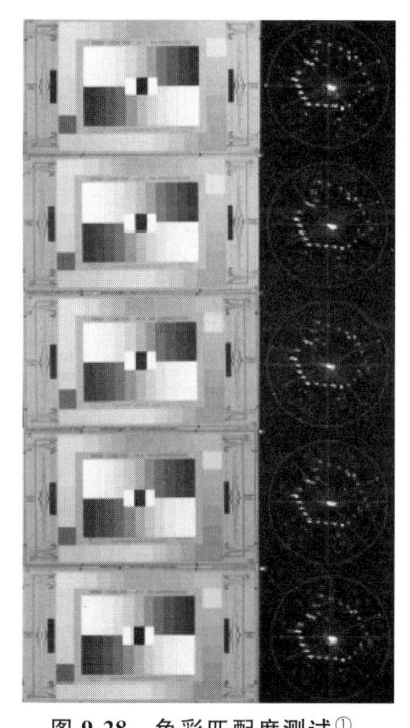

图 9-28　色彩匹配度测试①

(一)外形一致性

长度——电影镜头在设计制造的时候都会被做成相同或者类似的长度。配合承托导管和遮光斗使用的时候,如果镜头长短不一,那么每次换镜头就需要调整遮光斗及胶圈的位置,不仅麻烦而且费时。如果使用斯坦尼康拍摄,那么一旦改动遮光斗的位置,整个系统都需要重新调整平衡,使换镜头的过程更加耗时。蔡司 MP 定焦镜头组 15 支镜头中的 12 支镜头(16mm—100mm 焦距)长度都是 153mm,能极大地缩短更换镜头的时间,提高创作效率(见图 9-28)。

前端口径——电影镜头通常与遮光斗一起使用。和相机镜头使用的螺

---

① 图片来源:阿方索·帕拉的 CookePanchro/i 测评。

纹滤镜和卡扣式遮光罩不同，电影镜头靠遮光斗来阻挡杂光及安装方形滤镜。由于不需要重新拆装任何滤镜，遮光斗可以让换镜头更快捷。不过，使用遮光斗的时候一定要避免光线从后方射入造成眩光，因此遮光斗后部的胶圈、遮光环或卡扣必须完全贴合镜头前端。把一组镜头做成相同的口径就不需要更换任何前面提到的固定部件，不仅省时省力而且还可以把承托部件的数量减到最少。

重量——有一小部分电影镜头的多个焦段之间的重量几乎一致，这种情况比较罕见，实现起来也非常困难，一般来说这些镜头都属于标准焦段。广角镜头和长焦镜头的光学设计比较复杂，会略重一些。一组重量相近的镜头更适合用于斯坦尼康、遥控伺服系统及手持稳定器，这些拍摄对机器平衡性要求比较高，可以为现场节约宝贵的时间。

对焦/光圈环位置及卡齿——一组电影镜头中如果各个焦段的对焦齿环和光圈齿环位置都相互匹配，在更换镜头的时候跟焦器和驱动马达就不用调整位置。相机镜头通常没有配合跟焦系统使用的齿环，对焦和光圈环都是纹理设计，方便操作者手持抓握。如果需要配合专业手动及遥控跟焦系统使用的话，则需要增加额外的对焦/光圈齿环。

Zeiss/ARRI Ultra Speed 定焦镜头是外形一致性最高的镜头组之一（见图 9-29）。16mm 至 100mm 焦段之间所有镜头都正好是 143mm 长并且统一 93mm 口径，对焦环和光圈环位置也完全匹配。每个镜头的最大光圈都是 T/1.9，24mm 至 85mm 焦段之间的镜头也都是 2.2 磅重。

Zeiss Lenses for SLR Cameras 系列相机镜头的素质非常不错，镜头皆

图 9-29 Zeiss/ARRI Ultra Speed 定焦镜头的特点是外形一致

按使用方式进行有区别的设计(见图 9-30)。该系列的每一个镜头都以最大限度的轻便性为目标,并不考虑各个焦段之间的一致性。它们的前端口径、镜身长度及对焦环的位置也各不相同,没有配备用于跟焦系统的齿环。大部分的相机镜头都没有光圈环。

图 9-30　Zeiss Lenses for SLR Cameras 系列相机镜头

(二)镜头材质

电影镜头必须适应拍摄环境中最严酷的考验,全金属制造的镜筒可以承受各种酷暑极寒,维修和硬件更改都非常方便。电影镜头最常见的卡口 PL 和 PV 是目前最牢固耐用的,最能适应各种环境的卡口设计之一。

图 9-31　Cooke S4 镜头

Cooke S4 镜头(见图 9-31)使用阳极化铝制造,适用于-25℃至 55℃。镜筒没有使用螺纹设计,而是采用了凸轮系统,因此不需要任何润滑。

(三)T 光圈值下的线性光圈

光圈指数表示像场的照度,数值越小,照度越高。这种反比关系源自于光圈值的计算方式:

$$F_{No.} = f/D$$

f 是镜头的焦距,D 是镜头口径的直径。镜头光圈的刻度按$\sqrt{2}$倍率变化,光圈指数增大一挡,像场照度则减少一半。因为通过镜头的光的数量和光孔面积成正比。这种计算假设镜头的透射率为100%,而实际的情况是镜头的透射率各不相同。这就意味着不同镜头在同一光圈指数下有可能对应不同的影像亮度。

为了消除这些误差,电影镜头以T光圈值为单位,表示"进光量",每个镜头在经过测试之后才会标注T光圈值。

$$T_{No.} = F_{No.} / 透射率$$

使用T光圈单位在不同镜头之间精准匹配曝光非常容易。电影镜头不像相机镜头那样有固定的光圈挡位,因此调整光圈的时候可以自由设定任何数值。优秀的变焦镜头没有斜坡,所谓斜坡是指当变焦距镜头的光圈开到最大时,焦距越长,像场照度越低。为了避免斜波,前组透镜的口径一定要大于长焦端入射光孔的直径,这也是具有较高光学素质变焦距镜头体积和重量较大的原因。

在设计制造电影镜头组时都会将最大光圈保持一致。虽然最大光圈的一致性不是必须的,但在实际拍摄中会非常实用。如果一组镜头的最大光圈各不相同的话,摄影师必须在曝光的时候考虑光圈最小的镜头,否则更换镜头的时候有可能因为光圈不够的原因无法匹配现场已经打好的灯光。光孔结构对于画面的影响更大,使用长焦镜头光圈开得比较大的时候,浅景深画面的焦外会显现出光圈叶片的形状。镜头之间一致的光圈结构可以保证焦外形状的匹配。优秀的镜头有着完全相同的光圈结构设计,像Cooke S4及CookePanchro/i两者搭配使用的话不仅色彩匹配,连相同光圈下的焦外质感都完全一样。要是一组镜头中的光圈结构有六角形、八角形、十二角形的话,焦外看起来区别会很大。对于保持画面的一致与连贯性非常不利。

图9-32 镜头光圈的结构

(四)镜头呼吸

在进行镜头对焦的过程中,内部的镜片组会发生一连串的位移,将特定距离的入射光聚焦在成像面上。当在多个焦点间移焦的时候,镜头内部镜片组的位移可能会轻微改变画面视野的大小,看起来就像稍微变焦了一样。这就叫镜头呼吸,对于相机镜头而言呼吸效应没什么大不了,除了几乎无法察觉的构图改变之外,画面不受呼吸效应的影响。要完全消除呼吸效应的话,镜头在设计的时候就必须加入应对措施,因此相机镜头厂商并不太在乎这一点。

而对于电影制作来讲,画面内进行追焦或在不同主体之间移焦的手法很常见。所以电影镜头在消除呼吸效应方面下了很大功夫。就在不久以前,Zeiss 为 MasterPrime 镜头系列设计了双重浮动镜片组,完全解决了呼吸效应。这项设计荣获了 2012 年奥斯卡"科学与技术成就奖"。

(五)镜筒延伸

在镜头对焦或变焦的过程中镜片组会产生位移,镜头设计的时候如果让镜筒自由伸缩的话,镜片组的移动可以更简单。很多相机镜头对焦或变焦的时候镜筒会跟着镜片组一起移动。由于电影镜头使用接触式的跟焦齿环、遮光斗和滤镜,不适合使用伸展式的镜筒,因此镜片组的位移必须完全在镜头内部实现。

(六)聚焦刻度精准

机械部分的运动精度是保证镜头操作精度的关键和基础,只有机械部分运行精准,镜头操作的结果才有可能跟镜头本身的刻度一致。

电影镜头制造的最后一道工序是给每个镜头量身定制刻度环。首先,把镜头安装在"对焦增量仪"上。然后,仪器驱动镜头的跟焦齿轮,让镜头从最近的对焦点向无穷远推进,电脑记录下该镜头的镜筒旋转位置所对应的合焦距离。之后,用激光刻字机根据对焦数据在一个空白的刻度环上刻出该镜头的对焦刻度。最后再把这个刻度环装在对应的镜头上。

爱展能的每枚镜头的对焦刻度环也是量身定制的。在 100 米的狭长的对焦测量室里,地上有一条轨道,测试标靶可在轨道上移动。被测镜头对准移动标靶进行聚焦,电脑记录下镜筒旋转的位置和对应的标靶距离。然后,再在空白刻度环上刻出镜头的对焦刻度。

高质量的影视拍摄不允许拉风箱式的对焦从而使摄影机"穿帮",摄影师必须通过精准优雅的对焦过程引导观众的视线。跟焦员在摄影机与被摄体相对运动的时候对画面主体进行跟焦，在正式拍摄前，跟焦员需要在镜身上设置大量的观察标记。

图 9-33 爱展能 100 米狭长的对焦测量室

电影镜头的对焦环行程大约为 300 度，在镜头两侧有两套对焦标尺，以方便跟焦员在任意一边操作。相机镜头的设计对焦行程都比较短，有利于借助伺服对焦机构捕捉稍纵即逝的瞬间，但在影视拍摄时特别容易失焦。

蔡司的对焦环上除了普通的距离刻度外，还有“镜头匹配代码”，这个代码表示该镜头的对焦推进特点，代码相同的镜头对焦推进的步调一致。这对于拍摄 3D 影片很有帮助，因为拍摄 3D 影片需要两台摄影机同时工作，而镜头无疑要选用推进步调一致的镜头。蔡司镜头的“匹配代码”给摄影师选择镜头提供了重要依据。

库克近年来推出的 i 系列智能镜头，可以通过内置的传感器感知镜筒内机械的运动情况，从而输出光圈、焦距、对焦距离等数据。

结　语

关于镜头方面的话题还有很多，本章只是从使用者的角度入手，力求阐明根据实际拍摄条件如何从四种镜头中作出选择，并综合预算、制作周期等因素，确保获得最佳的影像质量。

后 记

2016 年影视技术的关键词是 4K,2017 年影视技术的关键词是 HDR,2018 年以后呢?我们认为是更高的分辨率和更优化的 HDR 基础上的高帧率,也就是业界目前最热门的"影视三高"。为什么需要"影视三高"?根本上说是源自于人类潜意识里的木乃伊情节,先机械地复制物质现实世界,艺术升华后满足人类对永生的追求。

让时间定格在 2018 年 1 月 18 日 18 点 18 分,这是在毕根辉老师从教 40 载的退休欢送晚宴上,小师妹拿出 Apple iPhone 6s Plus 在 300 勒克斯的照度下为大家拍了几张合照,每个人的模样倒是清晰可辨,但是每个像素却惨不忍睹。照片即如此,活动影像自不必说。当然拿本书的影像质量控制标准去评价一个消费级产品有些苛刻,那我们回到专业产品上,从记录到呈现,即使最好的数字摄影机和 HDR 显示设备仍然离人感官的感知能力有很大距离,还有很大空间有待拓展。从影视美学观影的沉浸感角度,人类需要质量更好的像素。

在对质量更好的像素的追求上,摄影机厂商 RED 一直是新技术的追捧者。2017 年 10 月 RED 新发布的 Monstro 8K VV 传感器已经能够记录 17+挡的动态范围。显示设备方面杜比首先发力,2007 年收购 Bright Side 公司之后就一直致力于 HDR 显示技术的研究,开发了一台 42 英寸、动态范围直逼 18 挡的 HDR 监视器,命名为 Pulsar 脉冲星。这台背光模块需要水冷以保持稳定运行的怪兽级产品,峰值亮度 4000 尼特,对比度 200 000∶1,相比起来,传统专业监视器峰值亮度为 80—120 尼特,对比度为 2000∶1(普通液晶对

杜比 Pulsar HDR 监视器

比度只有 1000∶1)。Pulsar 的背光模块分为 1400 个分区,每个分区都可以 RGB 无级调光,对于画面纯黑的部分,背光可以完全关闭。对于影院环境,杜比使用了科视(Christie)新开发的双机 4K 激光投影系统,峰值亮度达 107 尼特(普通影院为 48 尼特),对比度可以达到不可思议的 1 000 000∶1。

当然,杜比的实验环境更让人咂舌,感官偏好试验所使用的 HDR 显示设备是用一台 NEC 2K 数字电影投影机以背投方式投射到一块特制的 21 英寸单色液晶面板上,峰值亮度可达 20 000 尼特。

杜比的感官偏好试验

以技术的视角来看,从记录到显示,沉浸感的条件都已具备。人眼视觉在不借助瞳孔调节时的 16.7 挡动态范围已经被突破,借助激光技术制造出的三原色值也已经达到视阈色彩的边界。但是人眼的心理调适加持天然对数结构、在不同观看条件下最高亮度的舒适程度等,都在纯技术之外给我们提出了新的课题。比如,长时间观看杜比的脉冲星会感到眼睛刺痛,因为它的绝对亮度太高。前几年热炒的 OLED 现在看并没有革命性的意义,因为它用绝对的黑把对比度扩展到 1 000 000∶1,人眼虽然对暗部敏感,但在一定亮度条件下,人眼对暗部的识别度并不高。在日光下,人眼看到的黑卡纸的亮度值高达 300 尼特。把背光模块分为 1400 个分区,每个分区都可以 RGB 无级调光,这样的设计更实用。SONY 在 2017 年主推的 Z9D LED 电视机正是沿用了这种技术思路。

高帧率在进化的过程中也表现出了大众审美惯性下的无力感。李安的《比利·林恩的中场战事》采用的 120 帧高帧率被认为过于清晰,没有了 24 帧电影的运动模糊,高品质电影反而更像电脑游戏。

在不同显示尺寸下人眼的分辨率是多少?人眼的刷新频率又有多高?在创作中究竟是匹配人眼的“参数”特性,还是作为人眼的视觉器官延伸,更本质地把握我们这个物质现实世界?从“忠实”到“悦目”,这正是我们这本书想做的一点肤浅的探讨。

编者的话

2014年是我的母校60周年校庆的重要日子，在那一年，由我所在的文科科研处牵头组织评审并选定了一批青年学者的学术专著加以支持出版。之后的一年多时间里，我们反复与作者和出版社沟通、提供修改意见，工作忙碌、琐碎而辛苦，甚至具体到选定封面设计这样的细微之处。想来，当我们看到这一系列专著整齐地摆放在案头时，会感到超乎寻常的价值吧。

“先寻桃源作太古，欲栽大木柱长天。”这是民国时期杨昌济教授所撰联语，一直使我受教颇深。自留校任教15年来，如果说在科研领域还小有所成，能够增益母校于万一的话，那要非常感念母校的栽培和前后两任科研处长车晴教授和胡智锋教授的提携。两位先生一为名门忠烈之后，行事如光风霁月，威望素著；一为闻一多先生再传弟子、学富五车的长江学者，后学晚辈受益者众。在他们先后主持下的科研处，为我们这一批当年的青年人的成长提供了宽广而坚实的平台。“榜样的力量是无穷的”，在杰出前任的重大压力之下，我也希望通过领导的支持和自己与同事们的共同努力，为学校的青年学者提供一片“柱天大木”得以成长的平台。今天，这已经成为我们工作的重要愿景。

优秀青年学者们要走的路还很长，我校文科科研工作要走的路同样很长。“撑一支长篙，向青草更青处漫溯”，我们愿意做这支长篙，使青年教师们得以助力，通往宽阔丰美的彼岸。

段　鹏

于中国传媒大学梧桐书屋东侧办公室内

2015年12月9日

图书在版编目(CIP)数据

从“忠实”到“悦目”——数字摄影影像质量控制解析/张宁，毕根辉著. —北京：中国传媒大学出版社，2018.4

(中国传媒大学青年学者文丛·第二辑)

ISBN 978-7-5657-2208-0

Ⅰ.①从… Ⅱ.①张… ②毕… Ⅲ.①数字照相机—摄影技术 Ⅳ.①TB86②J41

中国版本图书馆 CIP 数据核字(2018)第 022676 号

从“忠实”到“悦目”——数字摄影影像质量控制解析

CONG “ZHONGSHI” DAO “YUEMU”——SHUZISHEYING YINGXIANGZHILIANG KONGZHI JIEXI

著　　者　张　宁　毕根辉
策划编辑　蒋　倩
责任编辑　蒋　倩
装帧设计　拓美设计
责任印制　曹　辉

出版发行　中国传媒大学出版社
社　　址　北京市朝阳区定福庄东街 1 号　　邮编：100024
电　　话　010-65450532 或 65450528　　传真：010-65779405
网　　址　http://www.cucp.com.cn
经　　销　全国新华书店

印　　刷　北京玺诚印务有限公司
开　　本　710mm×1000mm　1/16
印　　张　19.75
字　　数　350 千字
版　　次　2018 年 4 月第 1 版　2018 年 4 月第 1 次印刷

书　　号　ISBN 978-7-5657-2208-0/TB·2208　　定　价　79.00 元